保健食品研发原理与应用

（第二版）

Development Principle and Application of Health Food

（Second Edition）

主编：李朝霞

副主编：耿荣庆　苏建辉　张　龙　李新建

科学出版社

北　京

内 容 简 介

本教材以“理论够用、突出实践”为原则，克服了传统教材中重理论、轻实践的缺点。本教材以教育创新为目标，以教材带动教学改革为方针，突出前沿性和先进性，突出理论与实际的结合，贴近学生需求，以培养应用型人才。教材共分为三部分。第一部分为保健食品的研发原理，主要偏重保健食品研发基本原理的知识普及；第二部分为保健食品的研发应用，以当前国内外普遍受欢迎的保健食品为例，侧重于保健食品研发原理在生产实践中的具体应用；第三部分为保健食品的生产与审批，包括保健食品的研发生产及保健食品的注册与备案基本知识。

本教材可作为食品科学与工程、食品质量与安全和生物工程等相关专业本科生教材，也可作为保健食品生产企业及有关研究开发单位的管理人员及技术人员的参考书。

图书在版编目(CIP)数据

保健食品研发原理与应用/李朝霞主编. —2 版. —北京：科学出版社，2022.3

ISBN 978-7-03-071118-2

I. ①保… II. ①李… III. ①保健食品-研制 IV. ①TS218

中国版本图书馆 CIP 数据核字（2021）第 270557 号

责任编辑：许　蕾　曾佳佳　李　清 / 责任校对：杨聪敏
责任印制：吴兆东 / 封面设计：许　瑞

科学出版社 出版

北京东黄城根北街 16 号
邮政编码：100717
http://www.sciencep.com

固安县铭成印刷有限公司印刷

科学出版社发行　各地新华书店经销

*

2010 年 9 月第　一　版　由东南大学出版社出版
2022 年 3 月第　二　版　开本：787×1092　1/16
2024 年 1 月第三次印刷　印张：14　1/4
字数：338 000

定价：89.00 元

（如有印装质量问题，我社负责调换）

第二版前言

随着我国社会经济的发展和人民生活水平的提高，人们日渐重视营养与健康。广泛普及营养知识，提高全民营养健康素质，已成为当前我国社会的迫切需求；保健食品的设计和研发已成为社会极为关注的问题。从我国历代中医药文献中可以找到许多关于保健食品初始概念的论述。中医、中药作为传统的医学、药品，至今仍是我国保健食品开发研制的重要理论基础和有效的物质来源，同时也是我国保健食品发展的独特优势。

我国现代保健食品的发展始于 20 世纪 80 年代，直到 1995 年《中华人民共和国食品卫生法》颁布，保健食品的法律地位得以确立。2009 年颁布实施的《中华人民共和国食品安全法》明确要求国家对保健食品实行严格监管。自 2004 年起，国内相关高校的教学计划中相继增设以“保健食品”或“功能食品”为题材的课程。目前，国内以保健食品或功能食品为主题的各类教材或图书已有近 60 种，近 20 年出版的较好的同类教材有《保健食品原料手册》（凌关庭，化学工业出版社，2007 年 12 月第 2 版）、《保健食品学》（迟玉杰，中国轻工业出版社，2016 年 5 月）、《保健食品安全与检测》（陈波，科学出版社，2017 年 6 月）。这些教材的内容偏重保健食品基础理论或原料与技术检测，更宜用作专业基础课程教材和教学参考书，而不宜作为以知识普及为目标的保健食品研发原理与应用的学习教材。

本教材为盐城工学院校级重点培育教材并受盐城工学院教材基金和盐城师范学院教材建设项目资助出版，全册按“科学理论—应用实例—规范管理”的保健食品研发思路，吸收和内化了 2019 年以来我国出台的保健食品功能、保健食品规范管理等方面的系列新法规和新政策，对编者主编的《保健食品研发原理与应用》（东南大学出版社，2010 年 9 月第 1 版）的章节布局和内容进行了较大的调整和修订。全书共分九章，第一章至第三章内容包括保健食品概述，保健食品的保健功能、原料及辅料，保健食品功效/标志性成分的检测方法，为保健食品的研发原理篇，删除原教材中的第四章，并在原教材的基础上补充一些新的科学概念、理论和科研成果。第四章至第七章内容包括增强免疫力保健食品的研发应用、减肥保健食品的研发应用、辅助降血脂保健食品的研发应用和辅助降血糖保健食品的研发应用，为保健食品的研发应用篇，修订后的内容着重分析新产品中的保健食品设计原理及如何应用保健食品设计原理来设计或开发新产品。第八章和第九章内容包括保健食品的研发生产和保健食品的注册与备案，为保健食品的生产与审批篇，修订后增加或更新了相关的政策法规等规范性文件内容。本版教材能全面准确地阐述本学科先进理论、国内外前沿研究成果和发展规律，反映区域和学科特点。

本教材部分内容参考了范青生主编的《保健食品研制与开发技术》和《保健食品配方原理与依据》、陈仁惇主编的《营养保健食品》、金宗濂主编的《功能食品教程》、温辉梁主编的《保健食品加工技术与配方》、周俭主编的《保健食品设计原理及其应用》、金伯泉主编的《医学免疫学》（第5版）、迟玉杰主编的《保健食品学》和陈昭妃主编的《营养免疫学》，另外还参考了一些网站资料的部分内容。在编写过程中得到了江南大学、扬州大学、盐城师范学院等单位及有关方面专家的大力帮助，在此一并表示衷心的感谢。

由于编者水平有限，书中难免有不足之处，切望行家和读者批评指正，以待改进。

李朝霞

2021年9月

第一版前言

20 世纪 90 年代以来，食品营养与保健研究有了重大的进展。随着经济的发展与生活水平的提高，人们对于食品的要求正逐步由温饱型向感官满足型转变，继而向营养保健型，即通过日常饮食调整机体生理状态的饮食观转变，越来越多的国家和政府开始承认并鼓励研制、开发保健食品。自 2004 年起，国内相关高校的教学计划中相继增设了以“保健食品”或“功能食品”为题材的课程。

目前，国内以保健食品或功能食品为主题的各类教材或图书已有 40 余种，但现有的关于保健食品或功能食品研发或设计原理与应用的同类教材多为 2002 年及以前出版的，内容较陈旧，不能满足新时代对保健食品设计和研发的要求。近几年出版的较好的同类教材有《保健食品研制与开发技术》（范青生，化学工业出版社，2006 年 3 月第 1 版）、《保健食品配方原理与依据》（范青生，中国医药科技出版社，2007 年 1 月第 1 版）、《功能食品教程》（金宗濂，中国轻工业出版社，2005 年 3 月第 1 版）和《营养保健食品》（陈仁惇，中国轻工业出版社，2011 年 4 月第 1 版）。但这几本教材的内容过于深入，各有特点和偏重，且价格普遍较贵（50 元/册以上），更宜用作教学参考书而不宜作为以知识普及性为目标的保健食品研发原理与应用的学习教材使用。而新近出版的《保健食品原理》（丁晓雯，周才琼主编，西南师范大学出版社，2008 年 2 月第 1 版）价格适中，但在内容上对研发原理的深入性和应用性阐述不足。

本教材作为盐城工学院一项重点资助的自编教材教改项目，其改革思路主要是理论联系实际，内容深入浅出。全册共分为两部分。第一部分为理论部分，主要偏重保健食品研发基本原理的知识普及，旨在使同学们对保健食品的基本原理、政策法规和研发过程有一个系统的理解。内容包括保健食品概述、保健食品的功能及功能原料、保健食品功效成分的检测、保健食品常用剂型、保健食品研发生产和保健食品的申报与审批共六章。第二部分为应用举例。以当前国内外普遍受欢迎且发展良好的保健食品为例，学习保健食品研发原理在生产实践中的具体应用。内容包括增强免疫力保健食品、辅助降血脂保健食品、辅助降血糖保健食品和减肥保健食品共四章。为适应我校应用型人才培养的需要，在内容的编排上，尽量淡化学科性，克服理论偏多、偏深的弊端，注重理论在具体运用中的要点、方法和技术操作，配合典型范例的应用，逐层分析、总结，使学生在模仿中掌握保健食品研发的基本原理。章节后的复习题给学生充分的发挥空间，借以培养学生的创造性思维与创新能力。

本教材编写特色主要是符合应用型普通本科院校教育要求，体现“理论够用、突出实践”的原则，克服了传统教材中重理论轻实践的缺点。集现代营养学、中医饮食营养学、生物制品为一体并以食品与人类健康关系为主要研究内容，以教育创新为目标，以教材带动教学改革为方针，突出前沿性和先进性，突出理论与实际的结合。本教材注重调动学生的学习积极性和主动性，注重培养学生的学习兴趣。是一本适合以知识普及为目的的食品科学与工程专业、食品质量与安全专业和生物工程等相关专业方向本科生使用的教材，也可作为保健食品生产企业及有关研究开发单位的管理人员及技术人员的参考书。

本书部分内容参考了范青生主编的《保健食品研制与开发技术》和《保健食品配方原理与依据》、陈仁惇主编的《营养保健食品》、金宗濂主编的《功能食品教程》、温辉梁主编的《保健食品加工技术与配方》、周俭主编的《保健食品设计原理及其应用》、金伯泉主编的《医学免疫学》（第5版）和陈昭妃主编的《营养免疫学》，另外还参考了其他一些网站资料的部分内容。在编写过程中得到了江苏食品工业协会、盐城师范学院等单位及有关方面专家的大力帮助，在此一并表示衷心的感谢。

由于编者水平有限，书中难免有疏漏，切望行家和读者批评指正，以待改进。

李朝霞

2010年5月

目　录

第二部分　保健食品的研发应用

第一部分　保健食品的研发原理

第一章　保健食品概述

【学海导航】

掌握保健食品的概念与分类，保健食品的发展成因与概况，保健食品的理论基础、制作工艺和检测内容，培养学生对保健食品设计与研究的兴趣。

重点：保健食品的概念、分类、发展成因与概况、理论基础、制作工艺和检测内容。

难点：保健食品的理论基础、制作工艺和检测内容。

我国传统养生学有 2000 余年的历史，现存最早的中医学经典著作《黄帝内经》就明确地提出“圣人不治已病治未病”的观点，为我国传统预防医学和养生学的发展奠定了基础。《黄帝内经·素问》中有一段记述，黄帝向岐伯请教人体衰老的原因，岐伯提出了传统养生方法的总原则，即“法于阴阳，和于术数”，并提出具体的养生方法是“食饮有节，起居有常，不妄作劳”。“食养”是养生学的重要组成部分。《素问·藏气法时论》说：“五谷为养，五果为助，五畜为益，五菜为充，气味合而服之，以补益精气。”唐代名医孙思邈也说：“夫为医者，当须先洞晓病源，知其所犯，以食治之，食疗不愈，然后命药。”数千年来，历代的中医药学家和养生学家不断地积累和总结流传于民间的养生保健经验，并著有大量的养生学专著，为我国发展现代化、科学化的保健食品奠定了良好的基础。

保健食品起源于我国食疗，已为世界各国学众所公认。在我国医药文献中可以找到许多关于保健食品初始概念的论述。例如，《山海经》中，就有记载，櫰木之实，食之使人多力；枥木之实，食之不忘；狌狌服之善走，蒗服之不夭。这里的多力、不忘、善走、不夭换用现代术语表述，就是食物有抗疲强身、增强记忆力、提高耐力和延年益寿之功效。可见早在几千年前，我国医学就提出了与现代保健食品理论相类似的构想。

1978~1986 年，我国的改革开放使保健食品市场潜力释放。1987 年 10 月 28 日，我国卫生部颁布了《中药保健药品的管理规定》。这是保健食品发展的一个里程碑，各省级卫生行政部门开始审批中药保健药品，我国“药健字”制度开始施行。1996 年 6 月 1 日开始，保健食品在我国由卫生部（Ministry of Health of the People’s Republic of China，MOH）正式受理批准，产品批号字头为“卫食健字”。2003 年 5 月 1 日后，卫生部停止受理保健食品审批，职能转交国家食品药品监督管理局（State Food and Drug Administration，SFDA）审批，2013 年 3 月 22 日，国家食品药品监督管理局改名为国家食品药品监督管理总局（China Food and Drug Administration，CFDA）。从 2018 年 3 月 13 日起，将国家食品药品监督管理总局的职责整合，组建国家市场监督管理总局（State Administration for Market Regulation，SAMR）；不再保留国家食品药品监督管理总局。国家市场监督管理总局全面负责我国保健食品从注册申报到审批的全过程。在国家市场监督管理总局管辖下，新组建国家药品监督管理局（National Medical Products Administration，NMPA），专门负责药品监管。

人民健康是民族昌盛和国家富强的重要标志。在我国，不仅保健食品的监督管理部门经历了 MOH—SFDA—CFDA—SAMR 的变迁，卫生部也于 2013 年更名为国家卫生和计划生育委员会，2018 年再次更名为国家卫生健康委员会，在政府职能上更符合健康中国战略，树立大卫生、大健康的理念，也体现了将全民健康管理上升到基本国策，将以治病为中心转变为以人民健康为中心，预防控制重大疾病，积极应对人口老龄化，加快老龄事业和产业发展，为人民群众提供全方位全周期健康服务。

第一节　保健食品的概念和分类

一、保健食品的概念

1. 保健食品的定义

保健食品在国际上没有统一的定义，各国的叫法略有差异。1982 年日本厚生省的文件最早出现“功能食品”的名称，1989 年又将功能食品定义为具有与生物防御、生物节律调整、防止疾病和恢复健康等有关的功能因素，经设计加工，对生物体有明显的调整功能的食品。1991 年 7 月，日本厚生省将功能食品名称改为“特定保健食品”（foods for specified health use）。欧美国家将保健食品称为健康食品（health foods）或营养食品（nutritional foods），德国则称为改善食品（reform foods）。1982 年欧洲健康食品制造商联合会（EHPM）对健康食品做了规定：健康食品必须以保证和增加健康为宗旨，应尽可能地以天然品为原料，必须在遵守健康食品的原则和保证质量的前提下生产。

在我国，也有“疗效食品”“滋补食品”“营养保健食品”等数种提法，概念比较混乱。直到 1996 年 3 月 15 日，卫生部颁发了《保健食品管理办法》，才为我国保健食品提出明确的概念，批准了我国首个保健食品批号——卫食健字（96）第 001 号。1997 年 2 月 28 日由国家技术监督局批准，于当年 5 月 1 日实施的《保健（功能）食品通用标准》，进一步规范了保健（功能）食品的定义。该标准规定“保健（功能）食品是食品的一个种类，具有一般食品的共性，能调节人体的机能，适于特定人群食用，但不以治疗疾病为目的”。经国家食品药品监督管理局局务委员会审议通过，自 2005 年 7 月 1 日起施行的《保健食品注册管理办法（试行）》第二条规定，保健食品是指声称具有特定保健功能或者以补充维生素、矿物质为目的的食品，即适宜于特定人群食用，具有调节机体功能，不以治疗疾病为目的，并且对人体不产生任何急性、亚急性或者慢性危害的食品。此概念一直沿用至今。2012 年 3 月 15 日起印发的《保健食品命名规定和命名指南》和 2016 年 7 月 1 日起实施的《保健食品注册与备案管理办法》，均对保健食品的科学命名、注册和备案管理进行了明确规定。

2. 保健食品的标志

我国保健食品的标志为天蓝色图案，下有保健食品字样，俗称“蓝帽子”（图 1-1）。

该标志的基本含义：从下面看，是一个变形的人体，拥抱保健食品；反过来看，是一个牛头，象征着强健和健壮；明亮的天蓝色似无边的大海或天空，喻示着保健食品的事业发展是广阔的。保健食品正规外包装盒“主要展示版面”左上方应并排或上下排列标注保健食品“蓝帽子”专用标志与保健食品批准文号。

卫食健字（年份）第××××号中华人民共和国卫生部批准
（a1）2003年以前批准的国产保健食品

国食健字G年份××××国家食品药品监督管理局批准
（b1）2004年以后批准的国产保健食品

国食健注G年份××××国家食品药品监督管理总局批准
（c1）2016年以后批准的国产注册保健食品

国食健注G年份××××国家市场监督管理总局批准
（d1）2018年以后批准的国产注册保健食品

卫进健字（年份）第××××号中华人民共和国卫生部批准
（a2）2003年以前批准的进口保健食品

国食健字J年份××××国家食品药品监督管理局批准
（b2）2004年以后批准的进口保健食品

国食健注J年份××××国家食品药品监督管理总局批准
（c2）2016年以后批准的进口注册保健食品

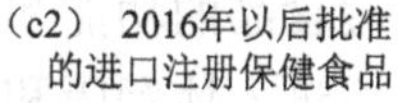

国食健注J年份××××国家市场监督管理总局批准
（d2）2018年以后批准的进口注册保健食品

图 1-1　保健食品标志变化

3. 保健食品的基本特征

保健食品首先必须是食品。《中华人民共和国食品卫生法》规定：“食品应当无毒、无害，符合应当有的营养要求，具有相应的色、香、味等感官性状。”保健食品应符合食品卫生法对食品的这一规定。保健食品所具有的“特定保健功能”，必须明确、具体，而且经过科学实验所证实。同时，它不能取代人体正常的膳食摄入，不能满足人体对各类营养素的需要，保健食品通常是针对需要调整机体某方面功能的“特定人群”而研制生产的，不存在所谓老少皆宜的保健食品。可以说，它有三个基本特征：一是食品性，应具有普通食品的营养性、卫生性和安全性，对人体不产生任何急性、亚急性或慢性危害；二是功能性，对“特定人群”具有一定的调节作用；三是非药品性，不能治疗疾病，不能取代药物对患者的治疗作用。

4. 保健食品与普通食品的区别

保健食品除含有营养素之外，必须含有调节生理功能的成分，并有调节生理功能的作用，如改善生理功能、增强体质、纠正营养不平衡等，而普通食品则无此要求；保健食品只适宜一定人群；保健食品食用量有一定限制，不能饥则食、渴则饮，普通食品则无此限制。保健食品的配方组成和用量必须具有科学依据，具有明确的功效成分。功效成分是保健食品的功能基础。此外，保健食品必须严格遵循保健食品申报流程，经国家市场监督管理总局审核批准，最终获得保健食品批准证书及批号（国食健注 G 或 J 年份××××），才能使用保健食品标志，才能称为保健食品。

5. 保健食品与药品的区别

药品是用以治疗、预防和诊断疾病的物质。药品对人体可能产生某种不良反应，如药品的急性、慢性毒性，变态反应等。保健食品不以治疗疾病为目的，并且对人体不产生任何急性、亚急性或者慢性危害。保健食品无须医师处方、不追求短期临床效应、对适用对象在作为食品的正常食用量下保证食用安全、在食用安全性评价中不得使用权衡利益与危险的原则，这与药品相区别。

综上所述，保健食品以有明确的适用对象，对适用对象有改善生理功能、增强体质、纠正营养不平衡等可验证的营养保健功效，而与一般食品相区别；以无须医师处方、不追求短期临床疗效、对适用对象在作为食品的正常食用量下保证食用安全、在使用安全性评价中不得使用权衡利益与危险的原则，而与药品相区别。保健食品配方有理论与法律依据、成分明确、有特定的质量监测指标与方法，并且符合国家规定的申报手续和材料。

二、保健食品的分类

1. 按保健食品的功能和服用对象分类

我国较多学者根据保健食品的功能和服用对象，将保健食品分为两大类：一类是以健康人为服务对象，以增进人体健康和各项功能为目的的保健食品，即所谓的狭义的保健食品或称日常保健食品。它是根据各种不同的健康消费群，如婴儿、中老年人、学生、妊娠期妇女等生理特点和营养功能控制的需要而设计的，是强调其成分对人体能充分显示防御功能和调节生理节律的工业化食品，如增强免疫力、增强骨密度食品等。另一类是供健康异常人服用，强调食品在降低疾病发生风险和促进康复方面的调节功能，以解决所面临的“饮食与健康”问题。目前，国际上所热衷研究开发的此类保健食品主要有辅助降血脂食品、辅助降血糖食品、减肥食品等。

2. 按保健食品产品形式分类

保健食品产品除了一般食品所固有的外形外，还有丸、丹、膏、散、片剂、口服液等不同形式。

3. 按保健食品成分或原材料分类

（1）营养素补充剂：本类保健食品中含有人体易缺乏的一种或数种营养成分，如维生素类、微量元素类等。这种营养素补充剂能针对性地补给人体所缺乏的营养素，但不以补充能量为目的。

（2）中药型保健食品：根据保健食品的功能及应用范围，以中医药学理论指导组方为原则，以中药或中药提取物为主要原料制成的保健食品。

（3）微生态型保健食品：保健食品中含有一种或多种有益身体的益生菌，可以降低体内各种毒素和废物含量，合成维生素等营养成分，有利于补充体内营养，并可辅助预防多种慢性病及老年病的发生。此类保健食品对活菌的纯度、数量，以及使用有效期限要求严格，储存条件要求较高，一旦达不到质量要求，容易发生不良反应。

（4）活性成分型保健食品：主要是指用从龟、鳖、蛇、虫、鱼等动物中提取的活性成分制成的保健食品。这类保健食品富含营养成分，并具有特有的活性成分，对特定的人群具有较明显的保健功能，如蛇粉、鳖精、鱼油等。

（5）添加剂型保健食品：在日用食品中添加某些活性成分如活性油脂、生物抗氧化剂、活性多肽等制成的保健食品。

（6）混合型保健食品：集营养素成分、中药成分、微生态成分中二者或三者于一体的保健食品。这类保健食品由于内含成分复杂、配方依据难定，目前批准难度较大。

第二节 保健食品的要求及使用原则

一、保健食品的要求

1. 安全性要求

《中华人民共和国食品卫生法》第二十三条规定："表明具有特定保健功能的食品，不得有害于人体健康，其产品说明书内容必须真实，该产品的功能和成分必须与说明书相一致，不得有虚假。"《食品安全国家标准 保健食品》（GB 16740—2014）规定，保健食品对人体不产生任何急性、亚急性或慢性危害，这主要通过动物毒性试验来判断。

所谓"不产生急性危害"是指人食（饮）用产品后，在较短时间内不会引起任何毒性反应。急性毒性试验是用被检产品在一次或 24h 内多次灌喂动物，经 14 天观察动物的毒性表现。通过动物急性毒性试验可以确定被检物的致死剂量（LD）、有效剂量（ED）、半数致死剂量（LD_{50}）、半数有效剂量（ED_{50}）等。

所谓"不产生亚急性危害"是指人食（饮）用产品后，在较长时间内不会引起毒性反应。亚急性毒性试验指用被检产品连续喂养若干批动物，经 90 天观察动物体的毒性表现。

所谓"不产生慢性危害"是指人食（饮）用产品后，经过长时间不会引起毒性反应。慢性毒性试验指用被检产品连续喂养几代动物，经过长时间（有时需要 1 年或 2 年）观察动物体的毒性表现。

2. 保健食品的配方和制作工艺应有科学依据

生产保健食品所用原辅料的品种、加入量及制作工艺等都必须经过科学验证，有可查的科学依据。

3. 保健食品应通过科学实验

科学实验包括功效/标志性成分定性定量分析、动物或人群功能试验，证实保健食品中确有功效/标志性成分及其确有明显的调节人体功能的作用。只有符合这一要求的食品，才能以保健食品的名义生产、销售和宣传。

4. 应符合标准规定的卫生要求

有害金属及有害物质的限量、微生物的限量、食品添加剂的限量、农药和兽药及生物毒素的残留限量、放射性物质的限量等均不得超过保健食品通用标准的规定。

5. 保健食品标签及说明书的要求

根据《保健食品注册与备案管理办法》，申请保健食品注册或者备案的，产品标签、说明书样稿应当包括产品名称、原料、辅料、功效/标志性成分及含量、适宜人群、不适宜人群、保健功能、食用量及食用方法、规格、储藏方法、保质期、注意事项等内容及相关制定依据和说明等。保健食品的标签、说明书主要内容不得涉及疾病预防、治疗功能，并声明"本品不能代替药物"。

二、保健食品的使用原则

1. 饮食为主原则

正常情况下，遵从平衡膳食的理论，科学地安排自己的生活饮食，不需要摄入保健食品。只有当出现营养失调、代谢异常等情况时，才食用保健食品。

2. 有的放矢原则

注意在说明书或标签上标注适宜人群或不适宜人群。保健食品的食用要因人而异，要根据自身健康状况、年龄和身体素质酌定，不能不管对象，一概服用，这样不仅会造成浪费，还会影响身体健康。同时，服用保健食品应因时制宜，区别不同季节，适应环境，有的放矢。

3. 经济允许原则

应根据自己的条件选择不同的保健食品。选购时一定要购买有清楚标签的产品，明确有效成分的标示和内容是否相符，注意厂商的信誉与制造质量，以确保保健的效果，并且产品价格应该在合理范围。

4. 短期使用，定期追踪

虽然食用某些保健食品很难在短期直接看到效果，只有长期服用才能体现效果，但由于西方国家对有些保健食品的临床试验与研究是短时间的，所以最保险的做法是短期使用，缓解症状即可，不要长期使用。最好定期评估，若发现有什么伤害，可立即停止使用，将伤害减到最小。

第三节　保健食品发展的成因与概况

世界各国对保健食品需求越来越大，营养保健食品全球市场规模不断增长。2018 年，全球保健食品市场的销售收入为 3800 亿美元左右，继续保持 7%以上的增速发展。全球市场不断发展，中国保健食品市场也不甘落后。2006~2017 年，我国保健食品行业销售收入由 159.06 亿元增加至 2445.16 亿元。2010 年，我国保健食品市场规模为 562.55 亿元，仅占全球市场规模的 4.59%；而到了 2018 年，我国保健食品市场规模约为 2898 亿元，占全球份额超过 10%，达到了 11.59%。近年来，亚洲地区保健食品市场已经超过欧洲，成为全球第二大保健食品消费市场，而我国则为亚洲第一大保健食品消费市场。

一、保健食品发展的成因

1. 人口结构的变化

随着社会进步和医学发展，世界人均寿命不断延长。老年人口比例的全面增加，促使医疗保险费用支出迅速上升，成为社会及个人庞大的开支和负担，加上药物副作用的危害，人们认识到从饮食上来保持健康更为合算、安全，保健食品因此得以发展。

2. 疾病模式的改变

随着我国经济和社会的快速发展，人民生活和行为方式逐渐改变，老龄化越来越突出，疾病谱发生了新的变化。目前死亡率居世界前列的心血管疾病、脑血管病、恶性肿瘤均与营养不平衡密切相关。肥胖、骨质疏松症、营养不良等也与营养因素有关。

由于饮食与现代疾病存在密切关系，目前高脂肪、高胆固醇、高热量、低膳食纤维等饮食弊端，促使人们重新认识健康饮食的重要性，这激发了保健食品的消费与饮食革命，促进了保健食品的发展。

3. 回归大自然热

自20世纪70年代以来，一股回归大自然的热潮兴起，迅速扩及全球，至今仍势头不减。现代生活给人们带来了极大的物质享受，同时也存在着空气污染、工作高度紧张、粗粮摄入过少等弊病，因此人们渴望有益于身心健康的自然环境。在饮食方面表现为去精存粗、去合成取天然、去厚味取清淡等现象。

除此之外，政府行政部门的管理、食品工业技术的提高、医务人员的宣传及国民收入的增加和消费水平的提高，也是促进保健食品规范化和发展的因素。

二、保健食品发展的概况

1. 国外情况

德国是世界上保健食品发展较早的国家之一。1927年，德国成立了饮食改善协会；1944年又创立了饮食改善学校（后改为学院）。德国的保健食品生产单位由改善食品专业生产厂和传统食品生产厂构成。

美国是世界上保健食品工业发展较早的国家。1936年，美国成立了全国健康食品协会（NHFA）。但保健食品真正的发展，还是在近40年，尤其是1994年10月《膳食补充品健康与教育法案》经美国参众两院批准公布以后，美国保健食品的年销售额达40多亿美元，营养保健食品的加工工业已成为美国的支柱产业。

日本保健食品工业起步较晚，于20世纪60年代首次提出“保健食品”的概念。1982年前，日本保健食品工业已初具规模，但政府尚不予承认。1987年，“功能食品”一词被提出，并被日本政府认可，同时得到重视，从此保健食品迅速发展，销售额从20世纪70年代的1亿美元到80年代的10亿美元，再到90年代的50亿美元，保健食品行业形成日本食品产业一个独特高速成长的领域。

2. 国内情况

我国保健食品历史悠久，保健食品起源于我国食疗。我国自古有“医食同源，药膳同功”之说。药物与食物同出一源，二者皆属于天然产品。药物与食物性能相通，都有四气五味、归经、升降沉浮特性。因此中医常用食物，或食物与药物结合来进行营养保健、康复调理。

1）中国保健食品行业的现状

中国保健食品行业兴起于20世纪80年代，经历了两次低谷、两次高潮，然后又持续增长的阶段（表1-1）。市场呈波浪式发展趋势，即一个高潮后跟着一个低谷；从消费市场来看，下一个高潮中体现的消费理念与上一个高潮中的消费理念相比越发成熟。每次高峰到来，也预示着即将陷入低谷。总体看来是曲折上升型，这是具有中国特色的保健食品行业发展模式。

表1-1 中国保健食品行业发展阶段

时期	阶段	厂家数	年产值	产品特点
1980~1990年	兴起	不到100家	16多亿元	滋补为主
1991~1995年	成长	300多家	300多亿元	营养及中草药
1996~1997年	平滞	不到1000家	100多亿元	中草药、生物制剂及营养补充剂
1998~2000年	竞争发展	3000多家	500多亿元	中草药、生物制剂及营养补充剂
2001~2003年	信任危机	2600家左右	200亿元左右	中草药、生物制剂及营养补充剂
2004~2005年	盘整复兴	4000家左右	超过500亿元	功效成分分布较为集中，约80%集中于总黄酮、总皂苷和粗多糖
2006~2011年	恢复发展	3000家左右	突破1000亿元	功能原料主要为中药及药食两用原料，功能主要集中在免疫调节、缓解体力疲劳及营养素补充剂这3类
2012年至今	快速发展	5000家左右	突破2000亿元	使用频次最高的功能原料依次为灵芝（含灵芝孢子粉）、枸杞子、西洋参、黄芪、人参、蜂胶、葛根、氨基葡萄糖、红景天和淫羊藿这10种。只有少数功能原料属于结构功效明确的化合物或为普通食品，大多数为传统中草药或药食同源类物品 功能主要集中在增强免疫力、缓解体力疲劳、辅助降血脂、增加骨密度、改善睡眠、对化学性肝损伤的辅助保护作用、辅助降血糖这7类

2012年起，我国保健食品市场规模已超过2000亿元，是仅次于美国的第二大保健食品市场，但对比国际水平仍有较大空间。对比全球：根据《2018—2024年中国降血脂保健品行业市场深度调研及投资前景分析报告》，相比美国人均消费金额214美元和日本148美元，中国2017年同期仅为26美元，远低于国际水平；相比美国60%黏性用户和50%渗透率，中国仅有10%黏性用户和20%渗透率。对标美国：中国目前城镇居民人均可支配收入处于美国20世纪70年代水平，而20世纪70年代是美国保健食品行业高速成长的起始期，20世纪至今美国保健食品行业规模扩张了数十倍。按照美国经验，中国保健食品行业尚在高速成长期。

中国保健食品行业目前正处在快速发展阶段，但是，在保健食品的市场上，传统营销模式将受到挑战；在保健食品生产企业资本运作中，各企业寻找着新的生存方式，更有为数不少的企业在境外市场寻找新的空间。

2）中国保健食品行业特点

（1）中国保健食品市场潜力大，发展迅速。2016年，我国保健食品行业市场规模达到 2613.3 亿元，2017 年为 2938.9 亿元，2018 年我国营养保健食品市场规模约 4000 亿元，已经成为全球第二大保健食品市场。

（2）保健食品的消费对象已扩大到各类人群。由过去的老年人、儿童及病后康复者，扩大到妇女及中年和少年等各类人群。

（3）保健食品的消费区域也在扩大，成为普通大众日常消费品。随着生活质量的提高，城乡居民对医疗保健重视程度与日俱增，其结果表现为医疗保健费用支出逐步上升，根据《城乡居民人均可支配收入对医疗保健支出影响及区域差异分析》，1990~2015 年居民人均医疗保健支出呈现出上涨的趋势。城镇居民人均医疗保健支出从 25.7 元增长到 1443.4 元，农村居民人均医疗保健支出从 39.31 元增长到 850.00 元，年均增长分别为 55.16%和 20.62%。

（4）保健食品的营销渠道从医院和药店走向大型超市。

（5）消费者日趋成熟，消费观念明显改变。由盲目消费走向理性消费，“花钱买健康”已成为时尚。

3）中国保健食品品种和消费特点

中国保健食品与传统意义上的食品形态差距较大，产品剂型以药品剂型为主；产地比较集中，以国产保健食品为主；天然原料的使用较为广泛；保健功能比较集中；产品的技术含量不高。据数据统计，2015 年，中国保健食品市场中维生素及膳食补充剂占比最大为 54.8%，规模超过 1000 亿元，过去 5 年年均复合增长率（CAGR）为 11.7%。维生素及膳食营养补充剂中，免疫调节类产品比重最大，达到 23%，过去 5 年保持较快增速，份额已超越增速放缓的骨骼健康类产品（占比 22.1%）；女性健康类产品增长最快，其后是能量补充类产品，二者 CAGR 均超 14%。

4）中国保健食品行业存在的问题与解决的对策

我国保健食品行业存在问题的主要表现：产品概念模糊，把保健食品理解成加药食品；科技投入不足；产品档次低；质量低下；缺乏生产标准，管理混乱；广告宣传泛滥，知名度高、信誉度低；保健食品行业诚信极度危机；行业缺乏统一有效的标准规范；国外保健食品企业的威胁。

我国保健食品行业一方面是高增长的销售和巨大的市场；另一方面是产品鱼龙混杂、品质良莠不齐，以及炒作过度使得保健食品行业面临严重的信誉危机。要改变现状，重整保健食品市场的“雄风”，就需要社会各界及保健食品行业从业人员的共同努力，使保健食品行业走向法治化、规范化、现代化。

5）中国保健食品发展的 3 个阶段

第一阶段：初创阶段。20 世纪 80 年代末 90 年代初，我国还没有实行教育、医疗、住房等改革。“药食同源”“药补不如食补”等养生文化思想体系使人们兜里的富余钱开始向健康方面分流。那时，人们的思维还停留在计划经济时期，企业是否诚信并不重要，消费者关心的是产品有多大功能，能使自己不得什么病或能治疗什么病。于是，一些企业就开始对自己的产品的功能进行承诺。消费者对产品的期望值有多高，企业就承诺多高，由此滋生一些虚假宣传，制假、售假的企业，“有病治病、无病强身”和“包治百病”的产品比比皆是。各类强化食品是最原始的保健食品，它是根据各类人群的营养需要，有针对性地将营养素添加到食品中去。这类食品仅根据食品中的各类营养素和其他有效成分的功能推断整个产品的功能，而这些功能并没有经过任何试验予以证实。

第二阶段：广告阶段。20 世纪 90 年代中期，市场上保健食品品种丰富，消费者有了挑选的余地。企业开始用做广告的方式吸引消费者关注自己的产品。产品不一定要出类拔萃，只要广告做得好，产品的销售出路就不成问题。而且，广告越是做得多，产品就越好卖。夸大和虚假广告宣传是这一阶段特点。

随着我国政府主管部门对保健食品新的管理法规不断补充完善，市场监管力度的加强，消费者的购买心理逐渐成熟，我国保健食品市场进入了第三阶段。

第三阶段：诚信阶段。1995 年开始我国的保健食品市场准入条件比美国和日本都要严格，要经过动物试验证明无不良反应，也需要经过动物试验和人体试食试验来证明该保健食品具有某项保健功能，还需要确知具有该功效的有效成分（或称功效/标志性成分）的结构及含量，并要求这些成分在食品中有稳定的形态后才颁发批准证书。法律和信誉是维持市场有序运行的两个基本机制。现在法律的重要性已经被广泛关注，但对信誉的重要性的认识远远不够。事实上，与法律相比，信誉机制是一种成本更低的机制。在许多情况下，信誉能更好地起作用。社会上存在的“上有政策，下有对策”“打擦边球”等现象表明，只有法律的规范和制裁，没有道德的配合，一些人总会千方百计地寻找漏洞，钻法律的空子。没有健康完善的信用体系，没有良好的道德风气作基础，法律再严，打击再有力，也不可能达到良好的状况。

6）中国保健食品行业的发展展望

得益于政策、消费升级等因素驱动，中国保健食品行业增长较快，自 2014 年起中国保健食品行业呈现逐年递增的态势，2017 年 6 月，国务院印发《国民营养计划（2017—2030 年）》，提出要着力发展保健食品、营养强化食品、双蛋白食物等新型营养健康食品。

（1）中国保健食品行业形势看好。发展保健食品是当代食品研究和开发的世界潮流。综合分析，保健食品行业发展将呈现新的趋势：需求将进一步发展、扩大；注重品牌定位和形象构建；着重于保健知识和品牌宣传；流通渠道更加畅通，营销模式推陈出新；应用新资源、新技术和方便型包装成为主流；功能更加多样化；总体价格将下降；个性化需求与服务，亲情化售后服务将成为亮点；农村将成为进一步竞争的重点市场。针对“权健”引发的保健品乱象，国家市场监督管理总局等 13 个部门于 2019 年 1 月 8 日召开联合部署整治“保健”市场乱象百日行动，随后，于 2019 年 9 月实施“百日行动回头看”，这些行动一方面意味着国家对直销渠道的管理趋严；另一方面则意味着短期内新企业获得直销牌照无望，渠道进入存量规范化发展时期，此次“重启”对于保健食品行业健康发展十分重要。

（2）规范制度的进一步建立与完善。进一步规范保健食品市场，建立有效统一的规则，与世界接轨，打入世界市场，这是政府、企业、国民的共同心声。在此大趋势下，保健食品市场将从混乱走向有序，从稚嫩走向成熟，从鲁莽走向理智，由低层次广告战走向高层次技术战、服务战。

（3）科技投入的加大。每种保健食品都有生命周期，因此必须在保持已有产品质量的前提下降低成本，扩大产品销售；不断进行科技创新，生产对消费者更有吸引力的产品；积极发展第三代保健食品，发展提取分离各类功能因子的新技术、新工艺、新装备。

（4）保健食品行业行为的改变。诚信成为中国保健食品业再创辉煌的起飞点。将诚信经营理论贯穿于保健食品生产企业，把保健食品当作一种事业或责任来经营才是根本，打破感觉疗效的怪圈，引入售后服务营销策略，高举“诚信是金”的旗帜，塑造与培育保健食品行业富有生命活力的百年品牌才是保健食品行业再次腾飞的根本出路。

第四节 保健食品研发的理论基础

保健食品最显著的特征在于它对人体有特定的保健功能，而其保健功能主要立足于现代营养学、中医饮食营养学、现代医学的理论基础之上。

一、现代营养学

现代营养学是研究如何选择食物，以及食物如何在体内消化、吸收、代谢，促进机体生长发育与健康的综合过程的学科。人们要想维持正常的生长发育，就必须不断地从外界摄取营养物质或称营养素。因此，营养素对人是第一要素。传统上认为人体所需的基础营养素主要包括蛋白质、脂类、碳水化合物（糖类）、矿物质、维生素和水六大类，后来又增加了膳食纤维。因此，现代营养学共包括七类基础营养素。

1. 基础营养素

1）蛋白质

蛋白质是构成细胞的基本物质，是机体生长及修补受损组织的主要原料，占人体的18%~20%。因此，蛋白质是生命的物质基础。蛋白质由氨基酸组成，营养学上把氨基酸分为必需氨基酸和非必需氨基酸两大类。必需氨基酸指人体自身不能合成或合成速度不能满足人体需要，必须从食物中摄取的氨基酸。对成人来说，这类氨基酸有 8 种，包括赖氨酸、蛋氨酸、亮氨酸、异亮氨酸、苏氨酸、缬氨酸、色氨酸、苯丙氨酸；对婴儿来说，除此之外，还包括组氨酸。而非必需氨基酸指人体可以自身合成或由其他氨基酸转化得到，不一定非从食物中直接摄取的氨基酸。蛋白质具有重要的生理功能：①身体生长、更新和修补的组织材料；②参与酶、激素等调节生理活动的物质的构成；③供给能量；④增强免疫力；⑤维护毛细血管的正常渗透力，保持水分在体内的正常分布；⑥维护神经系统的正常功能。

缺乏症状：轻则肌肉变得松弛无弹性，头发枯黄，指甲易断；重则发育迟缓、体重减轻、容易疲劳、对疾病抵抗力降低、病后恢复健康迟缓、营养性水肿。

需补充蛋白质的人群：儿童与青少年需要的蛋白质比较多；老年人对日常食物如肉类蛋白质摄取不足，必须注意补充；妊娠期妇女与哺乳期妇女也需要补充。

蛋白质包括动物蛋白（如鸡蛋、牛乳和各种肉类中所含蛋白质）和植物蛋白（如豆类和豆制品中所含蛋白质），它对人体起着非常重要的作用。尽管如此，也不宜过多食用富含蛋白质的食物，因为像家禽、乳制品这些必需氨基酸齐全的食物，有的同时也是高脂肪、高热量、高胆固醇的食物，容易使人发胖，并引发心脏病、脑卒中等多种疾病，特别是本身胆固醇高的人更不能过多食用富含蛋白质的食物。我们要均衡摄取，荤素搭配，才能吃出最好的效果。

2）脂类

脂类是机体的主要储能和供能物质，因此常被称为生命的燃料，约占人体的15%。脂类可分为脂肪和类脂两大类。脂肪主要是由甘油和脂肪酸组成的甘油三酯，是人体内含量最多的脂类和主要能量来源；类脂是细胞膜、血液等的基本成分，包括磷脂、糖脂和胆固醇。脂肪酸分为饱和脂肪酸和不饱和脂肪酸，是脂肪的主要活性成分。具有适宜的饱和脂肪酸和不饱和脂肪酸比例的食物才能有利于人体健康。脂类具有重要的生理功能：①构成身体组织，维持正常体重；②提供能量和必需脂肪酸；③促进脂溶性维生素的吸收；④保护皮肤健康；⑤保护内脏和关节，减小机体内器官摩擦。

因此，脂类是人体必需的营养素。脂类是“好”营养素还是“坏”营养素，不能一概而论，营养学家从来都是建议人们要适量摄入脂类，但从未建议人们拒绝脂类。世界卫生组织（WHO）对脂肪摄入的建议：对于成人，脂肪摄入占总能量的30%以下，饱和脂肪酸的摄入量不宜超过总能量摄入的10%。如有可能，婴儿应用母乳喂养；如用配方乳喂养，则其所含脂类应尽可能接近母乳。妊娠期及哺乳期妇女应补充足够数量的必需脂肪酸。应优先选择液体油类和软脂肪，而不宜多食用部分氢化后的植物油。

脂类的主要来源是动植物油脂和乳制品。在我们日常食物中，大多数都含有脂肪，只要均衡饮食，就不会缺乏脂类，相反，在当今生活水平下，人们往往容易摄入过多的脂肪。

3）碳水化合物

碳水化合物是人体的主要供能物质，被称为生命的驱动器，占人体的1%~2%。碳水化合物在体内经过系列生化反应分解为糖（如葡萄糖、果糖），所以它又被称为糖类。大部分器官的“食物”是葡萄糖。碳水化合物具有重要的生物功能：①供给机体能量；②维持脂肪的正常代谢；③参与构成身体组织，组成抗体、细胞膜、神经组织、遗传物质核糖核酸等具有重要功能的物质；④保肝解毒。

碳水化合物大量存在于面、米、杂粮、薯类、豆类等食物中，构成人们的主食。因此，许多担心肥胖的人一听到“碳水化合物”，就退避三舍，经常拒绝食用主食。其实这样做并不可取，因为每天食用的食物中，碳水化合物的供能应该占60%~65%。而直接储存在体内的只有1%~2%，大部分都作为能量供机体日常活动。只有机体摄入的能量大于消耗的能量时，多余的碳水化合物才能转化为脂肪存储于人体。因此，只要每天运动起来，使能量的消耗不小于摄入，就能获得正常营养和保持健康。

4）矿物质

矿物质是人体内无机化合物的总称，是构成人体骨架的主要成分，为人体提供了生命的硬度，被称为生命的构造者。随着年龄、性别、身体状况、环境、工作状况等因素的变化，人体对矿物质的需求量也不同。人体含有60多种矿物质，其中25种为人体营养所必需。钙、镁、钾、钠、硫、磷、氯这7种元素在人体含量较多，占矿物质总量的

60%~80%，称为宏量元素。其他元素在机体内含量少于 0.005%，被称为微量元素。其中的碘、铁、铜、锌、锰、钴、钼、锡、铬、镍、硒、硅、氟、钒是机体生命活动必不可少的而在体内又不能产生或合成的元素，被称为必需微量元素。

人体每一天的新陈代谢都需要足量的矿物质参与，每种元素都有其独特的重要性，不可替代，各元素之间还有协同作用和拮抗作用。矿物质的生理功能主要包括参与机体组织的构成，调节生理功能，维持人体正常代谢水平，构成某些激素并参与激素作用，是酶和维生素所必需的活性因子，影响核酸代谢。如果矿物质不足，就会引起很多的疾病，如骨质疏松、消化不良、贫血，甚至恶性肿瘤等。

矿物质是人体的必需元素，人体无法自身产生、合成矿物质，必须从食物中摄取；而且体内的矿物质会随着人体的排尿、出汗、排便等新陈代谢排出。因此，人体每天要摄取一定量的矿物质，才能维持机体的健康。

微量元素虽然在人体中需求量很低，但其作用却非常大。例如，锰能刺激免疫器官的细胞增殖，大大提高具有吞噬作用的巨噬细胞的生存率。锌是直接参与免疫功能的重要生命相关元素，白细胞中的锌含量比红细胞高 25 倍。碘能治疗甲状腺肿、动脉硬化，提高智力和性功能。硒增高癌细胞中环腺苷酸（cAMP）的水平，形成抑制癌细胞分裂和增殖的内环境，起到抑制肿瘤细胞 DNA、RNA 及蛋白质合成，使肿瘤细胞在活体内增殖力减弱、控制肿瘤细胞的生长分化的作用。

微量元素的主要生理功能：①协助宏量元素的输送，如含氧血红蛋白（铁有输送氧的功能）；②为体内各种酶的组成部分和激活剂，已知人体内有 1000 多种酶，每种酶大都含有 1 个或多个金属原子，如钼、铁均是黄嘌呤氧化酶/脱氢酶、醛氧化酶和亚硫酸盐氧化酶的组成成分，肠磷酸酶中的锌具有激活酶的效果等；③可参与激素作用，调节重要生理功能，如甲状腺激素中碘抑制了甲状腺功能亢进；④可影响核酸代谢，核酸含有多种微量元素如铬、钴、铜等，它们对核酸的结构、功能均有重大作用。

（1）钙：钙是人体中含量最多的矿物质元素。

① 钙在机体中的分布与代谢：人体内的钙主要来自食物，但并非食物中所有的钙都能被人体吸收利用，一般的吸收率仅为 20%~30%。成人体内钙的含量约为 1.3kg，占体重的 2%。钙广泛分布于全身各组织器官中，但 99%集中分布于骨骼和牙齿中，1%分布于软组织和细胞外液中，发挥着极为重要的调节作用。

② 钙的生理功能：钙是构成骨骼、牙齿的重要成分。骨骼不仅是人体的重要支柱，而且是钙的储存库，它在钙的代谢和维持人体钙的内环境稳定方面有一定作用。

钙能在细胞膜的磷脂分子间形成结构桥，将磷脂分子联结起来，使膜结构稳定，对膜电位、膜透性、离子运转及原生质黏滞性和胶体分散度都有一定效应。钙与蛋白质结合，对维持细胞膜的通透性及完整性是十分必要的，钙可降低毛细血管的通透性，防止液体渗出。

体内许多酶系统（ATP 酶、琥珀酸脱氢酶、脂肪酶、蛋白分解酶等）需要钙激活，钙、镁、钾、钠保持一定比例又是促进肌肉收缩、维持神经肌肉应激性所必需的。钙是琥珀酸脱氢酶等某些酶的活化剂，可增加线粒体蛋白质含量。由于线粒体在有氧呼吸和盐类吸收中发挥作用，所以钙和离子吸收直接有关。

钙有加强有机物运输，尤其是碳水化合物运输的作用；钙能促进神经递质的释放，调节激素的分泌，维持神经冲动的传导、心脏的搏动；钙对心肌有特殊的影响，钙与钾相互制约，有利于心肌收缩，维持心搏节律；钙影响细胞板和纺锤丝形成，保证细胞分裂；钙参与血液的凝固，可以直接作为凝血复合因子，促进凝血过程，还可以直接促进血小板的释放，促进血小板介导的凝血过程；参与免疫反应，增加人体的免疫力。

③ 钙的摄入过多或不足可导致一系列疾病：人体正常血钙浓度一般是2.25~2.75mmol/L（9~11mg/dL）。如果钙浓度过低，儿童中常出现佝偻病及骨软化；50岁以上的老年人，特别是绝经期后的妇女，易出现骨质疏松；如果血钙浓度过高，则会导致肌无力。

血浆中的钙有46%以血浆蛋白钙的形式存在，47.5%以游离钙的形式存在，其余6.5%的钙则以磷酸钙、柠檬酸钙、碳酸氢钙等复合物形式存在。当血钙浓度低于2.25mmol/L（9mg/dL）时即为低血钙，通常表现为血清中离子钙水平较低；当血钙浓度高于2.75mmol/L（11mg/dL）时即为高血钙，临床表现为肾结石、胃肠道症状和神经改变等，并伴有血磷降低的特征。

④ 食物来源：食物中钙的良好来源是乳和乳制品，不但含量丰富，而且吸收率高。蔬菜、豆类和油料种子也含有较多的钙。小虾米皮、海带和发菜含钙特别丰富。在儿童与青少年膳食中加入骨粉、蛋壳粉也能有效地补充膳食钙。其他食物来源包括各种功能性食品基料的富钙制品如乳酸钙、葡萄糖酸钙、骨泥、其他活性钙剂等。

（2）铁：铁是人体发育的“建筑材料”，几乎所有组织都含有铁，肝脏、脾脏和肺组织内含量较为丰富。成人体内含铁3~5g，大部分都以蛋白质复合物形式存在，极少部分以离子的形式存在。

① 铁的生理功能：铁作为辅酶或活化剂参与许多酶反应，形成酶-底物-金属络合物，或者在金属-蛋白（酶）中作为活性基团，催化多种生化反应。这里起催化作用的是金属原子化合价的变化和电子的传递。铁在酶系统中有铁-硫蛋白和铁-卟啉蛋白两大类。细胞色素是一系列血红素的化合物，通过其在线粒体中的电子传导作用，对呼吸和能量代谢有非常重要的影响。铁参与能量代谢，细胞色素作为电子载体传递电子的方式是通过其血红素辅基中铁原子的还原态（Fe^{2+}）和氧化态（Fe^{3+}）之间的可逆变化。

铁是血红蛋白的重要部分，而血红蛋白功能是向细胞输送氧气，并将二氧化碳带出细胞。血红蛋白能与氧结合而不被氧化，在从肺输送氧到组织的过程中起着关键作用。

铁参与造血，参与氧的携带和运输。机体缺铁时免疫力下降，补铁后可改善免疫功能。铁元素促进β-胡萝卜素转化为维生素A、参与嘌呤及胶原的合成、抗体的产生、脂类从血液中的转运及药物在肝脏的解毒等。铁与免疫的关系也比较密切，有研究表明，铁增加中性白细胞和吞噬细胞的吞噬功能，可以提高机体的免疫力，增强机体的抗感染能力。

② 缺铁引起的疾病：缺铁性贫血、溶血性贫血、再生障碍性贫血。

③ 食物来源及吸收：膳食铁的良好来源为动物肝脏、动物全血、肉类、鱼类和某些蔬菜（白菜、油菜、苋菜、韭菜等），膳食中有较多的植酸、草酸和碳酸等盐类存在时，可影响铁的吸收与利用；维生素C（抗坏血酸）可促进动物蛋白（如猪肉、牛肉、

羊肉与肝脏、鱼、禽肉等所含蛋白质）中铁的吸收。

（3）钾：钾是人体内不可缺少的常量元素，一般成人体内约含钾元素 150g。

① 钾的生理作用：与钠共同作用，调节体内水分的平衡并使心搏规律化。钾对细胞内的化学反应很重要，对协助维持稳定的血压及神经活动的传导起着非常重要的作用。

② 缺钾引起的疾病：缺钾会减少肌肉的兴奋性，使肌肉的收缩和放松无法顺利进行，容易倦怠；会妨碍肠的蠕动，引起便秘；还会导致水肿、半身不遂及心脏病发作。当人体钾摄取不足时，钠会带着许多水分进入细胞中，使细胞破裂导致水肿。血液中缺钾会使血糖偏高，导致高血糖。缺钾对心脏造成严重伤害，会造成心动过速且心律不齐。

③ 食物来源：粮食作物中，以荞麦、玉米、红薯、大豆等含钾元素较高；水果中，香蕉含丰富钾元素；蔬菜中，菠菜、苋菜、香菜、油菜、甘蓝、芹菜、大葱、莴笋、土豆、山药、鲜豌豆、毛豆等含钾元素较高。

5）维生素

维生素（vitamin）又名维他命，维生素是维持身体健康所必需的一类有机化合物。这类物质在体内既不是构成身体组织的原料，也不是能量的来源，而是一类在物质代谢中起重要作用的调节物质，常被称为生命的催化剂，约占人体的 1%。维生素分为脂溶性和水溶性两大类，脂溶性维生素主要包括维生素 A、维生素 D、维生素 E 和维生素 K 等，水溶性维生素主要包括维生素 B 和维生素 C 等。

维生素 B 是 B 族维生素的总称，也被称为维生素 B 群、维生素 B 族或维生素 B 复合群，包括维生素 B_1（硫胺素）、维生素 B_2（核黄素）、维生素 B_3（维生素 PP、尼克酸、烟酸）、维生素 B_5（泛酸、遍多酸、烟碱酸）、维生素 B_6（吡哆素、吡哆醛、吡哆醇类）、维生素 B_7（维生素 H、生物素）、维生素 B_9（蝶酰谷氨酸、叶酸）和维生素 B_{12}（钴胺素、氰钴胺、辅酶 B_{12}），它们有很多共同特性（如都是水溶性，都是辅酶等），常有相同的食物来源，如酵母、肝脏、米糠、麦芽等。其中酵母中 B 族维生素含量较为丰富，比例更为合理。而且酵母中 B 族维生素以磷酸酯的形式存在，更容易被人体吸收利用。

还有一些物质也被称为 B 族维生素，但是它们有些是人类必需维生素的别称，有些不是人类必需维生素，甚至不是营养素，常被称为其他维生素 B 群（表 1-2）。

表 1-2　其他维生素 B 群

编号	俗名/化学名	说明
维生素 B_4	腺嘌呤或磷酸腺嘌呤	又称 6-氨基嘌呤
维生素 B_8	腺嘌呤核苷酸	为 RNA 组成单元之一
维生素 B_{10}	对氨基苯甲酸	曾被称为维生素 R，某些来源错误地指其为叶酸，实为叶酸的组成之一，可作为防晒剂
维生素 B_{11}	水杨酸	也被称为维生素 S
维生素 B_{13}	乳清酸	又称为嘧啶酸，是嘧啶核苷酸生物合成的中间产物
维生素 B_{14}	甜菜碱	维生素 B_{10} 和维生素 B_{11} 的混合物

续表

编号	俗名/化学名	说明
维生素 B_{15}	泛配子酸	或被称为潘氨酸
维生素 B_{16}	*N,N*-二甲基甘氨酸	从法律上讲，它已不被视作维生素，而是食品
维生素 B_{17}	苦杏仁苷	植物自然产生的氰化物，具毒性 或被称为扁桃苷。人工合成较简单者称为左旋苦杏仁腈（laetrile）
维生素 B_{18}	—	—
维生素 B_{19}	—	—
维生素 B_{20}	肉碱	—
维生素 B_{21}	—	—
维生素 B_{22}	—	被称为是芦荟提取物中的一种成分
维生素 B-c	—	维生素 B_9 的别称
维生素 B-h	肌醇	环己六醇的别称
维生素 B-t	三甲基羟基丁酰甜菜碱	肉毒碱的别称
维生素 B-w	—	生物素的别称
维生素 B-x	对氨基苯甲酸	—

许多维生素是酶的辅酶或者是辅酶的组成分子。因此，维生素在体内的含量很低，但对机体的新陈代谢、生长、发育、健康有极重要的作用。每种维生素具有各自特殊的生理功能，一种维生素不能代替或起到另一种维生素的作用；不同维生素之间，还存在协同和拮抗作用。例如，B 族维生素是个庞大的家族，这些家族成员的作用是相辅相成的，必须同时发挥作用，单独摄取任何一种或其中数种，只会增加其他未补充 B 族维生素的需要量，导致因为缺乏摄取不足的部分造成身体异常，这种现象称 B 族维生素共融现象。如果长期缺乏某种维生素，就会引起生理功能障碍而发生某种疾病。例如，维生素 A 对视力、皮肤和黏膜及骨骼生长、免疫功能等都有调节作用，缺乏会得眼干燥症、夜盲症等；B 族维生素能增进食欲，维持神经的正常活动；维生素 C 能抗坏血病，提高智力；维生素 D 能帮助人体吸收钙和磷等。

脂溶性维生素一般只含有碳、氢、氧三种元素，以维生素原（或前维生素）的形式存在于植物组织中，维生素原能够在动物体内转变为维生素。脂溶性维生素参与调节结构单元的代谢，每种维生素均显示一种或多种特定的生理作用。脂溶性维生素在食物中多与脂质共存，其在机体内的吸收通常与肠道中的脂质密切相关，可随脂质吸收进入人体并在肝脏或者其他脂肪组织内储存，排泄率不高，在储存脂肪的地方就能储存脂溶性维生素，吸收得越多，储存得也越多。脂溶性维生素大多对热、碱和酸的稳定性较强，不需要每天提供。脂溶性维生素摄入量过多易引起中毒现象，若摄入量过少则缓慢出现缺乏症状。

水溶性维生素除碳、氢、氧元素外，有的还含有氮、硫等元素。水溶性维生素无维生素原，普遍分布在动植物组织中，但人体无法自行合成水溶性维生素。水溶性维生素与能量传递有关。水溶性维生素由于可以溶解在水中，所以很少在体内储存，多余的水溶性维生素会从尿中排出；这些营养素也很容易在食物加工的过程中流失，因此需要每天从食物中补充，并且要注意加工方法，尽量避免煎炸烹炒等高温烹饪方式，可生食富含这些维生素的食物。水溶性维生素几乎无毒性，摄入量偏高一般不会引起中毒现象，若摄入量过少则较快出现缺乏症状。

现在很多人也意识到了维生素的重要性，通过食用五谷杂粮、酵母粉、水果、蔬菜、保健食品等来补充各种维生素。但我们需注意的是，切不可把它作为一种“补药”，认为多多益善，盲目地服用维生素终将损害我们的健康。

有些物质在化学结构上类似于某种维生素，经过代谢反应即可转变成维生素，此类物质称为维生素原，如β-胡萝卜素能转变为维生素A，7-脱氢胆固醇可转变为维生素D_3。

6）水

水是人体的重要组成部分，被称为生命的源泉。分阶段来看，婴儿体内的水分大约占体重的80%，成人约占60%，老年人则只有55%左右。所以，人体衰老的过程其实也是一个体内水分逐渐减少的过程。水的主要生理功能：①构成细胞主要成分；②溶解多种电解质、运输和传递营养素、代谢废物和内分泌物质（如激素）；③参与或促进各项正常代谢；④调节体温和酸碱度等。

只有当摄入水量与排出水量保持相对平衡状态，才能维持身体的正常功能。正常情况下身体每天要通过皮肤、内脏、肺及肾脏排出1.5L左右的水，以保证毒素从体内排出。所以，一般来说，除了一日三餐正常饮食的水分以外，人每天还需要补充约1000mL的水。可以说，一般人不吃食物能够维持生存约5周，但不喝水最多只能维持生存5天。要养成间歇饮水的习惯，不要等到口渴时才喝水，因为大脑发送口渴信号的时候，其实体内已经处于脱水状态了。脱水时间过长不但会引起体能、新陈代谢、抵抗力的下降，还会使皮肤失去光泽和弹性，变得干瘪、暗黄、皱纹增多。

7）膳食纤维

膳食纤维是指不被人体消化的植物细胞残存物，是一种多糖，常被称为生命的补充。大多数的膳食纤维从被摄入到被排出体外，不产生任何可用的能量。只有很少一部分的膳食纤维能分解成为可被大肠吸收的物质。膳食纤维可分为水溶性膳食纤维和非水溶性膳食纤维。

水溶性膳食纤维可溶于水，也容易被大肠内的发酵细菌消化。这些膳食纤维能改善血糖生成反应，影响营养素的吸收速度和部位。此外，还有吸附毒素、重金属，清除体内垃圾，调节平衡的作用。水溶性膳食纤维主要来源于果胶、藻胶、魔芋等食品。

非水溶性膳食纤维（如全谷物的麸皮）不能被人体消化吸收，只停留在肠道内，但是可刺激消化液的产生和吸附大量水分，促进肠道蠕动，可以吸收水分利于排便，对胃肠道功能的正常化起重要作用，也有助于建立肠道正常菌群。需注意的是，膳食纤维过多则会干扰人体对其他营养素的吸收。全谷类粮食含较多非水溶性膳食纤维，其中包括麦麸、麦片、全麦粉及糙米、燕麦、豆类、蔬菜和水果等。

我国人民的膳食一向以谷类食物为主，并辅以蔬菜果类，所以本不缺乏膳食纤维，但随着生活水平的提高，食物精细化程度越来越高，动物性食物所占比例大为增加，而膳食纤维的摄入量却明显降低。尤其在"生活越来越好，纤维越来越少"，膳食构成越来越精细的今天，多种"现代文明病"，如肥胖、糖尿病、高脂血症等，以及一些与膳食纤维摄入过少有关的疾病，如肠癌、便秘、肠道息肉等发病率日渐增高。因此，膳食纤维成为学术界和普通百姓关注的物质，人们开始有意识吃一些高膳食纤维的食物，或者额外补充一些膳食纤维。

2. 平衡膳食

平衡膳食，又称合理膳食、健康膳食或均衡膳食，是指选择多种食物，经过适当搭配，能使营养需要与膳食供给之间保持平衡状态，能量及各种营养素满足人体生长发育、生理及体力活动的需要，且各种营养素之间保持适宜比例的膳食。

平衡膳食的基本要求：①一日膳食中食物构成要多样化，各种营养素应品种齐全。营养学家认为，世上没有任何一种食物能提供人体所需的全部营养素。因此，进食多样化食物才能获得全面的营养。②能量和各种营养素的供给量要适量，不能过多，也不能过少，以保证生理需要。应限制脂肪和碳水化合物的供给量，因为若摄入过多高能量食品，可使体内营养过剩，造成脂肪在体内堆积而引起肥胖。对胆固醇与食盐的摄入也应采取适量原则。③各种营养素必须维持适当的比例，膳食中产能营养素之间、必需氨基酸之间、必需氨基酸与非必需氨基酸之间、脂肪酸之间、矿物质之间、维生素之间的比例及食物的酸碱要平衡。这个要求是对整个膳食模式和食物的结构而言的，只有调整好食物结构，提供均衡的食物，才能获得均衡的营养，要科学地处理好荤素食品、粗细杂粮、动植物蛋白等的搭配。④科学的加工烹调，应尽量减少营养素的损失，并提高食物消化吸收率。⑤合理的膳食制度。膳食制度是指把全天的食物定质、定量、定时地分配给人们食用的一种制度。膳食制度必须与每个人的日常生活相协调，以便使能量和各种营养素的摄入量适应人体的消耗，并保证各种营养成分能够充分地得到利用。通常，食物进入人体后的消化过程会通过长期实践而适应生理上的需要，形成一定的规律，只要到了用餐时间，人体就会自行引发消化液分泌，使吃进去的食物得以消化、吸收和利用。目前我国及世界上许多国家的膳食制度以三餐最多，每餐的间隔时间为5~6h。一天中各餐食物的分配比例不一。早上起床后食欲还不旺盛，早餐膳食要尽量选择体积小、能量高的食物，一般不用大量新鲜蔬菜。午餐是一天中进食能量最多的一餐，需要与之相应的富含蛋白质和脂肪的食物。至于晚餐，因已接近休息和睡眠时间，为了使夜间胃肠道得到规律性的休息，食物体积可近似早餐，其能量供给也可持平或略低，并尽量少食用高蛋白质和高脂肪的食物，多食用含碳水化合物的食物和蔬菜。

总之，根据平衡膳食的要求，可将平衡膳食的基本原则概括为多样、适量、均衡性和个体化。其中，个体化原则是我国数千年来传统饮食文化的核心思想，主要强调食物的天然属性（温热、寒凉与平性）、季节特点（春暖夏热秋凉冬寒）、烹调方法（清淡或辛辣）与摄食者个体的体质要保持辩证统一关系，尽量做到天、物、人三者的协调一致。

中国居民平衡膳食宝塔（图 1-2）是根据中国居民膳食指南，结合中国居民的膳食结构特点设计的。它把平衡膳食的原则转化为各类食物的重量，并以直观的宝塔形式表现出来，便于群众理解和在日常生活中应用。平衡膳食宝塔提出了一个营养上比较理想的膳食模式，它所建议的食物量，特别是乳类和豆类食物的量可能与大多数人当前的实际膳食还有一定距离，对某些贫困地区来讲可能距离还很远，但为了改善中国居民的膳食营养状况，应把平衡膳食看作是一个奋斗目标。

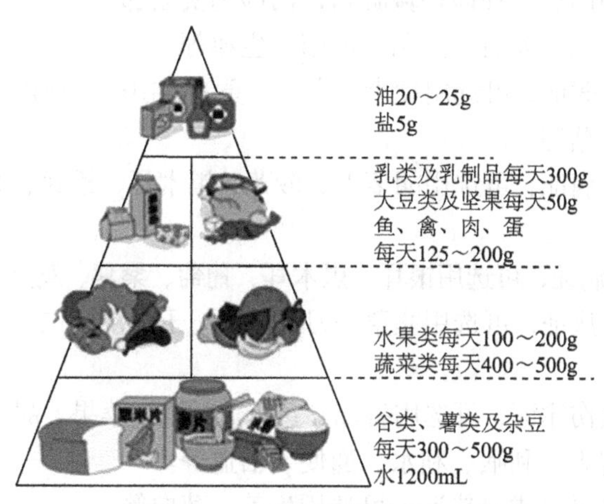

图 1-2　中国居民平衡膳食宝塔

平衡膳食宝塔没有建议食糖的摄入量，因为中国居民现在平均食糖量还不多，少吃些或适当多吃些可能对健康影响不大。但多食糖有增加龋齿的危险，尤其是儿童、青少年不应食用太多的糖和含糖食品。

各类食物的组成是根据全国营养调查中居民膳食的实际情况计算的，所以每一类食物的质量不是指某一种个体食物的质量。

但是，日常生活无须每天都样样照着平衡膳食宝塔推荐量饮食。实际上，平日喜欢吃鱼的多吃些鱼、愿意吃鸡的多吃些鸡都无妨碍，重要的是一定要经常遵循宝塔各层、各类食物的大体比例。

二、中医饮食营养学

中医饮食营养学是在中医理论体系的指导下，应用食物来保健强身、预防疾病或促进机体康复的一门学科。中医饮食营养学的主要内容包括饮食养生、饮食节制和饮食宜忌等方面，其基本理论深受中国古代朴素哲学理论的影响。

1. 天人相应的整体观念

中医认为人处于天地之间、万物之中，与自然界相通相应，同受阴阳法则约束，同遵运动变化规律。人体的各个部分是有机地联系在一起的，这种相互联系的关系是以五脏为中心，通过经络的作用实现的。它体现在脏腑与脏腑、脏腑与形体各组织器官之间的生理、病理各个方面。脏腑的功能失常，可以通过经络反映于体表；体表组织器官有病，也可以通过经络影响到脏腑。临诊过程中可以根据五官、形体、色脉等外在的变化，了解脏腑的虚实、气血的盛衰及正邪的消长，以确定保健原则。自然界产物的味与人体脏腑有特定的联系和选择作用，有“所克”“所制”“所化”等功用，可运用食物来补虚、泻实，调理阴阳。

2. 阴阳平衡

中国古代认为，机体失健罹患疾病，乃阴阳失调之故，或阴阳之偏盛，或阴阳之偏衰。传统营养学理论核心就是使机体保持阴平阳秘。《素问·骨气论》指出："调其阴阳，不足则补，有余则泻。"补即补益脏腑，泻即泻实去邪。

（1）补益脏腑：益气、养血、滋阴、助阳、生津等。

益气法：用于气虚病证，可选用粳米、小米、黄米、山药、马铃薯、胡萝卜、豆腐、牛肉、鸡肉、兔肉、香菇等。

养血法：用于血虚病证，可选用胡萝卜、菠菜、黑木耳、桑葚、荔枝、猪肉、猪肝、羊肝、平鱼等。

滋阴法：用于阴虚病证，可选用银耳、黑木耳、葡萄、桑葚、鸡蛋黄、甲鱼、乌贼等。

助阳法：用于阳虚病证，可选用韭菜、刀豆、枸杞子、桃核仁、羊肉、羊乳、狗肉、雀肉、鳝鱼、虾等。

生津法：用于燥热伤津证，可选用番茄、黄瓜、甘蔗、苹果、甜瓜、柑橘、甜橙等。

（2）泻实去邪：解表、利咽、利水、通便、活血等。

解表法：用于外感风寒或风热证，可选用生姜、葱白等。

利咽法：用于喑哑或咽喉症，可选用甘蔗、橄榄、梅子、无花果、罗汉果、蜂蜜等。

利水法：用于水肿或肥胖，可选用白菜、黄瓜、冬瓜、赤小豆、绿豆等。

通便法：用于便秘，可选用香蕉、蜂蜜、竹笋、菠菜、黑芝麻等。

活血法：用于血瘀证，可选用山楂、桃仁、慈姑、黑木耳等。

3. 药食一体（药食同源、药食同理、药食同用）

药食皆属于天然之物。药物与食物性能相通，都有四气五味、归经、升降沉浮等特性。不同的食物，有寒热温凉四性之分，有辛甘苦咸酸五味的不同。在食用时，如果能依据食物的性味，因人因时选用，则对健康更为有利。药物要辨证施用，食物最好也能辨证施食，两者的中医营养理论基础是一致的。但药物和食物还是有区别的，食物的性味较为平和纯正，不同体质的人进食相同的食物，不会有明显的不适感，而药物则有一定的适应证和禁忌范围，其副作用较为明显，俗语说"凡药三分毒"就是这个道理。最近，外国一些科学家提出根据人的体质来选择食物更有利于健康。这个观点，我们的祖先早就知道了，并总结出一套"食疗"理论。从宏观来看，中药和食物起源、性质有相同之处，但对人体的功能却是不一样的，说药食同源、同理，绝非指药食不分，药食的内涵和功能是不同的，必须严加区别。

4. 全面膳食与审因用膳相结合

（1）全面膳食：尽可能做到多样化饮食，讲究荤素食、主副食、正餐和零散小吃，以及食与饮等之间的合理搭配。既不要偏食，也不要过食与废食。全面膳食是现代营养学中的一个基本观点，在古代中医学中，也有类似的认识，像医学典籍《素问·藏气法时论》就曾经明确提到"五谷为养，五果为助，五畜为益，五菜为充，气味合而服之，以补精益气"的膳食搭配原则。其中五谷是指米、麦及其他杂粮类食物，五果、五菜则分别指古时的蔬菜和水果，五畜指肉类。这四大类食物，给人体提供了充足的碳水化合物、脂肪、蛋白质、矿物质、维生素、纤维素等。

（2）审因用膳：指根据个人情况合理调配饮食。因为人体需要全面而均衡的营养，所以，在保证全面营养时，需要根据每个人的不同情况对饮食结构进行调配。《素问·五常政大论》提到“谷肉果菜，食养尽之”也是这个道理。每个人的体质不同，膳食也应当有所差别，如果食用的东西不符合自己身体需求，不仅达不到营养目的，还会给身体带来伤害，影响身体健康。对特殊人或患者，也不主张采用与常人一样的饮食模式，可据其不同的年龄、地域、体质、职业、信仰与病情，做到审因用膳和辨证用膳。

三、现代医学

医学是处理健康相关问题的一种科学，以治疗及预防生理和心理疾病与提高人体自身素质为目的。很多人喜欢把医学分为西医和中医，其实这种分法并不准确，因为医学没有国界之分。更准确的医学分类应该是现代医学和传统医学。在近代之前的欧洲，医学和中国传统医学没有多大的不同。现代医学基本上是在近一二百年形成的，如果溯源求本，应该说它脱胎于传统医学。现代医学的开创者是英国医生哈维，他在1628年发表了医学巨著《关于动物心脏与血液运动的解剖研究》（简称《心血运动论》），不仅通过实验证实了血液循环理论，还开创了现代生理学和医学的研究方法。当然这在今天对我们来说都是常识，但是在他之前，人们并不知道身体里的血液具有什么功能。

医术重在实践，它的分科反映技艺的分工，不同专业人员承袭不同的专业技艺。现代医学包括临床医学、群体医学、基础医学三个组成部分。

1. 临床医学

临床医学是实践医学，主要以求诊患者为对象，探讨疾病的诊断和治疗问题。虽然有时也承担体检工作，但并非主要任务。临床医学是传统医学的主体，也是现代医学科学的核心。

2. 群体医学

群体医学以一定的社群为对象，研究人群的健康情况和疾病在人群中的分布，着重探讨致病原因及相应的预防措施。这门学科脱胎于过去的公共卫生学。公共卫生学产生的背景：都市化造成严重的卫生问题，医学家进行调查并提出建议，最后市政部门着手改善卫生条件，包括兴建卫生工程等。因而群体医学有着浓厚的社会实践性，同卫生行政部门关系密切。

相对而言，临床医学曾被称为治疗医学，而群体医学则被称为预防医学。在长期的医疗实践中，人们早就认识到预防的重要性。例如，中国传统医学一直在强调“治未病”。不仅如此，中医的“既病防变”的提法早已预示了现代的预防概念。

3. 基础医学

基础医学包含许多基础学科与医学结合的内容，因而可视为一类边缘学科，如基于数学的医学统计学、基于物理学的医学物理学、基于化学的药物化学、基于心理学的医学心理学、基于社会学和人类学的医学社会学和医学人类学、结合法学的法医学，以及基于工程技术的生物医学工程等。此外还有起步较晚的医学伦理学、医学情报学等。

在基础医学中，基于生物学的部分是核心，这包括以正常人体为对象的生物学科，其中传统的学科有生物化学、细胞学、组织学、解剖学、生理学、免疫学、遗传学和胚胎学等。20 世纪 50 年代起，学科有新的分化和组合。新出现的分子生物学、细胞生物学和发育生物学等的内容都比传统学科广得多，如分子生物学就包括分子遗传学和分子免疫学的内容。

总之，传统医学和现代医学是两套不同的科学体系（表 1-3），因此，中医学的科学性不能用西医学的科学标准来评价，两套医学各有优势，可以优势互补，但不能互相取代。设计保健食品时，应以食物为主，也可添加少量的无毒、偏性小、性质作用较和缓的药物（既可食用，又作药用的天然之品较为适宜）。

表 1-3　传统医学与现代医学的不同之处

	传统医学	现代医学
文化背景	中华文化	西方文化
思维方式	象数思维和整体思维	直观思维和线性思维
理论基础	系统论，阴阳五行、八纲、脏腑、经络、气血	还原论，神经、循环、消化等系统的解剖、生理、病理
研究对象	人的自我感觉	人的器官和生理、病理功能
诊断方法	望、闻、问、切，以外度内	视、触、叩、听，客观检查
治疗方法	综合治疗和整体治疗，草药、针灸、按摩、食疗、药膳、太极、八段锦等	化学药物、手术

四、中国保健食品应以中医饮食营养学为主要理论基础

西方保健食品是依附于现代医学产生的，是工业文明的产物，有现代医学的局限性，所开发的保健食品以营养补充剂等为主，与源远流长的中医饮食营养学差别很大。我国几千年的食疗养生保健传统，是中国保健食品产业得天独厚的优势。中医治病原则是先用食疗，食疗不愈，然后命药；中医坚信药食同源，药品和食品密不可分，这是中华民族极具特色的悠久传统。众所周知，天然药物或食疗机制是其整体功能的全面体现，绝非现代营养学所描述的一种或几种营养素或功能因子所能代替和诠释的。中国医药经典《黄帝内经》《本草纲目》中，都贯穿着药食同源的原则，例如，水果、蔬菜和粮食等都一一列举其药性、气味、归经、主治。

第五节　保健食品的制作工艺

正确的制作工艺，是保证保健食品顺利地投入生产和保证产品质量的基本条件。一个产品从实验室试验到工厂生产，必须经过中试才行。其中有些工艺比较复杂，生产条

件严格的还需要进行多次放大试验。中试的目的是检验小试确定的工艺是否合理，在小试确定的工艺基础上，通过中试确定最佳工艺条件和工艺参数，确定使用的设备，计算产品的成本，并依据中试数据编制可行性研究报告。

在确定制作工艺时，应掌握以下原则。

1. 制作工艺应合理、稳定、成熟，适合工业化生产

生产工艺一经确定，并在申报、审批过程中通过，生产中就必须按照申报所批准的工艺组织生产，不得随意改动。工艺的改变往往会造成产品质量的改变并影响产品的功能。

2. 制作工艺不能对产品的功能产生不利影响

功能性是保健食品一个最重要的特点，生产工艺对其具有重要影响。生产过程中不仅要考虑功效/标志性成分能否提取出来，提取是否完全，还要考虑功效/标志性成分是否受到破坏。功效/标志性成分溶解度不同、溶出速度不同，对工艺要求不同；温度过高、时间过长、pH 不当，都会造成某些成分氧化分解，导致功能降低。

3. 工艺连续性强，尽量减少手工操作

生产工艺流程应尽可能连续化、自动化、程控化，以提高保健食品的质量水平和卫生标准。

4. 工艺简单、流程简捷

保健食品的生产工艺流程以能生产出高功效、高品质的产品为目的，能以较简捷的流程达到目的就无须追求复杂工艺。

5. 运行成本低

保健食品的生产工艺应考虑实际运行情况，应尽可能取得最高投入产出比。

6. 尽可能地采用先进技术和先进设备

先进技术和先进设备有助于提高产品质量、提高生产效率、增强产品功能、克服原有设备的一些缺陷和不足，应予以关注。

一、粉碎技术

粉碎技术是指借机械力将大块固体食物制成适宜程度的碎块或细粉的方法。粉碎使固体食物便于提取，利于原料的有效物质浸出或溶出，为制备工艺奠定基础，便于调配和服用。

1. 粉碎方法

（1）干法粉碎：对原料进行适当干燥处理，使其水分减少到一定程度再进行粉碎。大多数原料均可采用此法。

（2）湿法粉碎：往原料中加入适量的水或其他液体进行研磨粉碎的方法即湿法粉碎，液相分子的辅助作用使原料易于粉碎或粉碎得更加细腻，适用于质地坚硬的原料，如珍珠等。

原料粉碎后，再经过筛程序，最终得到符合制作要求的粉末。

（3）超微粉碎：将原料在常温下于真空中进行超细化处理的方法。一般适用于中药

原料的粉碎，以及含纤维、糖分和易吸湿原料的粉碎。

超微粉碎的细度很小，粒度可达 2μm 以下。原料经超微粉碎后可最大限度地保存其有效成分，并明显提高有效成分的利用率，节省原料。

2. 粉碎的注意事项

（1）根据使用的目的和食品类型，控制适当的粉碎度。

（2）粉碎过程中防止异物掺入。

（3）粉碎后应保持原料的组成和作用不变。

二、压榨技术

压榨技术是指利用机械力将含水较多的果实及蔬菜或含油多的种子的细胞破坏，从而得到汁液或油液的方法。

1. 适用对象

压榨技术适用于水果及蔬菜榨汁或油料作物的种子榨油。

2. 主要步骤（以果汁为例）

1）破碎与打浆

破碎与打浆的主要目的是提高出汁率。皮肉致密的果实用破碎机破碎成块，果块应大小均匀，以提高出汁率；加工带果肉的果汁，应使用打浆机来破碎。

2）榨汁前预处理

榨汁前预处理的目的也是提高出汁率。不同品种的果实采用不同的处理方式。

（1）加热处理：在果实破碎后，进行加热处理，使细胞内的蛋白质凝固，改变细胞的半透性，同时转化果肉、水解果胶物质，降低汁液的黏度，使其容易榨汁过滤，从而提高出汁率。

（2）加果胶酶制剂处理：果胶酶能有效地分解果胶物质，降低果汁黏度，苹果适用本法。

3）榨汁

一般果实，破碎后就可榨取果汁了。

三、浸取技术

浸取技术（又称浸出技术）是指利用适当的溶剂从原料中将可溶性有效成分浸出的过程，即液固萃取。根据保健的需要、配方中原料的性质、拟制作的剂型，并结合生产的设备条件等选用合理的浸出方法，将有效成分提取出来。浸取有如下方法。

1. 浸渍法

将原料置于有盖容器中，加入规定量的溶剂盖严，浸渍一定时间，使有效成分浸出。此法简便，但有效成分不易完全浸出。

2. 煎煮法

将经过处理的原料，加适量水煮沸，使有效成分析出。此法简便易行，能煎出大部分有效成分，但煎出液中杂质较多。

3. 渗滤法

渗滤法是将已粉碎的原料用溶剂润湿膨胀后，加入渗滤筒中，不断添加溶剂，在渗滤筒的下口收集渗出液的一种浸出方法。该法提取效率高，节省溶媒。

4. 蒸馏法

蒸馏法是将固体与液体或液体与液体混合物分离的基本方法，适用于具有挥发性、随着水蒸气蒸馏而不被破坏的化学成分的提取和分离。

5. 水蒸气蒸馏法

基于不互溶液体的独立蒸气压原理，在待分离的混合物中直接通入水蒸气后，原料和水共热，使原料中的某些易挥发成分与水共沸，同水蒸气一起蒸出，经冷凝、冷却，收集到油水分离器中，利用提取物不溶于水的性质及与水的相对密度差将其分离出来，就得到所需的提取物。

此法适用于具有挥发性、不溶于水或难溶于水，又不会与水发生反应的物质的提取。水蒸气蒸馏法分为两类：常压蒸馏法和减压蒸馏法（避免物质在蒸馏过程中因分解而损失）。

6. 分子蒸馏法（也称短程蒸馏法）

分子蒸馏法利用不同种类分子逸出液面后直线飞行的距离不同来实现物质分离。其基本原理：在高真空条件下，在蒸馏过程中，将液面与冷凝器的冷凝表面距离拉近，当分子离开液面后在它们的自由程内就不会互相碰撞，可直接到达冷凝表面，不再返回液体内，如图 1-3 所示。

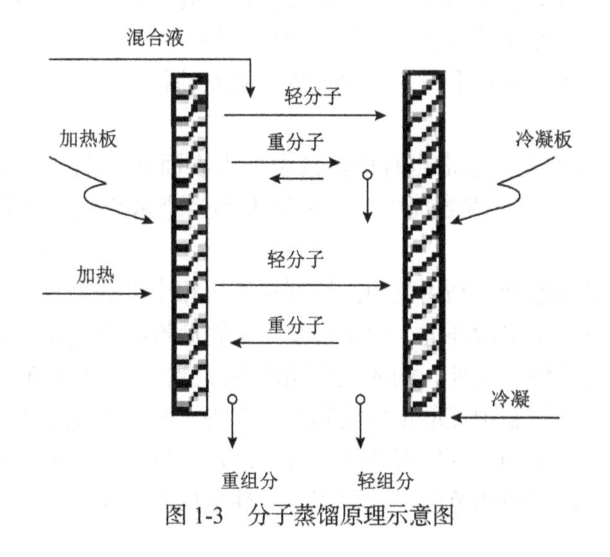

图 1-3 分子蒸馏原理示意图

为达到液体混合物分离的目的，首先进行加热，能量足够的分子溢出液面。轻分子的平均自由程大，重分子的平均自由程小，若在离液面小于轻分子的平均自由程而大于重分子的平均自由程处设置冷凝表面，即可将混合物分离。

分子平均自由程是一个分子在相邻的两次分子碰撞之间所经过的路程，它是分子蒸馏基本理论的核心。平均自由程与分子直径、温度和压力有关。

与普通蒸馏或真空蒸馏相比，分子蒸馏具有如下特点。

（1）蒸馏温度低，可在远低于沸点的温度下进行操作，适用于高沸点热敏性材料的分离。

（2）蒸馏压强低，因其蒸馏装置内部结构简单压强极小，因而容易获得相对较高的真空度，更有利于进行物料的分离。

（3）分子蒸馏不要求高温条件，只要冷热两面之间达到足够的温度差，就可以进行分离。

（4）分离程度高，分子蒸馏常用来分离常规蒸馏不易分开的物质（包括同分异构体的分离）。

（5）不可逆性，分子蒸馏中从加热面逸出的分子直接飞射到冷凝表面上，理论上没有返回的可能性。

（6）不须沸腾，分子蒸馏是在分子表面自由蒸发，没有鼓泡现象。

（7）环保性，分子蒸馏产物无毒、无害、无污染、无残留。

此法适用于沸点高、对热不稳定、黏度高或容易爆炸的物质的提取。

四、萃取技术

1. 液-液萃取法

液-液萃取法利用混合物中的不同成分与两种不相溶的溶剂分配系数不同，而达到分离有效成分的目的。所用的溶剂一般为有机溶剂。操作的关键在于选择合适的溶剂，各成分在两相溶剂中分配系数相差越大，则分离速度越快，效率也越高。

萃取的方法有分液漏斗萃取法和穿透提取法两种。

此法主要用于从溶液中提取所含的少量挥发性差的物质。

2. 反胶团萃取法

反胶团，又称反胶束，是指当有机溶剂中加入表面活性剂并令其浓度超过某临界值时，表面活性剂便会在有机溶剂中形成一种大小为毫米级的聚集体，这种聚集体就是反胶团。

反胶团萃取的基本原理：利用表面活性剂在有机相中形成的反胶团进行萃取，反胶团在有机相内形成一个亲水微环境，使蛋白质类生物活性物质溶解于其中，从而避免在有机相中发生不可逆变性。此外，构成反胶团的表面活性剂往往具有溶解细胞的能力，因此可用于直接从完整细胞中提取蛋白质和酶，省去了细胞破壁过程。

通过改变水相的 pH 和盐浓度等条件，可使已进入反胶团内的蛋白质重返水相，从而扩大了有机溶剂萃取的适用范围，主要用于活性蛋白质、酶、氨基酸及核苷酸等的提取和分离。

反胶团萃取本质仍是液-液有机溶剂萃取。为进一步提高反胶团萃取分离的选择性，通常可在反胶团表面活性剂分子的烷基链上，“移植”一个对欲分离蛋白质具有生物专一性的配基，实现反胶团的亲和萃取分离。该配基可选择性地与混合物中的目的蛋白质结合，并把它拉入反胶团内。反胶团萃取具有良好的应用前景。

3. 双水相萃取法

两种不同的水溶性聚合物的水溶液混合时，当聚合物达到一定值，体系会自然分成互不相溶的两相，就是双水相体系。在双水相体系中，两相的水分都占 85%~95%，成相的高聚物和无机盐一般都具有生物相溶性，生物活性物质或细胞在这种环境中不仅不会失活，还会提高它们的稳定性。因此双水相萃取体系正越来越多地被用于生物技术领域。

双水相萃取的基本原理：当物质进入双水相体系后，由于表面性质、电荷作用及各种力（如疏水键、氢键和离子键等）的存在和环境因素的影响，在上相和下相间进行选择性分配，这种分配关系与常规的萃取分配关系相比，表现出更大或更小的分配系数。双水相萃取与水-有机相萃取的原理相似，都是依据物质在两相间的选择性分配，但萃取体系的性质不同。双水相萃取的优点在于每一个水相中都含有很高的水量，为生物提供了一个良好的环境。常用的双水相体系有高聚物/高聚物体系（如聚乙二醇/葡聚糖）、高聚物/无机盐体系（如聚乙二醇/硫酸盐或磷酸盐体系）。相比较于传统萃取，双水相萃取克服了有机相使蛋白质等生物活性物质变性的缺点。例如，聚乙二醇/硫酸盐水溶液可以分为两个水相，蛋白质、酶在两个水相中的溶解度有很大的差别，故可以利用双水相萃取技术分离蛋白质、酶等可溶于水的生物产品。

4. *超临界流体萃取法*（supercritical fluid extraction，SCF *技术或* SF *技术*）

超临界流体是一种流体（气体或液体），在温度和压力均超过其相应临界点值时具有如下特殊性质。

（1）在密度上接近于液体，对物质的溶解度也与液体接近，密度越大，溶解性能也越强。

（2）在黏度上又接近于气体，具有良好的流动性。

（3）扩散系数很高，可超过液体 100 倍。因此，渗透性极佳，能够更快地完成传质过程而达到平衡，实现高效分离。

超临界流体萃取的基本原理：以超临界流体作为萃取剂，在临界温度和临界压力附近的条件状态下，从液体或固体物料中萃取出待分离的组分。超临界流体萃取是利用超临界流体的溶解能力与其密度的关系，即利用压力和温度对临界流体溶解能力的影响而进行的。在超临界状态下，将超临界流体与待分离的物质接触，使其有选择性地依次把极性大小、沸点高低和分子量大小不同的成分萃取出来。超临界流体的密度和介电常数随着密闭体系压力的增加而增加，极性增大，利用程序升压可将不同的成分进行分步提取。

超临界流体萃取与传统的溶剂萃取和蒸馏提取方法相比，具有处理温度低、提取速率高、提取纯度高和安全卫生等优点：①待提取的物料不需研成细末，可以小块形式进行萃取；②不破坏提取物料的溶质和其他成分的功能性；③只改变温度和压力就可以从食品中提取不同的化合物成分；④提取物纯度高；⑤工艺操作简单，耗能低，可以省去常规的蒸馏和蒸发阶段；⑥成本低，二氧化碳溶剂比其他溶剂更便宜。

超临界流体萃取中，作为超临界流体的物质有很多，食品中应用最多的是超临界二氧化碳。超临界二氧化碳萃取具有以下优点：溶解能力大，在接近临界点处只要温度和压力有微小变化，其密度和溶解度都会有很大变化，提供了操作的灵活性和可调性，并且可以选择性地从物料中提取所需物质。超临界流体萃取可在低温下进行，在二氧化碳惰性氛围中，可防止敏感成分破坏损失。萃取后二氧化碳容易与萃取物分离，无残留，无污染，并且可以达到高度萃取。

在保健食品中，超临界二氧化碳萃取技术的应用如下。

（1）食品中特定成分的提取，包括功能性油脂、多不饱和脂肪酸、糖和苷类等，如咖啡中的咖啡因、鱼油中的二十二碳六烯酸（DHA）和二十五碳五烯酸（EPA）、月见草中的 γ-亚麻酸等。提取功能性油脂时，不仅可以避免油脂中的必需脂肪酸和维生素的损失，还可提高油的质量，避免常规溶剂的残留。

（2）香料中精油的提取。用该法提取的精油，其成分和香气更纯正，质量更佳。

（3）动植物色素的提取。用该法提取的色素，其色价远高于普通溶解提取的产品，已应用于工业化生产。

5. 微波萃取

微波是一种频率为 0.3~300GHz 的电磁波，它具有波动性、高频性、热效应、耐热性四大基本特性。微波的热效应是基于物质的介电性质和物质内部不同电荷极化不具备跟上交变电场的能力来实现的。微波的频率与分子转动的频率相关，因此微波是一种由离子迁移和偶极子转动引起分子运动的非离子化辐射能。它作用于分子场上，可促进分子转动，分子若有极性，可瞬间极化，产生键的振动、撕裂和粒子之间的相互摩擦、碰撞，促进分子活性部分更好地接触和反应，同时迅速生成大量的热能。

微波萃取的基本原理是利用微波的热效应在穿透到介质内部（其深入距离与微波波长同数量级）的同时，将微波能量转化为热能对介质加热，形成对介质独特的加热方式——介质整体被加热，即所谓的无温度梯度加热。在固液浸取过程中，在微波的辐射下，构成固体表面液膜的强极性溶剂分子会快速跟上交流电场的变化，对液膜产生影响使其变薄，使溶剂与溶质的结合力（如氢键）减弱，从而使固液浸取扩散过程所受阻力减少，促进扩散过程的进行。

传统热萃取是以热传导、热辐射等方式由外向内进行的，而微波萃取是通过偶极子转动和离子迁移两种方式里外同时加热。与传统萃取相比，微波萃取优点有效率高、纯度高、能耗小、产生废物少、操作费用少、符合环保要求，可广泛用于中草药、保健食品、香料、化妆品、茶饮料、果胶、高黏度壳聚糖等行业。

目前，微波萃取在保健食品中广泛应用，如茶叶中的茶多酚，银杏、羽豆扇中的生物碱，*N*-杂多环抗凝血剂等的提取。

五、分离技术

1. 固相析出分离法

在生化物质提取和纯化的整个过程中，目的物经常作为溶质存在于溶液中。改变溶液条件，使它以固体形式从溶液中分出的方法即为固相析出分离法。析出物为晶体时称为结晶；析出物为无定形固体时称为沉淀。固相析出分离法主要有盐析法、有机溶剂沉淀法、等电点沉淀法、结晶法等。

1）盐析法

盐析法又称中性盐沉淀法，利用各种生物分子在浓盐溶液中溶解度的差异，通过向溶液中引入一定数量的中性盐，破坏酶蛋白的胶体性质，消除微粒周围的水化膜和微粒上的电荷，使目的物或杂蛋白以沉淀析出，达到纯化目的。

盐析原理：因为蛋白质的水溶液是亲水胶体溶液，而中性盐的亲水性比蛋白质的亲水性大，它能与大量水分子结合，使胶体周围的水化膜逐渐退化消失而使颗粒脱水。同时，中性盐的解离，中和了蛋白质所带的电荷，在分子亲和力作用的影响下，结合形成巨大的结合物，先是溶液出现浑浊，然后析出絮状沉淀。影响盐析的主要因素有盐析剂的种类和用量、盐析的温度和 pH 等。

2）有机溶剂沉淀法

有机溶剂沉淀法是向水溶液中加入一定量亲水性的有机溶剂，降低溶质的溶解度，使其沉淀析出的分离纯化方法。

有机溶剂沉淀法的主要机制：①亲水性有机溶剂加入溶液后降低了介质的介电常数，使得溶质分子之间的静电引力增加，聚集形成沉淀；②水溶性有机溶剂本身的水合作用降低了自由水的浓度，压缩了亲水溶质分子表面原有水化膜的厚度，降低了它的亲水性，导致脱水凝集。

3）等电点沉淀法

两性电解质在溶液 pH 处于等电点时，分子表面净电荷为零，导致两性电解质赖以稳定的双电层及水化膜被削弱或破坏，分子间引力增加，溶解度降低。调节溶液的 pH，使两性溶质溶解度下降，析出沉淀。等电点沉淀法操作十分简便，试剂消耗少，给体系引入的外来物也少，是一种常用的分离纯化方法。

4）结晶法

改变溶液的某些条件，使其中的溶质以晶体析出的过程称作结晶。结晶的方法包括盐析结晶法（这是生化制药中应用最多的结晶方法，其作用是通过向结晶溶液中引入中性盐，逐渐降低溶质的溶解度使其过饱和，经过一定时间后晶体形成并逐渐长大）、透析结晶法、有机溶剂结晶法、等电点结晶法和温度诱导结晶法。

2. 沉降分离法

沉降分离法是使气体或液体中的固体颗粒受重力、离心力或惯性力作用而沉降的方法。这种分离过程的必要前提是悬浮液中的固体颗粒和液体之间有密度差。

沉降分离法有重力沉降和离心沉降两种。由地球引力作用而发生的颗粒沉降过程，称为重力沉降。此法是利用重力沉降分离流体中的颗粒，是一种最原始的分离方法，一般作为预分离之用，分离粒径较大的尘粒。

3. 离心分离法

将待分离的混合液置于离心机中，利用其高速旋转的功能，使混合液中的固体与液体或两种不相混溶的液体产生不同的离心力，从而达到分离的目的。离心所用的设备有离心分离机和水旋分离器等。

此法的优点是生产能力大，分离效果好，成品纯度高，尤其适用于晶体悬浮液和乳浊液的分离，如果汁、乳汁、食盐、蔗糖、淀粉等的分离。

4. 过滤分离法

过滤分离法是利用液体重力作用或过滤介质两侧的压力差，使待过滤的液体通过多孔介质（过滤介质），使其中固体颗粒被截留在过滤介质上而达到固液分离的一种操作。

它是利用气体或液体能通过过滤介质而固体颗粒不能穿过过滤介质的性质进行分离的，如袋滤法等。

5. 膜分离法

膜分离（membrane separation）法是借助一定孔径的高分子过滤膜作为过滤介质将形状各异、大小不同、性质不同的物质颗粒成分进行分离的过滤技术。

1）透析法（dialysis，DS）

以半透膜为过滤介质，利用小分子物质在溶液中可以通过半透膜，而大分子物质不能通过的性质，以达到分离的目的。透析的关键是半透膜的选择，透析膜一般为孔径5~10nm 的亲水膜。

透析的主要特点：用于分离两类分子量差别较大的物质，即将分子量 1000 以上的大分子物质与分子量 1000 以下的小分子物质分离。由于是分子水平的分离，故无相变化。透析法在常压下依靠小分子物质的扩散运动来完成，此点不同于超滤。

透析法多用于去除大分子溶液中的小分子物质，此称为脱盐；常用来对溶液中小分子成分进行缓慢的改变，此即透析平衡，如透析结晶等。

可以充当透析膜的材料有很多，常用的透析膜有动物膀胱、羊皮纸、蛋白胶膜等。目前最常用的膜是玻璃纸透析膜。

目前，透析法用于蛋白质、核酸、多糖、酶等生物大分子的分离，以及某些具有活性的小分子的分离。

2）反渗透法（reverse osmosis，RO）

以半透膜为过滤介质，在外压下溶液的溶剂向非溶液方向渗透，以达到分离的目的。反渗透过程包括三个步骤：水从溶液主体传到膜表面；水从膜表面进入膜的分离层，并渗透分离层；水从膜的分离层进入支撑体的通道，然后流出。

反渗透关键是膜两侧的压差必须大于两侧溶液的渗透压。一般反渗透的操作压达几十个大气压。

反渗透的特点是从水溶液中分离出水。目前，其主要应用于海水和苦咸水淡化、纯水制备、生物用水处理及低分子量物质水溶液的浓缩等。用于低分子量物质水溶液的浓缩时，与常用的冷冻干燥和蒸发脱水相比，反渗透法脱水比较经济，而且产品的品质更好。

3）纳滤法（nanofiltration，NF）

纳滤法是通过纳滤膜的渗透作用，借助外界能量或化学位差的推动，对两组分或多组分混合气体或液体进行分离、分级、提纯和富集，是介于超滤和反渗透之间的一种膜分离技术。

纳滤膜具有纳米级孔径，主要分离粒径 1nm 左右的物质（特别适合分离分子量在数百至 2000 的物质）。纳滤的操作压低，被称为“低压反渗透”；它具有离子选择性，被称为“选择性反渗透”。

纳滤的应用：主要用于软化水处理，也可用于饮用水中有害物质的脱除、废水的处理等。

4）超滤法（ultrafiltration，UF）

超滤法即超过滤，是通过超滤膜的筛分作用，将溶液中大于膜孔的大分子溶质截留，使这些溶质与溶剂及小分子组分分离的过程。该法以多孔薄膜为分离介质，依靠薄膜两侧压力差作为推动力来分离溶液中不同分子量的物质，从而起到脱盐、分级、分离、提纯等作用的方法。

超滤的特点是易出现浓度极化现象。强化搅拌、提高流速、薄层层流等措施可降低边界层和凝胶层厚度，使溶剂通量处于合理水平。

超滤具有亚微米级至纳米级孔径（1~10nm），以截留分子量作为指标，主要分离粒径为 0.2~100nm 的物质（分子量在 1000~100 000 的物质）。它具有不存在相的转换、不需加热、能量消耗少、操作条件温和、不必添加化学试剂、不损坏热敏药物等优点。

超滤是目前唯一能用分子分离的方法，主要用于病毒和各种生物大分子的分离、大分子溶剂系统的交换平衡、小分子物质的纯化、大分子的分级分离、生物制剂或其他制剂的去热原处理，在食品工程、酶工程、生化制品等领域有广泛的应用。

5）微滤法（microfiltration，MF）

微滤法即微孔过滤或精密过滤。与超滤法原理相同。

微滤膜具有微米级孔径，主要分离粒径为 0.02~10μm 的物质，应用领域非常广泛。

6）电渗析（electrodialysis，ED）

电渗析是在直流电场的作用下，溶液中带电离子选择性地透过离子交换膜的过程。它利用带电离子的荷电性质和带电离子大小的差别进行分离。

电渗析也是较早研究和使用的一种膜分离技术，目前主要用于水溶液中除去电解质（盐水淡化等）、电解质与非电解质的分离和膜电解等。

7）渗透气化（pervaporation，PV）

被分离的物质通过膜时，在膜两侧的蒸发分压差作用下，液体混合物部分蒸发，从而达到分离的目的。

渗透气化的优点：渗透蒸发过程简单，易于掌控；液体混合物部分在膜两侧蒸发，从而分离，因此其单级选择性好，适合分离近沸点的混合物，适合回收含量少的有机物；在操作过程中，进料侧不加压，透过率不随时间的增长而减少，膜的寿命长。渗透气化的缺点：渗透通量小。

六、混合技术

混合技术，即均质技术，是使两种以上不同物质混杂而达到一定均匀度的方法。混合技术的作用：一是使各种物料能相互接触，促进物理和化学过程的有效进行；二是使各种物料混合均匀，以保证产品的质量，如防止乳产品脂肪分离（使油水充分乳化，避免油水分离），使食品细腻柔滑，口感好；保证微胶囊化形成。

在食品加工中，固体与固体的混合是通过物理搅拌手段而达到的；液体与液体的混合是通过搅拌混合的方法，采用各种搅拌器（如旋转筒式混合器、螺旋式混合器、涡轮式混合器）实现的；液体和固体的混合可以采用桨式或臂式搅拌器、研磨机、螺旋混合机等实现。

七、浓缩技术

1. *蒸发浓缩*

蒸发浓缩是指溶液受热，借气化作用从溶液中去除溶剂而达到浓缩目的的方法。

常压蒸发（浓缩）是指液体在常压（0.1MPa）下蒸发，适用于被蒸发的有效成分是耐热的，且溶剂无毒害、不易燃烧（若为有机溶剂，常需冷凝回收）。

减压（真空）蒸发（浓缩）是指在密闭的蒸发器中，通过抽真空使液体沸点降低的蒸发。其优点是温度低、蒸发速度快，可防止不耐热的成分被破坏。

薄膜蒸发是指使液体形成薄膜而进行的蒸发。其优点是温度低、蒸发速度快、可连续操作、可缩短生产周期等。

2. *冷冻浓缩*

冷冻浓缩是利用冰与水溶液之间的固液相平衡原理浓缩的方法。采用冷冻浓缩，溶液在浓度上是有限度的。当溶液中溶质浓度超过低共溶浓度时，过饱和溶液冷却的结果表现为溶质转化成晶体析出，即结晶。此操作不但不会提高溶液中溶质的浓度，还会降低溶质浓度。当溶液中溶质浓度低于低共溶浓度时，则冷却结果为溶剂（水分）成晶体（冰晶）析出，则溶质浓度提高。

冷冻浓缩包括部分水分从水溶液中结晶析出，冰晶与浓缩液加以分离等过程。冷冻浓缩特别适用于热敏食品的浓缩，它可避免芳香物质因加热所造成的挥发损失。为了防止过多的溶质损失，在操作过程中要尽量避免局部过冷，要很好地控制分离操作。

3. *反渗透浓缩*

反渗透浓缩，是在外压下溶液中溶剂向非溶液方向渗透的方法。

反渗透浓缩的优点：能较好地保持果蔬汁风味、营养成分，降低能耗，操作简单等。采用反渗透浓缩得到的果汁品质优于热浓缩法。在国外，反渗透浓缩已用于牛乳、水果汁、氨基酸溶液等加工。

八、干燥技术

干燥是指将固体、半固体或浓缩液蒸发除去水分的过程。干燥的目的在于保护生鲜食物免遭腐败或以液体为原料制作固体制剂。干燥后不仅搬运方便，有时也会产生不同的香味，增加美味。

影响干燥的几个因素：①表面积，表面积不同的原料干燥速度不同，颗粒越小，其表面积越大，越有利于干燥；②干燥介质的温度，介质的温度增高，不仅提供足够的热量，还降低了介质的相对湿度，有利于促进蒸发，但温度不宜过高，否则，会导致物料细胞过度膨胀破裂，有机物质挥发、分解或焦化及物料表面硬化等不利现象；③干燥介质的湿度，湿度越低，水蒸气分压相对越大，干燥越迅速；④干燥介质的流速，流动的热空气有利于及时补充热量，带走物料的湿气，有利于干燥；⑤干燥介质与被干燥物料的接触情况及干燥器的类型。干燥技术分为以下几种。

1. *气流干燥（热风干燥）*

气流干燥是利用热的干燥气流进行的干燥。气流干燥最大特点是干燥强度大，干燥所需时间短。由于物料在热风中处于悬浮状态，因而物料最大限度地与热空气接触。此外，气流干燥生产能力强，设备简单。但不适于要求有一定形态的颗粒或非常黏稠的液体物料。

2. 接触干燥

接触干燥是被干燥物料直接与加热面接触进行的干燥。优点是干燥速度快，热能利用率高，适用于化学性质稳定的稠性液体导热干燥。

3. 真空干燥

真空干燥的干燥器与真空器相连，边抽真空边加热，使原料在较低的温度下蒸发干燥，适用于不耐高温的原料的干燥。真空干燥最大的特点是溶剂在负压下气化，因而干燥温度比常压下低，可以防止物料过热，避免物料分解。真空干燥方式包括间歇式和连续式。

4. 辐射干燥

辐射干燥为利用红外线、远红外线、微波等的辐射进行的干燥。红外、远红外干燥具有速率高、节省能源、装置简便、干燥质量好等优点。微波干燥特点是速度快，加热时间短，加热均匀，对维生素破坏少，有利于食品的色、香、味的保存。

5. 喷雾干燥

喷雾干燥是将食物在雾化器中雾化后，与来自空气分布器的高温干燥空气在干燥室进行热交换而使食物干燥的方法。由于物料呈微粒状，表面积大，蒸发面积大，微粒中水分急速蒸发，在几秒或几十秒内获得干燥。喷雾干燥的特点：干燥速度快，产品质量高，整个喷雾干燥进程非常迅速；产品为微末状，可在接近无菌的情况下进行包装；可通过改变工艺条件而改变产品质量指标；可连续进行，实现机械化、连续化及自动化生产。喷雾干燥的缺点是干燥强度较小，故干燥设备比较庞大，热利用率较低。

6. 真空冷冻干燥

真空冷冻干燥为将食物中的水分冻结成冰后，在真空下使冰直接气化的干燥。其优点：可以有效地干燥热敏性物料，而不影响其生物活性或效价；由于物料处于冻结状态，各分子的位置固定，不会有收缩或移动现象，可以保持完整形态、生物活性和溶解度，并可长期保存。但是，由于冰的蒸汽压低，因此干燥速率低；要求高度真空条件和制冷条件，导致设备复杂，消耗动力大，操作要求高，设备管理费用大，成本较高。

真空冷冻干燥步骤包括固体物料的预处理、预冻过程、速冻、升华干燥。在真空冷冻干燥过程中应注意保持足够的真空度、冻结温度保持在三相点以下、供热不宜太快、速冻过程要快、保持升华温度不变等。真空冷冻干燥可用来保存食品中的热敏性功能成分的生物活性，保持产品的色、香、味，产品水复性好。

九、杀菌技术

杀菌技术是指杀死或除去保健食品及有关物体中微生物的繁殖体和芽孢的方法。杀菌是保健食品储存、保鲜、延长保质期不可缺少的环节。

1. 高压杀菌技术

高压杀菌技术为在高压杀菌容器中，锅内温度达115~135℃，作用20~30min后，利用高压蒸气杀菌的技术。本技术适用于耐高压的食品或容器杀菌。

2. 超高压杀菌技术

食品物料以某种方式包装完好后，放入液体介质中，在100~1000MPa压强下作用一定时间后，使之达到灭菌的要求。其灭菌的基本原理是压力对微生物的致死作用，主要是通过破坏细胞抑制酶的活力和影响DNA等遗传物质的复制来实现的。

3. 巴氏杀菌技术

巴氏杀菌技术是最早使用的杀菌技术，用热水作为传热介质。杀菌条件为61~63℃、30min或72~75℃、10~15min。加热时注意表面温度要比内部温度低4~5℃。当表面产生气泡时，泡沫部分难以达到杀菌要求。此外，长时间杀菌，会使某些热敏性成分变化，杀菌效果也不够理想。杀菌方式有间歇式和连续式。间歇式杀菌设备主要有圆筒式杀菌器和蛇管式杀菌缸；连续式杀菌设备主要有列管式杀菌器和板式杀菌器。

4. 超高温瞬间杀菌（UHT杀菌）技术

杀菌条件一般为温度100~150℃，加热时间2~8s。此法能在瞬间达到杀菌目的，杀菌效果特别好。其优点：能提高处理能力、节约能源、缩小设备体积、稳定产品质量、可实现设备原地无拆卸循环清洗等。

5. 电阻加热杀菌技术

电阻加热杀菌技术也称欧姆杀菌，是一种新型热杀菌方法，它借通入的电流使食品内部产生热量而达到杀菌的目的，是对酸性和低酸性食品及带电颗粒（粒径小于25mm）食品进行连续杀菌的一种新技术。电阻加热杀菌技术已成功用于各种包含大颗粒的食品和片状食品的杀菌，如马铃薯、胡萝卜、蘑菇、牛肉、鸡肉、片状苹果、菠萝等。

6. 臭氧杀菌技术

臭氧在水中极不稳定，时刻发生还原反应，产生具有强烈氧化作用的单原子氧，在其产生瞬间，与细菌细胞壁中的脂蛋白或细胞膜中的磷脂质、蛋白质发生化学反应，从而使细菌细胞壁和细胞膜受到破坏，细胞膜的通透性增加，细胞内物质外流，使细胞失去活性。同时臭氧能迅速扩散进入细胞内，氧化细胞内的酶或RNA、DNA，从而杀死细菌。

臭氧杀菌技术具有高效、安全、快速、便宜等优点，广泛用于食品加工、运输、储存及纯净水生产等领域。

7. 辐照杀菌技术

辐照杀菌技术就是利用X射线、γ射线或加速电子射线（最为常见的是^{60}Co和^{137}Cs的γ射线）对食品的穿透能力以达到杀死食物中微生物和虫害的一种冷杀菌消毒方法。受辐照的食品或生物体会形成离子、激发态分子或分子碎片，进而这些产物又相互作用，生成与原始物质不同的化合物，在化学效应的基础上，受辐照食品或生物体还会发生一系列生物学效应，从而导致害虫、虫卵、微生物体内的蛋白质和核酸及促进生化反应的酶受到破坏、失去活力，进而终止食品被侵蚀和生长老化的过程，维持品质稳定。

8. 微波杀菌技术

微波是指波长在0.001~1m的电磁波。它能发生反射、穿透、吸收等现象，微波杀菌常用频率是915MHz和2450MHz。微波杀菌有两方面因素，即热效应和非热效应。热效应是指物料能够吸收微波，使温度升高从而到达灭菌效果。而非热效应是指生物体内的极性分子在微波场内产生强烈的旋转效应，这种强烈的旋转效应使微生物的营养细胞失去活性或破坏微生物细胞内的酶系统，造成微生物死亡。

微波杀菌具有穿透力强、节约能源、加热效率高、适用范围广等特点，而且微波杀菌便于控制，加热均匀，食品的营养成分及色、香、味在杀菌后仍接近食品的天然品质。微波杀菌目前主要用于肉、鱼、豆制品、牛乳、水果、啤酒等的杀菌。

9. 远红外杀菌技术

食品中有很多成分及微生物在 3~10μm 的远红外区有强烈的吸收。远红外杀菌技术不需要媒介，热直接由物体表面渗入物体内部，因此不仅可以用于一般的粉状和块状食品的杀菌，还可以用于坚果类食品如咖啡豆、花生、谷物的杀菌与灭霉，以及袋装食品的直接杀菌。

10. 紫外线杀菌技术

根据波长不同，紫外线可分为真空紫外线（UVD，波长 100~180nm）、短波紫外线（UVC，波长 180~280nm）、中波紫外线（UVB，波长 280~320nm）和长波紫外线（UVA，波长 320~400nm）四个区域。短波紫外线杀菌力较强，又称为短波灭菌紫外线。短波紫外线波长为 250~265nm 时，杀菌能力最强。目前市场上销售的紫外线消毒灯，大多数是利用汞灯发出的 254nm 和 257nm 的短波紫外线来实现消毒。这种短波紫外线波长较短，携带的能量较大。当微生物被紫外线照射时，其细胞的部分氨基酸和核酸吸收紫外线，产生化学反应，引起细胞内成分，特别是核酸、原浆蛋白等的化学变化，使细胞质变性，从而导致微生物死亡。紫外线杀菌技术广泛用于空气、水及食物表面、食品包装材料、食品加工车间、设备、器具、工作台的灭菌处理。也正因为如此，这种短波紫外线灯，在没有防护措施的情况下，会对人体造成直接伤害，使用时要注意防护。

11. 磁力杀菌技术

磁力杀菌技术是把要消毒杀菌的食品放于磁场中，在一定磁场作用下，使食品在常温下起到杀菌作用，主要适用于各种饮料、流质食物、调味品及其他多种包装的食品。

12. 高压电场脉冲杀菌技术

高压电场脉冲杀菌技术是将食品置于两个电极间产生的瞬间高压电场中，由于高压电场脉冲（HEEP）能破坏细菌的细胞膜，改变其通透性，从而杀死细胞。其特点：杀菌时间短，处理过程中的能量消耗远小于热处理法；处理后食品风味、滋味无差异，特别适于热敏性食品。

13. 超声波杀菌技术

超声波是频率大于 20kHz 的声波。超声波蕴藏大量能量，当遇到物料时对其产生快速交替的压缩和膨胀作用,这种能量在极短的时间内足以引起杀灭和破坏微生物的作用，还具有其他物理灭菌方法难以取得的多重效应，更好地提高食品品质，保证食品安全。

14. 脉冲强光杀菌技术

脉冲强光杀菌技术采用强烈白光闪照的方法进行灭菌。脉冲强光对酵母菌、枯草芽孢杆菌都有较强的致死作用。

15. 生物保藏法

生物保藏法利用拮抗微生物或天然杀菌素以控制食品中本身存在的致病菌。

十、微胶囊技术

微胶囊技术是指利用天然的或者是合成的高分子包囊材料，将固体的、液体的甚至是气体的微小囊核物质包覆形成直径在 1~5000μm 的一种具有半透性或密封囊膜的微型胶囊的技术。其微颗粒形状可以是球形、肾形、粒状、块状、絮状等。在微胶囊的制备中，壁浓度大，包埋的效果就好，形成的外胶囊较厚，为此要求使用高浓度低黏度的壁材。

壁材，又称包膜剂、膜材、包囊材料等，是一类大分子有机材料。壁材的选择十分重要，要求能与心材配伍，但不发生化学反应，而且满足食品工业的卫生要求，同时还应具有适当的渗透性、吸湿性、溶解性和稳定性。食品生产中的壁材有植物胶、多糖、纤维素、蛋白质等。

心材即被包合材料，是食品生产中需要保护或改变形态性能的一些化合物。在保健食品生产中，可作为心材的有如下几种。

（1）生物活性物质，如膳食纤维、活性多糖、超氧化物歧化酶（SOD）、硒化物、免疫球蛋白等。

（2）氨基酸，如赖氨酸、组氨酸、精氨酸、胱氨酸等。

（3）维生素，如维生素 A、维生素 B_1、维生素 B_2、维生素 C、维生素 E 等。

（4）功能性油脂，如玉米油、米糠油、麦胚油、月见草油和鱼油等。

（5）微生物，如乳酸菌、黑曲霉和酵母菌等。

（6）甜味剂，如甜味素、甜菊苷、甘草甜和二氢查耳酮等。

（7）酶制剂，如蛋白酶、淀粉酶、果胶酶、维生素酶等。

（8）香精香料，如橘子香精、柠檬香精、薄荷油、冬青油、大蒜油等。

（9）其他，如酸味剂、防腐剂、微量元素、色素等。

微胶囊造粒的方法有如下三类。

1. 物理方法

（1）喷雾干燥法。将壁材和心材充分混合，经过高压均质充分乳化后进行喷雾，雾滴中壁材将心材包住，干燥后，形成胶囊颗粒。

（2）喷雾冻凝法。该法同样是喷雾，但不是热干燥法。其方法是将心材和壁材混合，加热溶解后形成胶囊化液体，然后喷雾成熔融状胶囊颗粒，通过冷凝将胶囊固化。

（3）空气悬浮法。利用流态化技术进行涂膜，即在流态化过程中，设计安装一个壁材喷雾器，将壁材喷洒到上下翻滚的微粒状物料上，使物料外面覆盖一层壁材物质，同时在“沸腾”过程中，蒸发溶剂，固化壁材，形成胶囊体。

（4）其他。真空沉淀法、静电结合法、多孔离心法等，但应用较少。

2. 物化方法

（1）水相分离法。在含有壁材和心材的溶液中加入另一种物质，或采用适宜的方法使壁材的溶解度降低，从水溶液中凝聚出来，并包住心材，将凝聚物固化并分离，可得微胶囊物质。

（2）油相分离法。与水相分离法相反，用有机溶质溶解大分子壁材，加入水性心材形成三种互不相溶的分散系，然后通过凝聚剂、温度变化等使壁材在体系中溶解度下降而凝聚分离出来，从而实现微胶囊化。

（3）挤压法或锐孔法。将胶囊混合液挤压成细丝状落入固化液中，打断成颗粒。

物化分离法还有囊心交换法、粉末化法、融化分散法等。

3. 化学方法

化学方法包括界面聚合法、原位聚合法、辐射包囊法、分子包囊法等。其中分子包囊法是在分子水平上的微胶囊化法，主要利用β-环糊精（β-CD）作为壁材。

微胶囊技术可以最大限度地保持原有的色、香、味、性能和生物活性，防止营养素的损害和破坏。其优点：隔离物料间的相互作用、保护敏感性物质、改变物料的存在状态及质量和体积、掩盖不良气味、降低挥发性、控制释放、降低食品添加剂的毒理作用。

微胶囊技术在保健食品中的应用很广，对提高产品质量有重要作用。微胶囊技术大规模应用于食品工业始于20世纪80年代中期，它在开发新产品、更新传统工艺和提高产品质量等方面正发挥着越来越重要的作用。例如，微胶囊化的香精香料在美国市场上已占食品香料销量的50%以上；美国、日本的微胶囊化酸味剂已广泛应用于布丁粉、馅饼、点心粉及固体饮料等多种方便食品中。

微胶囊技术存在的问题：有必要完善表征微胶囊性能的系统和方法；有必要对微胶囊的传递行为进行深入研究。从国内情况看，微胶囊技术在食品工业中的应用还很有限，加工而成的商业化产品的应用还不多。目前，我国有乳品加工企业500多家，乳及乳制品在中国是一个非常有发展前途的行业。企业之间竞争日趋激烈，促使产品优胜劣汰。因此，添加一些营养素的健康乳品将会有较大的市场空间。国外已经将富含多不饱和脂肪酸的微胶囊化鱼油粉应用在早餐谷物、乳制品、涂抹食品、饼干、糖果等食品中。我们可以根据特殊人群的不同需要，生产EPA、DHA配比不同的系列产品。利用多不饱和脂肪酸自身具有的多种保健功能，以婴幼儿食品和老年食品为载体，大力推动多不饱和脂肪酸在食品中的应用，对改善人民健康及提高智力素质有积极的作用，经济和社会效益都十分显著。

第六节　保健食品的检测内容

所有保健食品除了通过感官检查、理化性质及营养成分分析等稳定性试验和有毒有害物质检测、微生物检测等卫生学检验外，还必须完成功效/标志性成分检测、安全性毒理学评价、功能学评价（营养素补充剂除外）。根据产品的功能和原料特性，还可能对要求申报的产品进行激素和兴奋剂检测、菌株鉴定试验、原料品种鉴定等。

一、稳定性试验和卫生学检验

1. 感官检查

按照《食品安全国家标准　保健食品》（GB 16740—2014），通过人体的感觉器官对保健食品进行感官检查（色泽，滋味、气味，状态），感官要求应符合表1-4的规定。

表 1-4 感官检查指标要求

项目	指标要求	检验方法
色泽	内容物、包衣或囊皮具有该产品应有的色泽	取适量试样置于50mL烧杯或白色瓷盘中，在自然光下观察色泽和状态。嗅其气味，用温开水漱口，品其滋味
滋味、气味	具有产品应有的滋味和气味，无异味	
状态	内容物具有产品应有的状态，无正常视力可见外来异物	

2. 理化性质及营养成分分析

保健食品的物理性质分析主要检查pH、温度、粒度、黏度、硬度、折射率、疏松性、保水性、相对密度等项目。保健食品的化学成分和营养成分分析，按《食品卫生检验方法理化部分》进行检测。根据需要测定如下内容：①能量测定。②蛋白质总量测定及氨基酸分析。③总脂肪测定，包括甘油三酯、胆固醇、磷脂、脂质衍生物、饱和脂肪酸、多不饱和脂肪酸等。④总碳水化合物测定，进一步可做淀粉、糊精、蔗糖等项目。⑤几种或几十种维生素含量测定，如维生素A、B族维生素、维生素D、维生素C、维生素E等。⑥几种或几十种矿物质与微量元素含量测定，如钾、钠、钙、镁等。⑦膳食纤维测定。⑧含水量测定。

3. 有毒有害物质检测

有毒有害物质检测如保健食品中铅、镉、汞、砷、锡、镍、铬等有害金属的成分分析；或污染物如亚硝酸盐、硝酸盐、黄曲霉素、农药残留物的检测等，应符合《食品安全国家标准 食品中污染物限量》（GB 2762—2017）的规定。无与之对应的类属产品，铅、砷、汞的限量应符合表1-5的规定。

表 1-5 保健食品中铅、汞、砷的限量

项目	指标要求	检验方法
铅[a]（Pb）（mg/kg）	2.0	GB 5009.12
总汞[b]（Hg）（mg/kg）	0.3	GB 5009.17
总砷[c]（As）（mg/kg）	1.0	GB 5009.11

注：a.袋泡茶的铅≤5.0mg/kg；一般液态产品的铅≤0.5mg/kg；婴幼儿固态或半固态保健食品的铅≤0.3mg/kg；婴幼儿液态保健食品的铅≤0.02mg/kg。b.一般液态食品（婴幼儿保健食品除外）不测总汞；婴幼儿保健食品的总汞≤0.02mg/kg。c.一般液态产品的总砷≤0.3mg/kg；婴幼儿液态保健食品的总砷≤0.03mg/kg。

4. 微生物检测

微生物检测包括检测细菌总数、大肠菌群含量、霉菌含量、致病菌含量等，应符合类属产品国家卫生标准的规定。

二、功效/标志性成分检测

1. 功效/标志性成分概念

保健产品的功效成分应是根据国内外的科学文献报道公认的，或科学研究证实的与保健功能相关的成分，专属性强，与所申报的产品功能密切相关，化学性质稳定，含量可控，并有专属的测定方法。保健产品的标志性成分则只是产品中的一个专属性较强的代表成分或特征成分，与保健功能并不直接相关。由于保健食品成分复杂、研究水平有限、功效成分不明确等原因，目前大部分保健食品是按照标志性成分控制质量的，但部分功效明确的物质则可直接称为功效成分。因此功效/标志性成分是功效成分和标志性成分的统称，一般认为，保健食品的功效/标志性成分是指在保健食品中能够起到调节人体特定生理功能并且不对机体产生不良作用的活性物质，是保健食品的核心成分，必须定量测定。

2. 功效/标志性成分分类

保健食品功效/标志性成分主要分为多糖类（包括膳食纤维与活性多糖）、功能性甜味剂、功能性油脂、自由基清除剂、维生素类、活性肽和活性蛋白质、活性菌、矿物质、其他功效成分（黄酮类、大蒜素、海藻、红曲制剂、绞股蓝总皂苷、二十八烷醇、番茄红素、神经酰胺、乳铁传递蛋白等）。目前，保健食品功效/标志性成分以大类成分为主。国产保健食品功效/标志性成分主要是总黄酮、总皂苷、总蒽醌、粗多糖、脂肪酸等中药大类成分和芦荟苷、茶多酚等单体化合物；进口保健食品功效/标志性成分主要为褪黑素、EPA、DHA 等各类营养素。

3. 功效/标志性成分特点

无论产品的原料组合多么丰富，但功效/标志性成分呈同质化趋势。

同一功效/标志性成分对应多种不同的保健功能。以多糖为例，多糖是一类由单糖组成的天然高分子化合物，广泛存在于植物、动物和微生物中，以此类原料为主的中药保健食品申报的保健功能主要有增强免疫力功能、辅助降血脂、抗氧化和降血糖等。皂苷类主要存在于人参、西洋参、绞股蓝、红景天、黄芪、黄精、刺五加、金盏花中，以此原料为主的产品申报的保健功能主要有提高免疫力、缓解体力疲劳、抗氧化等。黄酮类主要存在于银杏、蜂胶、花粉等植物中，以此原料为主的产品申报的保健功能主要有辅助降血脂、辅助降血压和增强免疫力等。

由同种原料生产的保健食品，即使申报的为同一保健功能，但由于工艺、剂型不同等原因，其功效/标志性成分的含量差异也较大。

中药类原料在保健食品中应用广泛，但这些原料在保健食品中的用量与药品中的用量相比，明显偏低，因此功效/标志性成分的含量也较低。

4. 选择功效/标志性成分

保健食品的功效/标志性成分选择是一项十分重要的质量研究工作，关系产品的质量、功能是否能满足动物或者人体试验要求，对于生产过程中把控产品质量具有关键的标志意义。保健食品的功效/标志性成分应该选择主要原料含有的、性质稳定、能够准确定量、与产品保健功能具有明确相关性的特征成分，主要原则如下。

首先，一定要从主料含有的成分中进行选择，主料是保证产品具有保健功能的基础，主料中含有的成分十分复杂，我们应该选择一种性质比较稳定的成分，性质不稳定，生产加工过程造成成分的改变，不能保证产品的质量。其次，功效成分应该能定量检测，最好使用被收入国标、药典的检测方法，否则需要进行方法学研究。最后，这个指标成分应该和产品的功能相关，最好具有代表性。例如，金银花作为主料的一款产品，如果选择绿原酸作为功效成分，因为与同科的山银花、忍冬花的绿原酸含量接近，对于质量就区别不大，容易造成掺假行为，但如果我们选择木犀草苷作为功效成分，这个成分在山银花、忍冬花中含量较少，可以保证产品的质量。如果是多种原料组方产品，应制定多个功效成分指标，不得少于50%，如有6个原料，就需要制定至少3个功效成分指标，剩余的需要制定鉴别指标。

5. 确定功效/标志性成分指标值

保健食品的功效/标志性成分指标值是决定和保证保健食品质量与功能的阈值。功效/标志性成分指标值的确定是否科学合理，检验方法是否适用正确，体现了保健食品的产品质量和研发深度，也决定了保健食品功能设置的科学性。因此，确定保健食品功效/标志性成分并建立针对性强的检验方法是提高保健食品质量和科技含金量的技术壁垒。

第一，要根据文献、药典、原料有效量等，确定保健食品各原料配方的使用量。第二，确定原料质量标准中的含量。第三，确定原料投入生产过程中成分的转移率或损耗率。计算原料投入量，功效/标志性成分在原料、生产过程中间产品和成品中的含量，计算功效/标志性成分的转移率和损耗率，需要进行至少 3 个批次的验证，才能确定功效/标志性成分的指标值，以保证产品质量。同时可以检测检验方法的精密度、重复性等。

有关保健食品功效/标志性成分的检测方法，将在第三章进一步介绍。

三、安全性毒理学评价

安全性毒理学检验与评价一般包括急性毒性试验、遗传毒性试验等项目，具体程序和内容详见第八章第五节。

四、功能学评价

在安全性毒理学评价的基础上，对产品进行必要的动物和（或）人群功能性评价试验，以证明其具有明确、稳定的保健功能。功能学评价的具体范围和评价要求详见第八章第六节。

思 考 题

1. 什么是保健食品？保健食品有哪几类？
2. 我国保健食品行业的特点是什么？目前存在什么问题？
3. 保健食品研发的中医饮食营养学有什么特点？
4. 查阅资料，就某一营养素的功能及应用情况进行说明。
5. 保健食品制作工艺有哪些？
6. 保健食品检测包括哪些内容？
7. 什么是保健食品的功效/标志性成分？如何选择保健食品的功效/标志性成分并确定其指标值？

第二章　保健食品的保健功能、原料及辅料

【学海导航】

了解和学习保健食品的原料目录与保健功能目录，理解和掌握保健食品原料和辅料要求，理解和掌握保健食品常用原料的理化特性和生理功能。

重点：保健食品原料和辅料要求、保健食品常用原料的理化特性和生理功能。

难点：保健食品常用原料的理化特性和生理功能。

第一节　保健食品的原料目录与保健功能目录

从 2003 年 5 月 1 日起，根据《保健食品检验与评价技术规范》规定，我国可申报的保健食品功能有 27 项。其中，11 项与增进健康和体质有关，包括增强免疫力功能、缓解体力疲劳功能、辅助改善记忆功能、减肥功能、抗氧化功能、改善皮肤油分功能、改善皮肤水分功能、改善生长发育功能、促进泌乳功能、祛痤疮功能和祛黄褐斑功能。12 项与病因复杂的慢性病和生活方式性疾病有关，包括辅助降血脂功能、辅助降血压功能、辅助降血糖功能、促进消化功能、通便功能、调节肠道菌群功能、对胃黏膜损伤有辅助保护功能、缓解视疲劳功能、改善睡眠功能、改善营养性贫血功能、清咽功能和增加骨密度功能。4 项与外源性有害因子作用有关、病因单一，包括对辐射危害有辅助保护功能、对化学性肝损伤有辅助保护功能、促进排铅功能和提高缺氧耐受力功能。此外，还有一类是以补充维生素和矿物质为主的非功能营养素补充剂。

随着公众认知度的提高和科学技术的进步，该规定中的保健食品名称和标签内容在一定程度上已经不能得到社会认同，存在落后于当今科学技术发展水平的情形。2019 年 8 月 2 日，《保健食品原料目录与保健功能目录管理办法》（国家市场监督管理总局令第 13 号，简称《目录管理办法》），规范了保健食品原料目录和允许保健食品声称的保健功能目录的管理工作。

一、保健食品原料目录

保健食品原料目录，是指依照《目录管理办法》制定的保健食品原料的信息列表，包括原料名称、用量及其对应的功效。

（1）除维生素、矿物质等营养物质外，纳入保健食品原料目录的原料应当符合下列要求：①具有国内外食用历史，原料安全性确切，在批准注册的保健食品中已经使用；②原料对应的功效已经纳入现行的保健功能目录；③原料及其用量范围、对应的功效、生产工艺、检测方法等产品技术要求可以实现标准化管理，确保依据目录备案的产品质量一致性。

（2）有下列情形之一的，不得列入保健食品原料目录：①存在食用安全风险及原料安全性不确切的；②无法制定技术要求进行标准化管理和不具备工业化大生产条件的；③法律法规及国务院有关部门禁止食用，或者不符合生态环境和资源法律法规要求等其他禁止纳入的情形。

（3）任何单位或者个人在开展相关研究的基础上，可以向审评机构提出拟纳入或者调整保健食品原料目录的建议。

（4）国家市场监督管理总局可以根据保健食品注册和监督管理情况，选择具备能力的技术机构对已批准注册的保健食品中使用目录外原料情况进行研究分析。符合要求的，技术机构应当及时提出拟纳入或者调整保健食品原料目录的建议。

（5）提出拟纳入或者调整保健食品原料目录的建议应当包括下列材料：①原料名称，必要时提供原料对应的拉丁学名、来源、使用部位及规格等；②用量范围及其对应的功效；③工艺要求、质量标准、功效成分或者标志性成分及其含量范围和相应的检测方法、适宜人群和不适宜人群相关说明、注意事项等；④人群食用不良反应情况；⑤纳入目录的依据等其他相关材料。

建议调整保健食品原料目录的，还需要提供调整理由、依据和相关材料。

（6）审评机构对拟纳入或者调整保健食品原料目录的建议材料进行技术评价，结合批准注册保健食品中原料使用的情况，作出准予或者不予将原料纳入保健食品原料目录或者调整保健食品原料目录的技术评价结论，并报送国家市场监督管理总局。

（7）国家市场监督管理总局对审评机构报送的技术评价结论等相关材料的完整性、规范性进行初步审查，拟纳入或者调整保健食品原料目录的，应当公开征求意见，并修改完善。

（8）国家市场监督管理总局对审评机构报送的拟纳入或者调整保健食品原料目录的材料进行审查，符合要求的，会同国家卫生健康委员会、国家中医药管理局及时公布纳入或者调整的保健食品原料目录。

（9）有下列情形之一的，国家市场监督管理总局组织对保健食品原料目录中的原料进行再评价，根据再评价结果，会同国家卫生健康委员会、国家中医药管理局对目录进行相应调整：①新的研究发现原料存在食用安全性问题；②食品安全风险监测或者保健食品安全监管中发现原料存在食用安全风险或者问题；③新的研究证实原料每日用量范围与对应功效需要调整的或者功效声称不够科学、严谨的；④其他需要再评价的情形。

二、允许保健食品声称的保健功能目录

允许保健食品声称的保健功能目录（以下简称保健功能目录），是指依照本办法制定的具有明确评价方法和判定标准的保健功能信息列表。

（1）纳入保健功能目录的保健功能应当符合下列要求：①以补充膳食营养物质（参见表 2-1 和表 2-2）、维持改善机体健康状态或者降低疾病发生风险因素为目的；②具有明确的健康消费需求，能够被正确理解和认知；③具有充足的科学依据，以及科学的评价方法和判定标准；④以传统养生保健理论为指导的保健功能，符合传统中医养生保健理论；⑤具有明确的适宜人群和不适宜人群。

表 2-1　允许保健食品声称的保健功能（营养素补充剂）

保健功能	备注
补充维生素、矿物质	包括补充：钙、镁、钾、锰、铁、锌、硒、铜、维生素 A、维生素 D、维生素 B_1、维生素 B_2、维生素 B_6、维生素 B_{12}、烟酸、叶酸、生物素、胆碱、维生素 C、维生素 K、泛酸、维生素 E、β-胡萝卜素

表 2-2　允许保健食品声称的保健功能释义（营养素补充剂）

保健功能	释义
补充钙	钙是人体骨骼和牙齿的主要组成成分，许多生理功能也需要钙的参与 钙是骨骼和牙齿的主要成分，并维持骨密度 钙有助于骨骼和牙齿的发育 钙有助于骨骼和牙齿更坚固
补充镁	镁是能量代谢、组织形成和骨骼发育的重要成分
补充铁	铁是血红蛋白形成的重要成分 铁是血红蛋白形成的必需元素 铁对血红蛋白的产生是必需的
补充锌	锌是儿童生长发育的必需元素 锌有助于改善食欲 锌有助于皮肤健康
补充维生素 A	维生素 A 有助于维持暗视力 维生素 A 有助于维持皮肤和黏膜健康
补充维生素 D	维生素 D 可促进钙的吸收 维生素 D 有助于骨骼和牙齿的健康 维生素 D 有助于骨骼形成
补充维生素 B_1	维生素 B_1 是能量代谢中不可缺少的成分 维生素 B_1 有助于维持神经系统的正常生理功能
补充维生素 B_2	维生素 B_2 有助于维持皮肤和黏膜健康 维生素 B_2 是能量代谢中不可缺少的成分
补充维生素 B_6	维生素 B_6 有助于蛋白质的代谢和利用
补充维生素 B_{12}	维生素 B_{12} 有助于红细胞形成
补充烟酸	烟酸有助于维持皮肤和黏膜健康 烟酸是能量代谢中不可缺少的成分 烟酸有助于维持神经系统的健康
补充叶酸	叶酸有助于胎儿大脑和神经系统的正常发育 叶酸有助于红细胞形成 叶酸有助于胎儿正常发育
补充维生素 C	维生素 C 有助于维持皮肤和黏膜健康 维生素 C 有助于维持骨骼、牙龈的健康 维生素 C 可以促进铁的吸收 维生素 C 有抗氧化作用

续表

保健功能	释义
补充泛酸	泛酸是能量代谢和组织形成的重要成分
补充维生素 E	维生素 E 有抗氧化作用

（2）有下列情形之一的，不得列入保健功能目录：①涉及疾病的预防、治疗、诊断作用；②庸俗或者带有封建迷信色彩；③可能误导消费者等其他情形。

（3）任何单位或者个人在开展相关研究的基础上，可以向审评机构提出拟纳入或者调整保健功能目录的建议。

（4）国家市场监督管理总局可以根据保健食品注册和监督管理情况，选择具备能力的技术机构开展保健功能相关研究。符合要求的，技术机构应当及时提出拟纳入或者调整保健功能目录的建议。

（5）提出拟纳入或者调整保健功能目录的建议应当提供下列材料：①保健功能名称、解释、机理以及依据；②保健功能研究报告，包括保健功能的人群健康需求分析，保健功能与机体健康效应的分析以及综述，保健功能试验的原理依据、适用范围，以及其他相关科学研究资料；③保健功能评价方法以及判定标准，对应的样品动物试验或者人体试食试验等功能检验报告；④相同或者类似功能在国内外的研究应用情况；⑤有关科学文献依据以及其他材料。

建议调整保健功能目录的，还需要提供调整的理由、依据和相关材料。

（6）审评机构对拟纳入或者调整保健功能目录的建议材料进行技术评价，综合作出技术评价结论，并报送国家市场监督管理总局：①对保健功能科学、合理、必要性充足，保健功能评价方法和判定标准适用、稳定、可操作的，作出纳入或者调整保健功能目录的技术评价结论；②对保健功能不科学、不合理、必要性不充足，保健功能评价方法和判定标准不适用、不稳定、没有可操作性的，作出不予纳入或者调整的技术评价建议。

（7）国家市场监督管理总局对审评机构报送的技术评价结论等相关材料的完整性、规范性进行初步审查，拟纳入或者调整保健食品功能目录的，应当公开征求意见，并修改完善。

（8）国家市场监督管理总局对审评机构报送的拟纳入或者调整保健功能目录的材料进行审查，符合要求的，会同国家卫生健康委员会、国家中医药管理局，及时公布纳入或者调整的保健功能目录。

（9）有下列情形之一的，国家市场监督管理总局及时组织对保健功能目录中的保健功能进行再评价，根据再评价结果，会同国家卫生健康委员会、国家中医药管理局对目录进行相应调整：①实际应用和新的科学共识发现保健功能评价方法与判定标准存在问题，需要重新进行评价和论证；②列入保健功能目录中的保健功能缺乏实际健康消费需求；③其他需要再评价的情形。

总之，《目录管理办法》对于保健功能目录的纳入完全开放。保健功能的命名、功能作用的解释等均可根据人群的健康需求、产生的健康效应论证和提出，具有充足的科学依据、评价方法和判断标准，即有条件纳入功能目录。把产业发展的主动权交给保健食品研发的主角。保健食品原料目录纳入新的原料、保健功能目录纳入新的功能，政府主管部门可以提出建议，任何单位或个人也可以提出建议。

《目录管理办法》参考了国际组织和欧美等国对于健康声称的管理，将保健功能分为补充膳食营养素、维持改善机体健康状态、降低疾病发生风险因素（水平）三类，大大扩展了原来补充微量营养素和调节特定身体功能的范围，全面覆盖了广大人民群众的保健需求。

《目录管理办法》还特别规定，以传统养生保健理论为指导的保健功能，应当符合传统中医养生保健理论。《目录管理办法》明确了基于中医理论的保健功能，为含中药材原料产品（约占 2/3 已注册产品）的功能声称开辟了新天地，也为弘扬祖国传统医学，落实《“健康中国 2030”规划纲要》提出的“实现中医药健康养生文化创造性转化、创新性发展”“到 2030 年，中医药在治未病中的主导作用”的目标，从产品研发和产业发展的角度提供了支持。

此外，企业因《目录管理办法》的发布获得了更多的发展主导权。《目录管理办法》规划出保健功能开发路径，明晰保健食品与药品和普通食品的区别，明确公众的保健需求和认知，并避免涉及疾病的预防、治疗等。企业通过自主研究，在具有充足的科学依据、科学的评价方法和判定标准基础上，可以沿着膳食补充、健康促进、疾病风险因素干预、中医养生的不同方向研发产品。

第二节　保健食品中原料和辅料要求

保健食品的原料是指与保健食品功能相关的初始物料，其范围必须符合《目录管理办法》中的“保健食品原料目录”的全部要求。

一、国家卫生健康委员会公布的可用于保健食品的原料

（1）普通食品的原料。食用安全，可以作为保健食品的原料。

（2）既是食品又是药品的原料。它们主要是中国传统上有食用习惯，民间广泛食用，但又在中医临床中使用的中药，依据《卫生部关于进一步规范保健食品原料管理的通知》（卫法监发〔2002〕51 号），名单如下：丁香、八角茴香、刀豆、小茴香、小蓟、山药、山楂、马齿苋、乌梢蛇、乌梅、木瓜、火麻仁、代代花、玉竹、甘草、白芷、白果、白扁豆、白扁豆花、龙眼肉（桂圆）、决明子、百合、肉豆蔻、肉桂、余甘子、佛手、杏仁（甜、苦）、沙棘、牡蛎、芡实、花椒、赤小豆、阿胶、鸡内金、麦芽、昆布、枣（大枣、酸枣、黑枣）、罗汉果、郁李仁、金银花、青果、鱼腥草、姜（生姜、干姜）、枳椇子、枸杞子、栀子、砂仁、胖大海、茯苓、香橼、香薷、桃仁、桑叶、桑椹、橘红、桔梗、益智仁、荷叶、莱菔子、莲子、高良姜、淡竹叶、淡豆豉、菊花、菊苣、黄芥子、黄精、紫苏、紫苏籽、葛根、黑芝麻、黑胡椒、槐米、槐花、蒲公英、蜂蜜、榧子、酸枣仁、鲜白茅根、鲜芦根、蝮蛇、橘皮、薄荷、薏苡仁、薤白、覆盆子、藿香。另外，2014 年新增人参、山银花、芫荽、玫瑰花、松花粉、

粉葛、布渣叶、夏枯草、当归、山柰、西红花、草果、姜黄、荜茇，在限定使用范围和剂量内作为药食两用。

（3）可用于保健食品的原料。依据《卫生部关于进一步规范保健食品原料管理的通知》（卫法监发〔2002〕51号），名单如下：人参、人参叶、人参果、三七、土茯苓、大蓟、女贞子、山茱萸、川牛膝、川贝母、川芎、马鹿胎、马鹿茸、马鹿骨、丹参、五加皮、五味子、升麻、天门冬、天麻、太子参、巴戟天、木香、木贼、牛蒡子、牛蒡根、车前子、车前草、北沙参、平贝母、玄参、生地黄、生何首乌、白及、白术、白芍、白豆蔻、石决明、石斛（需提供可使用证明）、地骨皮、当归、竹茹、红花、红景天、西洋参、吴茱萸、怀牛膝、杜仲、杜仲叶、沙苑子、牡丹皮、芦荟、苍术、补骨脂、诃子、赤芍、远志、麦门冬、龟甲、佩兰、侧柏叶、制大黄、制何首乌、刺五加、刺玫果、泽兰、泽泻、玫瑰花、玫瑰茄、知母、罗布麻、苦丁茶、金荞麦、金樱子、青皮、厚朴、厚朴花、姜黄、枳壳、枳实、柏子仁、珍珠、绞股蓝、胡芦巴、茜草、荜茇、韭菜子、首乌藤、香附、骨碎补、党参、桑白皮、桑枝、浙贝母、益母草、积雪草、淫羊藿、菟丝子、野菊花、银杏叶、黄芪、湖北贝母、番泻叶、蛤蚧、越橘、槐实、蒲黄、蒺藜、蜂胶、酸角、墨旱莲、熟大黄、熟地黄、鳖甲。

（4）列入《食品安全国家标准 食品添加剂使用标准》（GB 2760—2014）、《食品安全国家标准 保健食品》（GB 16740—2014）和《目录管理办法》中的食品添加剂和营养强化剂。

（5）可用于保健食品的真菌（11种）和益生菌种（9种）。真菌名单如下：酿酒酵母、产朊假丝酵母、乳酸克鲁维酵母、卡氏酵母、蝙蝠蛾拟青霉、蝙蝠蛾被毛孢、灵芝、紫芝、松杉灵芝、红曲霉、紫红曲霉。

益生菌名单如下：双歧杆菌、婴儿双歧杆菌、长双歧杆菌、短双歧杆菌、青春双歧杆菌、保加利亚乳杆菌、嗜酸乳杆菌、嗜热链球菌、干酪乳杆菌干酪亚种。

（6）其他不在上述范围内的品种也可作为保健食品的原料，但是需按照《目录管理办法》规定，提供该原料相应的安全性毒理学评价试验报告及相关的食用安全资料。

二、国家卫生健康委员会公布的不可用于保健食品的原料

1. 保健食品禁用的原料[《卫生部关于进一步规范保健食品原料管理的通知》（卫法监发〔2002〕51号）]

国家卫生健康委员会公布的保健食品禁用的原料名单如下：八角莲、八里麻、千金子、土青木香、山莨菪、川乌、广防己、马桑叶、马钱子、六角莲、天仙子、巴豆、水银、长春花、甘遂、生天南星、生半夏、生白附子、生狼毒、白降丹、石蒜、关木通、农吉痢、夹竹桃、朱砂、米壳（罂粟壳）、红升丹、红豆杉、红茴香、红粉、羊角拗、羊踯躅、丽江山慈姑、京大戟、昆明山海棠、河豚、闹羊花、青娘虫、鱼藤、洋地黄、洋金花、牵牛子、砒石（白砒、红砒、砒霜）、草乌、香加皮（杠柳皮）、骆驼蓬、鬼臼、莽草、铁棒槌、铃兰、雪上一枝蒿、黄花夹竹桃、斑蝥、硫黄、雄黄、雷公藤、颠茄、藜芦、蟾酥。

2. 限制以野生动植物及其产品作为原料生产保健食品[《野生动植物类保健食品申报与审评规定（试行）》（国食药监注〔2005〕202号）]

（1）禁止使用国家一级和二级保护野生动植物及其产品作为保健食品原料。

（2）禁止使用人工驯养繁殖或人工栽培的国家一级保护野生动植物及其产品作为保健食品原料。使用人工驯养繁殖或人工栽培的国家二级保护野生动植物及其产品作为保健食品原料的，应提供省级以上农业（渔业）、林业行政主管部门出具的允许开发利用的证明文件。

（3）使用国家保护的有益的或者有重要经济、科学研究价值的陆生野生动植物及其产品作为保健食品原料的，应提供省级以上农业（渔业）、林业行政主管部门依据管理职能出具的允许开发利用的证明文件。

（4）使用中华人民共和国林业植物新品种保护名录中植物及其产品作为保健食品原料的，如果该种植物已获“品种权”，应提供该种植物品种权所有人许可使用的证明；如该种植物尚未取得品种权，应提供国务院林业主管部门出具的该种品种尚未取得品种权的证明。

（5）对于进口保健食品中使用《濒危野生动植物种国际贸易公约》名录中动植物及其产品的，应提供国务院农业（渔业）、林业行政主管部门准许其进口的批准证明文件、进出口许可证及海关的证明文件。

（6）禁止使用野生甘草、苁蓉和雪莲及其产品作为原料生产保健食品。使用人工栽培的甘草、苁蓉和雪莲及其产品作为保健食品原料的，应提供原料来源、购销合同以及原料供应商出具的收购许可证（复印件）。

3. 限制以甘草、苁蓉及其产品为原料生产保健食品[《卫生部关于限制以甘草、麻黄草、苁蓉和雪莲及其产品为原料生产保健食品的通知》（卫法监发〔2001〕188号）]

（1）禁止使用野生甘草、麻黄草、苁蓉和雪莲及其产品作为保健食品成分。

（2）使用人工栽培的甘草、麻黄草、苁蓉和雪莲及其产品作为保健食品成分的，应提供原料来源、购销合同以及原料供应商出具的收购许可证（复印件）。

4. 其他

不审批金属硫蛋白、熊胆粉和肌酸为原料生产的保健食品。

三、国家卫生健康委员会公布的保健食品辅料及其要求

保健食品的辅料是指生产保健食品时所用的赋形剂及其他附加物料。

保健食品的辅料按照在制剂中的作用分类：pH调节剂、螯合剂、包衣剂、保护剂、保湿剂、崩解剂、表面活性剂、沉淀剂、成膜材料、调香剂、冻干用赋形剂、发泡剂、防腐剂、赋形剂、干燥剂、固化剂、缓冲剂、缓控释材料、胶黏剂、矫味剂、抗氧化剂、抗氧增效剂、抗黏着剂、空气置换剂、冷凝剂、膏剂基材、凝胶材料、抛光剂、抛射剂、溶剂、柔软剂、乳化剂、软胶囊材料、润滑剂、稳定剂、吸附剂、吸收剂、稀释剂、消泡剂、絮凝剂、乙醇改性剂、增稠剂、黏合剂、中药炮制辅料、助滤剂、助溶剂、助悬剂、着色剂。

保健食品使用的辅料应符合国家标准和卫生要求。如无国家标准，应当提供行业标准或自行制定的质量标准，并提供与该辅料相关的资料。可用于保健食品辅料的主要依据为

《保健食品备案产品可用辅料及其使用规定》、《食品安全国家标准 食品添加剂使用标准》（GB 2760—2014）、《食品安全国家标准 保健食品》（GB 16740—2014）和现行《中华人民共和国药典》。根据《保健食品备案产品可用辅料及其使用规定（2021 年版）》，保健食品使用的辅料须遵循以下原则。

（1）保健食品备案产品辅料的使用应符合国家相关标准及有关规定，并必须遵循：对人体不产生任何健康危害；不以掩盖产品腐败变质为目的；不以掩盖产品本身或加工过程中的质量缺陷或掺杂、掺假、伪造为目的；不降低产品本身的保健功能和营养价值；在达到预期效果的前提下尽可能降低在产品中的使用量；加工助剂的使用应符合《食品安全国家标准 食品添加剂使用标准》（GB 2760—2014）及有关规定。

（2）本规定中的固体制剂是指每日最大食用量为 20g 的片剂、胶囊、软胶囊、颗粒剂、丸剂、凝胶糖果、粉剂。液体制剂是指每日最大食用量为 30mL 的口服溶液（目前为口服液和滴剂），超过 30mL 的液体制剂其辅料的使用按饮料类管理。

（3）食品形态产品辅料的使用应符合《食品安全国家标准 食品添加剂使用标准》（GB 2760—2014）等有关规定；允许使用本规定中收录的食品原料。

（4）固体制剂及液体制剂中香精的使用应符合国家相关标准及有关规定，其组成成分应收录于《食品安全国家标准 食品添加剂使用标准》（GB 2760—2014）或 GB 30616—2014 中附录 A《食品用香精中允许使用的辅料名单》，用量可根据生产需要适量使用。

（5）包衣预混剂、被膜剂（凝胶糖果中使用）的使用应符合国家相关标准及有关规定，其组成成分应收录于《食品安全国家标准 食品添加剂使用标准》（GB 2760—2014）或现行《中华人民共和国药典》中，用量可根据生产需要适量使用。

（6）包埋、微囊化原料制备工艺中使用的辅料应符合国家相关标准及有关规定，其组成成分应收录于《食品安全国家标准 食品添加剂使用标准》（GB 2760—2014）中，允许使用本规定中收录的辅料，使用本规定中辅料时应符合用量要求。

第三节　保健食品原料类别

保健食品原料是构成保健食品的重要基础。我国传统中药材种类众多，各类新兴保健食品原料和新资源食品的应用也越来越广泛，这些原料具有各自特殊的理化特性，提供的功效/标志性成分使得保健食品具有其特有的保健功能。

一、功能性糖类

（一）功能性低聚糖

低聚糖是由 2~10 个单糖通过糖苷键连接形成直链或支链的低度聚合糖。低聚糖有功能性低聚糖（表 2-3）和普通低聚糖两类。蔗糖、麦芽糖、乳糖、海藻糖等属于普通低聚糖，它们可被机体消化吸收，不能选择性地促进双歧杆菌的生长；常见的功能性低聚糖包括棉籽糖、低聚甘露糖、水苏糖、低聚果糖、低聚木糖、低聚半乳糖、低聚乳果糖、低聚异麦芽糖、异麦芽酮糖、环糊精、大豆低聚糖等。功能性低聚糖的共同特点：

具有低热、稳定、安全无毒等良好的理化特性，不易被机体消化吸收，不会导致肥胖，不会造成龋齿，可直接到达肠道中并为人体内的有益菌——双歧杆菌所吸收和利用，起到促进双歧杆菌生长、抑制有害菌的作用。

表 2-3　我国已批准功能性低聚糖的命名与分类

糖基	原料	低聚糖名称
木糖	玉米芯、小麦秸秆	低聚木糖
甘露糖、葡萄糖	魔芋	低聚甘露糖
果糖、蔗糖	菊芋	低聚果糖
半乳糖、葡萄糖	乳糖	低聚半乳糖
半乳糖、葡萄糖、果糖	大豆、根茎	水苏糖
半乳糖、葡萄糖、果糖	甜菜、糖蜜	棉籽糖
乳糖、果糖	乳糖、蔗糖	低聚乳果糖
葡萄糖	淀粉	低聚异麦芽糖

已确定的功能性低聚糖的主要生理功能如下所示。

（1）促进双歧杆菌增殖。人的肠道内生存着大量的细菌，有对人体有益的双歧杆菌，也有对人体有害的产气荚膜杆菌和大肠杆菌等。低聚糖是有益细菌双歧杆菌的增殖因子，双歧杆菌能够利用低聚糖降低肠道内 pH，抑制有害细菌的生长与繁殖，从而抑制腐败产物的生成，促进肠道蠕动，防止便秘、腹泻。

（2）不造成龋齿。高纯度低聚糖不能被造成龋齿的变异链球菌利用，也没有凝结菌体作用，不被口腔酶液分解，因而不造成龋齿。

（3）低热量，调节血糖值。低聚糖由于难以被唾液酶和小肠消化酶水解，难以被胃肠消化吸收，甜度低，热量低，基本不增加血糖和血脂；适合于高血糖人群和糖尿病患者食用。

（4）整肠作用。肠道内的双歧杆菌发酵低聚糖产生大量的短链脂肪酸（主要是乙酸和乳酸），能刺激肠道蠕动，从而促进消化，防止便秘的产生。

（5）促进无机盐吸收。低聚糖可以增加钙、镁、磷等矿物元素的吸收，被认为与盲肠内 *L*-乳酸浓度的提高有关。

（6）降低内毒素作用。低聚糖可增加双歧杆菌的数量，减少分解尿素细菌的数量，能有效降低体内血中内毒素水平。

（7）提高免疫力。低聚糖促进双歧杆菌的增殖，将对肠道免疫细胞产生刺激，提高其产生抗体的能力。

（8）可作为功能性食品的配料。低聚糖是一种难消化性糖，不被人体消化酶分解，有一定甜度，人体摄入后基本上不增加血糖、血脂。

功能性低聚糖种类很多，目前研究开发的重点是低聚异麦芽糖、低聚果糖、低聚半乳糖和低聚木糖等。①黏度：低聚木糖是唯一以五碳糖为单位的功能性低聚糖，也是人体难以消化的糖，在机体内产生热量值极低，不会影响血糖浓度。低聚半乳糖的组成单元为葡萄糖和半乳糖；低聚果糖的组成单元为果糖和蔗糖；低聚异麦芽糖的组成单元为葡萄糖。另外，它们的黏度由大到小排序为低聚半乳糖＞低聚果糖＞低聚异麦芽糖＞低聚木糖；热量排序为低聚半乳糖＞低聚果糖＞低聚木糖。②摄入量：低聚木糖是有效摄入量最小的益生元物质。日本三得利公司研究发现，每天食用低聚木糖 0.7~1.4g，在两周时间内可以改善人体肠道菌群环境，增加双歧杆菌含量，并且可以改善便秘和腹泻。要达到同样的效果，低聚果糖的有效剂量为 3g/d，低聚半乳糖为 2~3g/d，低聚异麦芽糖则为 10g/d。③酸热稳定性：现阶段在食品饮料领域，多采用加热灭菌方法来保障产品的有效保质期，并且在人类的食物生产中，焙烤食品占据一定比例，因此，在食品加工过程中对于添加的辅料或添加剂就有相应的耐热性要求。另外，酸性饮料是市场饮料的一大部分，各种辅料因子添加其中，必须具有酸稳定性。低聚木糖的酸稳定性范围最广，其储存稳定性也最好。而低聚果糖和低聚异麦芽糖在酸性介质中，稳定性大幅下降。因此，低聚木糖可以广泛用于各种食品体系中。④人体消化酶降解率：由于功能性低聚糖在胃肠道上部既不被水解，又不被人体吸收，所以其可作为结肠性功效因子，调整结肠菌群，增强机体健康。低聚木糖的人体消化酶降解率在 0.4%以下，而低聚果糖、低聚异麦芽糖均超过了 10%。低聚木糖与其他功能性低聚糖相比较，结肠到达率较高。

1. 低聚果糖（fructo-oligosaccharide，FOS）——*超强双歧因子*

低聚果糖又名寡果糖或蔗果三糖族低聚糖，是指在蔗糖分子的果糖残基上通过 β-2,1 糖苷键连接 1~3 个果糖基而成的混合物，主要包括蔗果三糖（GF_2）、蔗果四糖（GF_3）、蔗果五糖（GF_4），如图 2-1 所示。分子式 G-F-F_n（n=1~3，G 为葡萄糖，F 为果糖），即葡萄糖先与果糖通过 β-2,1 糖苷键连接，果糖再与 n 个果糖连接。植物中低聚果糖存在形式多种多样，工业发酵制取的几乎都是直链状。低聚果糖的品种有液体 G 型（FOS ≥50%）、粉剂 G 型（FOS≥50%）和高纯度低聚果糖 P 型（FOS≥95%）三种。

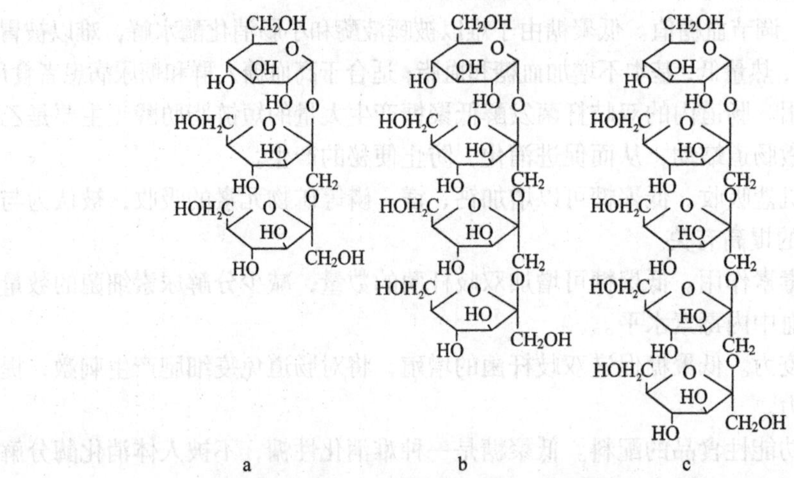

图 2-1　蔗果三糖（a）、蔗果四糖（b）和蔗果五糖（c）结构式

1）低聚果糖的理化特性

（1）甜度和味道。纯度为 50%~60%的低聚果糖的甜度约为蔗糖的 60%；纯度为 95%的低聚果糖的甜度仅为蔗糖的 30%，且较蔗糖甜味清爽，味道纯净，不带任何后味。

（2）热值。体内测定的低聚果糖热值仅为 6128J/g。

（3）黏度。在 0~70℃范围内，它的黏度同玉米高果糖浆相似，随温度上升而降低。

（4）水分活度。低聚果糖（成分：蔗果三糖 33%、蔗果四糖 12%、蔗果五糖 55%）的水分活度与蔗糖相当。

（5）pH 热稳定性。当环境 pH 为中性时，低聚果糖在 120℃还非常稳定，与蔗糖相近；在酸性条件下（pH=3），温度达 70℃以后，低聚果糖极易分解，稳定性明显降低。

（6）其他加工特性。耐高温，抑制淀粉老化，非着色性、赋形性、耐碱性、保水性及稳定性较好，但易吸湿。

2）低聚果糖的生理功能

（1）双向调节体内菌群。低聚果糖除具有一般功能性低聚糖的物理化学性质外，最引人注目的生理特性是它能明显改善肠道内微生物种群比例。低聚果糖可有效促进双歧杆菌繁殖，双歧杆菌不但不会产生有害物质，而且其代谢后产生的乙酸、乳酸等有机酸，可降低肠道 pH，提高内源性溶菌酶活性，起到抑制大肠杆菌及梭状芽孢杆菌等致病菌或腐败菌繁殖的作用。

（2）降低血脂。低聚果糖是一种优良的水溶性膳食纤维，通过肠内双歧杆菌的作用，低聚果糖能发酵产生丙酸，阻碍胆固醇的合成，促使胆固醇向胆汁酸转换，增加胆汁酸排出量，能有效降低血清总胆固醇、甘油三酯、游离脂肪酸的数量。

（3）促进维生素的合成。低聚果糖可以促进维生素 B_1、维生素 B_2、烟酸、维生素 B_6、维生素 B_{12} 和叶酸的合成，产生大量免疫球蛋白 A（S-TGA）等免疫物质，有效地阻止细菌附着于宿主的肠黏膜组织，大量的双歧杆菌还能对肠道免疫细胞产生强烈的刺激，增加抗体细胞的数量、激活巨噬细胞的活性，强化人体免疫体系。

（4）保护肝脏。双歧杆菌吸收低聚果糖后，迅速增殖，可抑制大肠杆菌、梭状芽孢杆菌和沙门菌等腐败菌发生作用，减少毒性代谢物，同时将毒性代谢物排出体外，减轻肝脏的负担，起到保护肝脏的作用。

（5）促进钙、镁、铁等矿物质吸收。研究表明，低聚果糖具有截留矿物质元素如钙、镁、铁、锌的能力，有机酸能促进无机盐的吸收，促进蛋白质的消化，减轻肝脏的负担，提高人体对钙质的吸收利用。

（6）改善肥胖。低聚果糖甜度低，在人体内不被 α-淀粉酶、蔗糖转化酶和麦芽糖酶分解，不能作为能源物质被人体利用，不会使血糖值升高，因此非常适合于糖尿病患者及肥胖者食用。

（7）不造成龋齿。龋齿主要是由于口腔微生物，特别是变异链球菌利用蔗糖所生成的酸导致的。低聚果糖不会成为上述口腔微生物的作用底物，也没有菌体凝结作用，因而不会引起牙齿龋变。

（8）润肠通便。常用的具有润肠通便作用的物质有膳食纤维、糖醇和微生态制剂。膳食纤维不能被人体吸收，可以被肠道菌群分解和发酵，产生有机酸，降低肠道 pH，刺激肠黏膜蠕动。

（9）美容的作用。低聚果糖具有延缓黑斑、青春痘、老人斑生成的作用，可使皮肤亮丽，减缓老化。

（10）增强免疫力。大量的动物试验结果表明，双歧杆菌的细胞成分和胞外分泌物使机体的免疫力提高。

3）低聚果糖的应用

（1）作为双歧杆菌促生素，低聚果糖不仅可以使产品附加上低聚果糖的功能，而且可以克服原产品的某些缺陷，使产品更完美。例如，在非发酵乳制品（原乳、乳粉等）中添加低聚果糖，可以改善中老年人和儿童在补充营养时易上火和便秘等情况。

（2）作为钙、镁、铁等矿物质和微量元素的活化因子，低聚果糖可以有效地降低血清总胆固醇和血脂，对因血脂高而引起的高血压、动脉硬化等一系列心血管问题有较好的改善作用。

（3）低聚果糖作为独特的低糖、低热值、难消化的甜味剂添加于食品中，不仅可以改善产品的口味，降低食品的热值，而且可以延长产品的货架期。

（4）低聚果糖作为美容因子添加于美容食品、护肤品中，可以增加产品的美容、护肤作用。

（5）低聚果糖作为安全饲料添加剂、绿色饲料添加剂应用于饲料工业中将成为该行业发展的热点和重点。目前低聚糖主要用作食品配料，作为添加剂应用于饲料是近年才兴起的。大量的研究结果表明：低聚果糖在促进动物生长、提高饲料利用率、增强免疫力、提高动物繁殖力等方面均具有重要的作用。

（6）其他应用。例如，在焙烤食品中增加低聚果糖，可以增进产品的色泽，改进脆性，有利于膨化。

2. 低聚异麦芽糖（isomalto-oligosaccharide，IMO）

低聚异麦芽糖又名还原低聚异麦芽糖，是由两个葡萄糖分子以 α-1,6 糖苷键连接起来的双糖。它是以淀粉为原料，再用低聚糖酶糖化，然后经脱色、脱盐、浓缩等精制工序，喷雾干燥得到白色粉末状低聚异麦芽糖产品。它兼备功能性低聚糖和低热量糖醇甜味剂的双重优点。

1）低聚异麦芽糖的理化特性

（1）甜度。低聚异麦芽糖甜度为蔗糖的 45%~50%，可降低食品甜度，改善味质。

（2）黏度。低聚异麦芽糖黏度与同浓度蔗糖溶液相近，加工时比饴糖易操作。

（3）水分活度。低聚异麦芽糖的水分活度在浓度 75%、25℃时为 0.75，比蔗糖（0.85）、高麦芽糖浆（0.77）都要低，而一般的细菌、酵母菌、霉菌都不能在水分活度≤0.8 的环境中生长，这表明低聚异麦芽糖具有较佳的防腐效果。

（4）pH、热稳定性。低聚异麦芽糖耐热、耐酸性极好，50%的低聚异麦芽糖浆在 pH=3、120℃下长时间加热不会分解。

（5）低聚异麦芽糖冰点下降与蔗糖接近，冻结温度高于果糖。

（6）着色性。低聚异麦芽糖所含糖分子末端为还原基团，与蛋白质或氨基酸共热会发生美拉德反应。着色度与糖浓度有关，并受与之共热的蛋白质或氨基酸的种类、pH、加热温度及时间的影响。

（7）保湿性。低聚异麦芽糖可保持水分使其不易蒸发，对维持各种食品的湿润度与品质效果好，并能抑制蔗糖与葡萄糖的结晶形成。

（8）安全性。例如，低聚异麦芽糖不易引起腹泻。

2）低聚异麦芽糖的生理功能

（1）具有促进双歧杆菌显著增殖的特性。低聚异麦芽糖不会被人体的胃和小肠吸收，而是直接进入大肠，被双歧杆菌优先利用，助其大量繁殖，为双歧杆菌的增殖因子；低聚异麦芽糖不能被肠内其他有害菌利用，从而能抑制有害菌的生长，促使肠道内的微生态向良性循环调整。

（2）不造成龋齿。低聚异麦芽糖不易被蛀牙病原菌——变异链球菌发酵，牙齿不易被腐蚀，不造成龋齿。

（3）难发酵。低聚异麦芽糖是酵母和乳酸菌不能利用的糖，难以被胃部酶消化，甜度低，热量低，基本上不增加血糖、血脂；添加到食品中不会过多地增加食品的热值，食用者不必担心发胖。

3）低聚异麦芽糖的应用

近年来，国内低聚异麦芽糖的工业化生产发展迅速，在医药、保健食品及饲料添加剂等行业得到广泛应用。

（1）低聚异麦芽糖在医药领域的应用。由于低聚异麦芽糖是双歧杆菌增殖因子，它可用于调理肠道功能及促进钙的吸收。许多研究表明，双歧杆菌可降低婴儿肠道感染的风险，可用于婴幼儿平衡抗生素治疗后的菌群，有助于缓解抗生素治疗后的消化不良。作为双歧杆菌的激活剂（培养剂），低聚异麦芽糖粉可与双歧杆菌冻干粉用于生产具有整肠润便作用的保健食品。低聚异麦芽糖和具有保健功能的中药制成合剂，应用于服用抗生素造成的肠道菌群失调、肝硬化、消化性溃疡及慢性胃炎、胃癌等有着广阔的研究前景。

（2）低聚异麦芽糖在食品工业中的应用。低聚异麦芽糖适合替代部分蔗糖，添加到各种食品中配制成保健食品（表 2-4）。

表 2-4 低聚异麦芽糖在食品工业中的应用

应用	食品名
饮料	碳酸饮料，豆乳饮料，果汁饮料，蔬菜汁饮料，茶饮料，营养饮料，补铁、锌、碘饮料，含乙醇饮料，咖啡，可可，粉末饮料
乳制品	牛乳，调味乳，发酵乳，乳酸菌饮料及各种乳粉
糖果糕饼	软糖、硬糖、高粱饴、牛皮糖、巧克力、各式西点、羊羹、月饼、汤团馅及各种馅饼
冷饮品	冰棒、雪糕、冰淇淋、食用冰等
焙烤食品	面包、蛋糕等
其他	畜肉加工品、水产品及制品、果酱、蜂蜜等

（3）低聚异麦芽糖在酿酒行业中的应用。低聚异麦芽糖可提高酒品质，改善口感，可应用于黄酒、啤酒酿造。麦芽糖容易被酵母所发酵，低聚异麦芽糖不被酵母所发酵，是非发酵性低聚糖。葡萄糖和麦芽糖经酵母发酵转化成乙醇。低聚异麦芽糖等非发酵糖留存于酒中，改善了口感，还具有保健功能。

（4）低聚异麦芽糖在饲料加工业中的应用。低聚异麦芽糖代替活菌制剂应用于饲料加工业，用于家畜家禽和水产类养殖，作为动物促生长剂和保健剂。

4）低聚异麦芽糖与低聚果糖的主要区别

低聚果糖在人体内仅被有益菌双歧杆菌有选择性地吸收，为乳酸杆菌等有益菌利用并能抑制有害菌，具有双向调节功效；低聚异麦芽糖可被部分梭菌利用，而肠内大部分梭菌属于有害腐败菌，会引起人体消化道不适，因此低聚异麦芽糖对有益菌和有害菌均有利，因而不具有双向调节作用。

低聚异麦芽糖与低聚果糖的主要区别见表2-5。

表 2-5　低聚异麦芽糖与低聚果糖的主要区别

类别	双歧杆菌	双向调节作用	每日有效摄取量	独特的作用
低聚果糖	迅速增殖 10~100 倍	有	3g	降低血脂，改善脂代谢，而且口感更圆润
低聚异麦芽糖	增殖 2~4 倍	无	9g	无

3. 低聚半乳糖（galacto-oligosaccharide，GOS）

低聚半乳糖是大量存在于动物的乳汁和乳清中的一组功能性低聚糖，它是在乳糖分子的半乳糖残基上以 α 键接上 1~4 个半乳糖而形成的低聚糖（图 2-2）。低聚半乳糖是一种天然性的低聚糖，具有很好的保健效果。

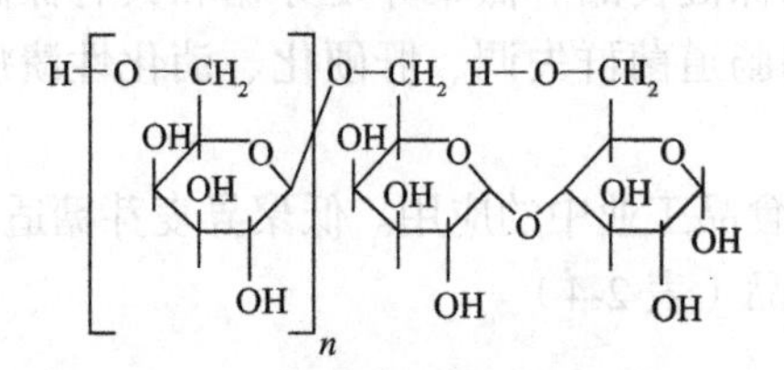

图 2-2　低聚半乳糖结构式

1）低聚半乳糖的理化特性

（1）甜度。低聚半乳糖甜味清爽自然，其甜度约为蔗糖的 35%。

（2）水分活度。低聚半乳糖的水分活度与蔗糖相似。

（3）保湿性。低聚半乳糖具有出色的水分保持能力，使食品具有适当湿润性。

（4）黏度。低聚半乳糖的黏度比异构化糖高得多。

（5）pH、热稳定性。低聚半乳糖的热、酸稳定性都很好，在中性区域加热到 160℃时仍稳定。在酸性条件下，pH=2 时，温度范围在 5~37℃，低聚半乳糖的耐酸稳定性高于低聚果糖，可以在酸性食品中使用。

（6）着色性。低聚半乳糖因美拉德反应产生的褐变着色性在蔗糖和异构化糖之间。

2）低聚半乳糖的生理功能

（1）双歧杆菌增殖因子。

（2）改善矿物质的吸收。试验表明，低聚半乳糖作为钙、镁、铁等矿物质和微量元素的活化因子，能有效促进钙、镁、磷的吸收。

（3）低热量。与乳糖和蔗糖相比，低聚半乳糖含有 β-1,4、β-1,6、β-1,3 乳糖苷键，不被人体消化液中的 β-半乳糖苷酶水解。胃酸试验、小肠液分解试验及 ^{14}C 标记的排泄试验结果表明，低聚半乳糖不被机体消化系统消化吸收，可直接到达大肠为肠道细菌所利用。也有研究人员利用 SD 系成熟雄性大鼠的小肠黏膜抽提物进行低聚半乳糖的体外水解消化试验，发现十二指肠、空肠、回肠这些部位的酶，都不能水解低聚半乳糖。所以低聚半乳糖属于低能量碳水化合物,可以作为糖尿病患者食品的甜味剂和膳食补充剂。

（4）不造成龋齿。

（5）改善血清脂质。大量的人体试验已证实摄入低聚半乳糖后可降低血清总胆固醇水平。

（6）低吸收性。低聚半乳糖难以被人体消化吸收，经口服后不受消化酶作用而直接抵达大肠，属于低分子量的水溶性膳食纤维，所提供的能量值很低，故可在低能量食品中发挥作用。

（7）低聚半乳糖可减少有毒代谢产物的形成，减少次级胆汁酸（一种致癌物质）的生成，控制肠内有害物质的含量，大大减轻肝脏分解毒素的负担。

（8）低聚半乳糖还有降低血压的作用。

3）低聚半乳糖的应用

低聚半乳糖广泛应用于食品行业中。添加到食品中的低聚糖必须具备以下三个特点：①即使在人的胃里 pH=2 左右的酸性条件下也不会分解；②不会被各种消化酶分解；③在食品储存过程中不会分解。低聚半乳糖由于具备以上所有特点而被用作新型健康食品原料，可以广泛地应用于乳制品、烘烤食品、甜点、糖果、饮料、肉制品、豆腐、蜂蜜制品等。

日本、欧洲、美国等国家和地区的消费者对低聚半乳糖的认知度较高，低聚半乳糖益生元的新种类开发及应用在这些地区都发展得很快，被广泛应用于饼干、馅饼、面包、果酱、发酵乳、乳粉、果汁、饮料、啤酒、巧克力等多种食品中。在我国，低聚半乳糖主要应用于配方乳粉、乳饮料和发酵乳中。对于配方乳粉，尤其是高品质的婴幼儿配方乳粉和中老年人乳粉，低聚半乳糖是很好的益生元成分。人工喂养婴儿常见的问题之一是大便干燥甚至便秘，研究表明含低聚半乳糖的配方乳粉可以较好地预防这一问题。由于益生元具有改善消化功能、促进营养素吸收、产生 B 族维生素等作用，可使乳制品营养更加均衡，更易吸收。添加低聚半乳糖不仅有助于乳粉模拟母乳的营养成分，还能起到促进健康的作用。

随着对其生物活性认识的不断深入和合成技术的迅速发展，低聚半乳糖在保健食品及医药领域的应用方面将会取得重大的突破。

4. 低聚木糖（xylooligosaccharide，XOS）

低聚木糖又称木寡糖，是由 2~10 个木糖通过 β-1,4 糖苷键结合而成的低聚糖的总称，其有效组分为木二糖、木三糖、木四糖和木五糖，其中木二糖、木三糖是主要有效成分（图 2-3）。自然界存在许多富含木聚糖的植物，如玉米、甘蔗和棉籽等。木聚糖经酶水解后即得低聚木糖，属于异源性寡糖。

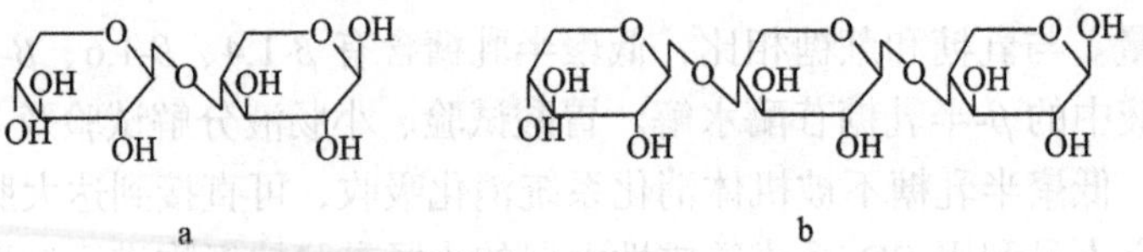

a　　　　b

图 2-3　木二糖（a）、木三糖（b）结构式

1）低聚木糖的理化特性

（1）甜度。含 50%木二糖的低聚木糖产品甜度为蔗糖的 30%，甜味纯正，无后味。

（2）稳定性。它的耐热、耐酸性能很好，在 pH=2.5~8.0 的范围内相当稳定。在此 pH 范围 100℃加热 1h，低聚木糖几乎不分解，而其他低聚糖在此条件下的稳定性要差很多。pH=3.4 左右含低聚木糖的酸性饮料在室温下储存 1 年，其低聚木糖的保留量达 97%以上。它独特的酸稳定性和难发酵性，适用于酸性饮料及发酵食品中。

（3）水分活度。木二糖的水分活度比木糖高，但几乎与葡萄糖一致，是二糖中最低的。

2）低聚木糖的生理功能

（1）选择性促进双歧杆菌增殖活性，其双歧杆菌增殖功能是其他低聚糖的 10~20 倍。

（2）低甜度、低热值、不造成龋齿。低聚木糖基本不被人体消化酶系统分解。

（3）抑制有害细菌的生长。低聚木糖容易被双歧杆菌利用，并产生短链脂肪酸（主要是乙酸和乳酸），从而抑制有害细菌的生长。

3）低聚木糖的应用

低聚木糖由日本率先研制成功，于 1989 年正式推向市场。目前日本市场上有三得利公司生产的以玉米芯等原料加酶水解获得的产品，已用于乳酸饮料和黑醋调味料的生产，并已获准作为保健食品在市场上销售。低聚木糖可广泛应用于各种保健食品、药品、一般食品中，可作为添加剂使用。

（1）食品工业中的应用：随着生活水平的提高，食品类已从充饥型转向功能型，低糖、无糖型食品以及一些保健食品越来越受广大消费者青睐。研究发现，低聚木糖可以作为益生元应用，因为它们选择性增殖双歧杆菌和一些在人类肠道中起有益健康作用的活性乳酸菌株。

（2）在饮料中的应用：低聚木糖的耐酸性使得它在酸性饮料中有很大的发展空间。低聚木糖即使在酸性条件下加热也不分解，并且它的双歧杆菌增殖效果比其他低聚糖都好。同时，低聚木糖的添加使饮料具有低糖、低热量的特点，使产品具有营养与保健的双重价值，能满足不同消费人群对饮料的需求，具有广阔的市场前景。低聚木糖对双歧杆菌具有高选择性增殖效果，且其增殖双歧杆菌的效果是其他双歧因子的 10~20 倍。这主要是因为人体胃肠道内没有水解低聚木糖的酶系统，低聚木糖不被消化吸收而直接进入大肠。大肠中的双歧杆菌含有 *D*-木糖苷酶，可将低聚木糖分解为木糖并将其转化为有机酸作为自身生长碳源进行增殖。因此，低聚木糖添加到酸奶中可以使其成为保健酸奶。

（3）在焙烤食品中的应用：低聚木糖适合添加在低能量焙烤食品中，作为“淡化”焙烤食品配方的一种成分，符合人们对低能量焙烤食品的需要，是低热量、低甜度的配料首选。低聚木糖具有降低水分活度的特性，在焙烤食品中加入低聚木糖，使产品容易控制水分，不易老化，延长食品货架期。

（4）在饲料工业中的应用：大量研究结果表明，饲料中添加低聚木糖可以提高动物对营养素的吸收率和饲料的利用率，促进动物生长和生产；增强机体免疫力，提高动物的抗病力；改善动物肠道内微生物的生态平衡，减少粪便及粪便中氨气等腐败物质的产生；防止畜禽腹泻与便秘，改善畜禽产品的质量等。

（5）在医药中的应用：低聚木糖可用于肠道功能紊乱，从试验结果可知，低聚木糖及以其为原料制成的药物可有效地治疗肠道功能紊乱，缓解腹泻、便秘和腹胀等症状。

（6）在农业上的应用：低聚木糖可以作为农作物的营养物，能提高农作物的生长速度和抗病能力。实验结果表明，用低聚木糖浸种番茄种子后能促进番茄种子的发芽生长，而且对番茄植株的生物量、根重有明显的增加效果。因此，低聚木糖作为添加剂在农业中具有广阔的应用前景。

5. 大豆低聚糖（soybean oligosaccharide，SBOS）

大豆低聚糖是大豆中可溶寡糖的总称，它主要由蔗糖、棉籽糖和水苏糖组成（图2-4）。此外大豆低聚糖还含有少量的其他糖如葡萄糖、果糖、右旋肌醇甲醚、半乳糖肌醇甲醚等。各糖的百分含量（干重）为水苏糖24%、棉籽糖8%、蔗糖39%、果糖和葡萄糖16%、其他糖13%。大豆低聚糖广泛分布在植物中，尤其以豆科植物居多。

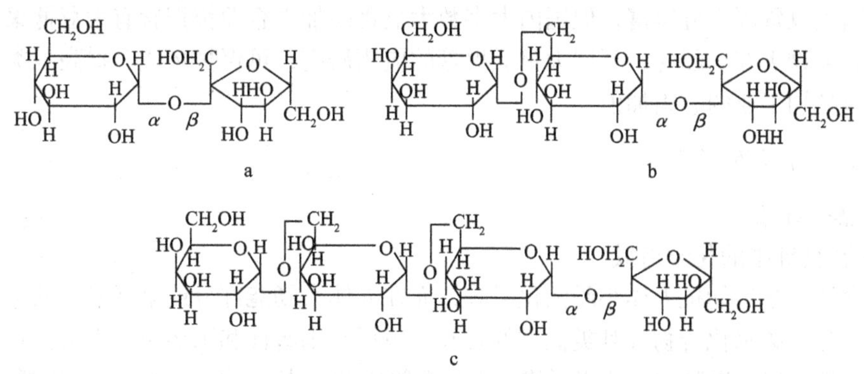

图2-4　蔗糖（a）、棉籽糖（b）和水苏糖（c）结构式

1）大豆低聚糖的理化特性

（1）甜度和热值。大豆低聚糖有类似于蔗糖的甜味，其甜度为蔗糖的70%，热值为蔗糖的50%，大豆低聚糖可代替部分蔗糖作为低热量甜味剂。

（2）外观与黏度。大豆低聚糖糖浆外观为无色至淡黄色透明的糖液，黏度比麦芽糖低，比异构糖高。

（3）稳定性。在酸性条件下加热处理时，比果糖、低聚糖和蔗糖稳定，在140℃不会分解，在160℃不会被破坏。在酸性条件下（pH=3.0）加热或发酵处理仍能保持其稳定性。

（4）抗淀粉老化。大豆低聚糖还具有抗淀粉老化作用，如添加到食品中可延长其货架期。

（5）保湿性和吸湿性。大豆低聚糖的保湿性和吸湿性均低于蔗糖但高于高果糖浆。

（6）着色性。大豆低聚糖可代替蔗糖用于焙烤食品，可发生美拉德反应，使产品具有良好的色泽。

2）大豆低聚糖的生理功能

（1）促进肠道内双歧杆菌增殖。

（2）通便洁肠。便秘有的是肠内缺少双歧杆菌所致。大豆低聚糖主要成分水苏糖、棉籽糖在小肠内不会被吸收，而在双歧杆菌较多的消化道下部才会被利用，促进肠蠕动，加速排泄。

（3）降低血清总胆固醇。双歧杆菌直接影响和干扰了β-羟-β-甲戊二酸单酰辅酶A还原酶的活性，抑制了胆固醇的合成，使血清总胆固醇降低。

（4）保护肝脏。长期摄入大豆低聚糖能减少体内有毒代谢物质的产生，减轻肝脏解毒的负担。

（5）促进肠道内营养素的生成与吸收。

（6）增强机体免疫力。

3）大豆低聚糖的应用

大豆低聚糖是一种多功能天然饲料添加剂，在食品和饲料工业中具有广阔的应用前景。我国大豆资源十分丰富，但国内大多数大豆食品加工企业都把含有大豆低聚糖的乳清水作为废物丢弃。因此，开展大豆低聚糖的应用研究，可保护环境、提高豆类种植业及豆类食品加工业的总附加值。

（二）功能性多糖

1. 膳食纤维

1）膳食纤维的化学组成

膳食纤维是指能抗人体小肠消化吸收，而在人体大肠能部分或全部发酵的可食用的植物性成分、碳水化合物及其类似物的总和，包括非水溶性和水溶性两大类。水溶性膳食纤维包括树脂、果胶和一些半纤维，常见食物中的大麦、豆类、胡萝卜、柑橘、亚麻、燕麦和燕麦糠等食物都含有丰富的水溶性纤维。水溶性膳食纤维可减缓消化速度和加快排泄胆固醇速度，有助于血液中的血糖和胆固醇含量的控制，还可以帮助糖尿病患者改善胰岛素抗性和降低甘油三酯。非水溶性膳食纤维包括纤维素、木质素和一些半纤维，来自食物中的小麦糠、玉米糠、芹菜、果皮和根茎蔬菜等。非水溶性膳食纤维可降低罹患肠癌的风险，并且减少消化道中细菌排出的毒素。

2）膳食纤维的生理功能

膳食纤维是健康饮食不可缺少的，在保持消化系统健康上扮演必要的角色。摄取足够的膳食纤维也可以清洁消化壁和增强消化功能，可以加速食物中的致癌物质和有毒物质的移除，保护脆弱的消化道。

膳食纤维的生理功能主要体现在以下几个方面。①改善便秘。膳食纤维对促进消化和排泄固体废物有着举足轻重的作用。②利于减肥。提高膳食中膳食纤维含量，可使摄入的能量减少，在肠道内营养的消化吸收也下降，最终使体内脂肪消耗而起减肥作用。③预防痔疮。痔疮是由大便秘结而使血液长期阻滞与瘀积所引起的。膳食纤维具有通便作用，可降低肛门周围的压力，使血流通畅，从而起预防痔疮的作用。④降低血脂。⑤改善糖尿病症状。膳食纤维中的果胶可延长食物在肠内的停留时间、降低葡萄糖的吸收速度，使餐后血糖不会急剧上升，有利于糖尿病病情的改善。⑥改善口腔及牙齿功能。增加膳食中的纤维素，延长咀嚼的时间，使口腔得到保健，咀嚼功能得以改善。

3）膳食纤维的缺点

膳食纤维虽然是人体健康所必需的物质，但食用也要适量，食用过多膳食纤维，易把人体所必需的糖分、脂肪、维生素等营养素尤其是各种微量元素带出体外而造成营养不良。

4）膳食纤维的食物来源

糙米和胚芽米（米胚的保留率在80%以上的大米），以及玉米、小米、大麦、小麦皮（米糠）和麦粉（黑面包的材料）等膳食纤维含量较高；此外，根菜类和海藻类等中膳食纤维较多，如牛蒡、胡萝卜、菜豆、红豆、豌豆、薯类和裙带菜等。

2. 壳聚糖（chitosan）

1）壳聚糖的化学组成和特点

壳聚糖又称可溶性甲壳素、脱乙酰基甲壳素、壳糖胺、几丁聚糖，是以虾蟹壳为原料，先制得甲壳素，然后在浓碱的作用下脱去甲壳素分子中的乙酰基而得的一种天然高分子化合物。自然界中甲壳素有三种结构：α、β、γ，其中最为常见的是α型。地球上每年甲壳素的生物合成量为数十亿吨，是产量仅次于纤维素的天然高分子化合物。

甲壳素分子之间存在强烈的氢键作用，使得甲壳素形成高度的结晶结构，因而甲壳素分子高度难溶，也不溶于稀酸、稀碱和浓碱，只溶于浓酸和某些溶剂。壳聚糖分子的活性基团是氨基而不是乙酰基，因而化学性质和溶解性较甲壳素有所改善，可溶于稀酸，特别是甲酸、乙酸，但也不溶于水和大多数有机溶剂。

壳聚糖的分子结构特点：氧原子将糖环的碳原子连接到下一个糖环上，侧基团“挂”在这些环上。甲壳素分子化学结构与植物中广泛存在的纤维素非常相似，若把组成纤维素的单个分子——葡萄糖分子第二个碳原子上的羟基（OH）换成乙酰氨基（$NHCOH_3$）（图2-5），就得到了甲壳素，在此基础上若脱去乙酰基便成为壳聚糖，从这个意义上讲，甲壳素可以说是动物性纤维。壳聚糖不具有毒性且可以被生物体分解，具有生物活性，被视为最具有潜力的生物高分子。壳聚糖是天然多糖中唯一大量存在的碱性氨基多糖，具有一系列特殊的功能性质。

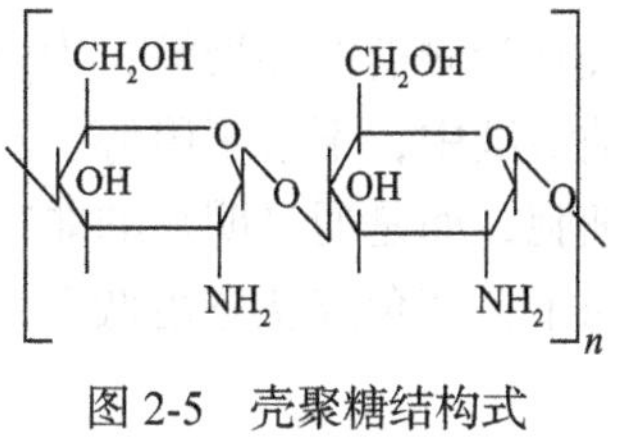

图2-5　壳聚糖结构式

2）壳聚糖的应用

壳聚糖不仅具有很好的生物相容性，而且无毒、易生物降解，广泛应用于医药、食品、纺织、环保、造纸、印染、日用化妆品等领域。

（1）在医药工业中，壳聚糖具有抑制胃酸、抗溃疡、降低胆固醇和甘油三酯吸收等作用，用其制成的药物可用来治疗胆囊炎、冠心病和各种胃肝病，以及用于减肥。

（2）在食品工业中，壳聚糖是一种理想的保鲜和防腐剂，其衍生物具有很强的抑菌、保鲜作用，而且对人体无任何不良作用。在牙膏、漱口水及口香糖中添加壳聚糖，有预防牙周炎、除去或减轻口臭的作用。

（3）在纺织工业中，用壳聚糖乙酸溶液作直接染料和硫化染料的固化剂，不仅可以增进织物和花布的耐光和耐磨性，而且可使织物富有滑爽和硬挺的外观。

（4）在环保方面，壳聚糖作为吸附剂和絮凝剂，能够有效地捕集溶液中的重金属离子和有机物，并可以抑制细菌生长，使污水变清，特别是对汞、铬、铜、铅、钴、锌和砷等元素的离子有明显的吸附滤除作用。

（5）在造纸工业中，壳聚糖及其衍生物可有效地提高纸张的干、湿强度和改善表面印刷性，广泛地应用于印刷中，以满足高速印刷、高黏度油墨的要求。

（6）壳聚糖及其衍生物添加到涂料中，可以显著增加涂料的黏着性和表面覆盖能力。此外，壳聚糖还可用作固定化酶、分离膜，以及用于改善木材的染色性等。

（7）在日用化妆品方面，壳聚糖可吸收皮脂类油脂，是洗发剂中理想的活性物质。

国外20世纪50年代开始对壳聚糖需求趋旺，日本和美国等从我国大量购买壳聚糖粗品，生产壳聚糖精品和壳聚糖衍生物。我国有丰富虾蟹壳资源和巨大的壳聚糖产品的潜在市场，开发利用前景十分广阔。

（三）真菌多糖

真菌多糖是一种β型的多糖，是从真菌中分离出的由10个以上的单糖以糖苷键连接而成的高分子多聚物，是从真菌子实体、菌丝体、发酵液中分离出的，能够控制细胞分裂分化，调节细胞生长的一类活性多糖。真菌多糖有食用和药用两种，由多糖和活性多糖（纯多糖和杂多糖）构成。灵芝、冬虫夏草、灰树花、木耳、银耳、香菇、猴头菇、白灵菇、竹黄、云芝、鸡腿蘑、松茸、桑黄等食用菌都含有真菌多糖。

真菌多糖是食用菌中所含的重要的药效成分，具有广泛的药理活性。真菌多糖生理功能如下。

1. 香菇多糖

香菇多糖（lentinan）是从真菌香菇的子实体中分离到的一种以*β-D-*（1→3）葡聚糖残基为主链、（1→6）葡聚糖残基为侧链的葡聚糖，为白色粉末状固体，具有吸湿性，对光和热稳定，能溶于氢氧化钠溶液中，不溶于甲醇、乙醇、丙酮等有机溶剂。

香菇多糖不直接杀伤肿瘤细胞，而是通过明显的非特异性免疫刺激，促进淋巴细胞的分裂、增殖并产生多种细胞因子，使免疫状态由低下恢复到接近于正常。

2. 银耳多糖

银耳多糖作为银耳的主要活性成分可分为酸性杂多糖（主链为甘露聚糖，支链为葡萄糖醛酸、木糖）、中性杂多糖（多糖脂多糖）、酸性低聚糖、胞壁多糖和外多糖 5 大类。

银耳多糖能有效改善机体免疫功能，增强吞噬细胞的吞噬能力，提高淋巴细胞活性，促进细胞因子生长。

3. 金针菇多糖

金针菇多糖（*Flammulina velutipes* polysaccharide，FVP）是金针菇的主要活性成分，是由 10 个以上的单糖通过糖苷键连接而成的多聚物，包括 EA_3、EA_5、EA_6 和 EA_7 四种组分。金针菇多糖能促进蛋白质、核酸的合成，提高机体生物免疫力，主要为药用，有消炎、护肝、养心等作用。该多糖具有增强人体免疫力、恢复和增强带瘤机体的免疫功能的作用。

4. 云芝多糖

云芝多糖（*Coriolus versicolor* polysaccharide，CVP）是从云芝菌丝体中提取的一种蛋白多糖，其主要成分是含有 α-1,4、β-1,6 或 α-1,4、β-1,3 糖苷键的葡聚糖，此外还含有木糖、鼠李糖、半乳糖、甘露糖、阿拉伯糖等 5 种成分，是具有多种生物活性的多糖类物质。

云芝多糖可增强免疫活性，明显增强肿瘤患者细胞免疫和体液免疫功能，增强机体对放、化疗耐受性，并减少感染与出血。

5. 冬虫夏草多糖

冬虫夏草是麦角菌科真菌冬虫夏草菌[*Cordyceps sinensis*（Berk.）Sacc.]寄生在蝙蝠蛾科昆虫幼虫上的子座和幼虫尸体的干燥复合体，为我国名贵的中药材。冬虫夏草多糖是一种高度分支的半乳糖甘露聚糖，主链为由 α-1,2 糖苷键连接的 *D*-呋喃甘露聚糖，支链含由 1,3、1,5 和 1,6 糖苷键连接的 *D*-呋喃半乳糖基及 1,4 键连接的 *D*-吡喃半乳糖基，非还原性末端均为 *D*-呋喃半乳糖和 *D*-吡喃甘露糖。

6. 灵芝多糖

目前已分离到的灵芝多糖（*Ganoderma lucidum* polysaccharide，GLP）有 200 多种，其中大部分为 β-葡聚糖，少数为 α-葡聚糖，多糖链由三股单糖链构成，是一种螺旋状立体构形物，其构形与 DNA、RNA 相似，螺旋层之间主要以氢键固定，分子量从数百到数十万。除一小部分小分子多糖外，大多不溶于高浓度乙醇，溶于热水。灵芝中含有的腺苷、甘露醇、麦角甾醇等物质可调节脂肪细胞中的中性脂肪的合成或分解。

灵芝多糖不具备直接杀伤肿瘤细胞的能力，但它能增强巨噬细胞的吞噬功能，激活 T 细胞释放活化因子，提高抗原提呈功能，提高 NK 细胞活性，从而调节机体免疫反应。

二、黄酮类化合物

黄酮类化合物是以黄酮（2-苯基色原酮）为母核而衍生的一类黄色色素。黄酮类化合物在植物界分布很广，在植物体内大部分与糖结合成苷类或以碳糖基的形式存在，也有以游离形式存在的。天然黄酮类化合物母核上常含有羟基、甲氧基、烃氧基、异戊烯氧基等取代基。由于这些助色团的存在，该类化合物多显黄色。又由于分子中 γ-吡酮环上的氧原子能与强酸成盐而表现为弱碱性，因此曾称为黄碱素类化合物。天然黄酮类化合物多以苷类形式存在，而且由于糖的种类、数量、连接位置及连接方式不同可以组成各种各样黄酮苷类。组成黄酮苷的糖包含单糖、双糖、三糖和酰化糖。

根据三碳键（C_3）结构的氧化程度和B环的连接位置等不同，黄酮类化合物可分为下列几类：黄酮（flavone）和黄酮醇（flavonol）、二氢黄酮（flavanone，又称黄烷酮）和二氢黄酮醇（flavanonol，又称黄烷酮醇）、异黄酮（isoflavone）、查耳酮（chalcone）、二氢查耳酮、橙酮（又称澳咔）、黄烷-3,4-二醇类（flavan-3,4-diols）、花色素类[anthocyanidin，又称2-苯基苯并吡（喃）]、双苯吡酮类（xanthones）、双黄酮类（biflavone）等。

黄酮类化合物属酚类物质，可整合金属离子，从而抑制体内微量金属离子参与催化的脂质过氧化过程，同时，黄酮类化合物作为抗氧化剂和自由基的猝灭剂，能有效地阻止脂质过氧化引起的细胞破坏。

1. 银杏黄酮

银杏黄酮是由天然植物银杏的叶为原料，经先进生产设备提取、精制而成。银杏黄酮的生理功能如下。

（1）清除自由基，抑制细胞膜脂质过氧化作用。

（2）降低血液黏度，改善微循环障碍。

2. 大豆异黄酮

大豆异黄酮是从天然大豆中提取的植物生物活性素，因它与雌激素的分子结构非常相似，能够与女性体内的雌激素受体结合，对雌激素起到双向调节的作用，安全且无副作用，所以又被称为“植物雌激素”。

大豆异黄酮在国外保健领域得到广泛应用，如下所述。

（1）改善肤质。大豆异黄酮的类雌激素作用可使女性皮肤光润、细腻、柔滑、充满弹性，焕发青春风采。

（2）长期补充大豆异黄酮可使体内雌激素保持正常水平，推迟绝经期的来临。

（3）改善经期不适。经期不适常与雌激素分泌不平衡有关，长期补充大豆异黄酮可使雌激素水平维持正常，达到改善经期不适的目的。

（4）改善更年期不适。大豆异黄酮最直接的一个效果是可以缓解更年期的许多不适。

（5）调节骨质疏松。女性随着雌激素分泌水平的降低，防止骨骼钙质溶出的功能减弱，造成骨质流失，如果及时补充大豆异黄酮，可调节骨质疏松。

（6）改善阿尔茨海默病（Alzheimer's disease，AD）。雌激素在AD的发病机制中具有重要的作用，在发病者中女性患者约为男性患者的3倍，卵巢和子宫同时切除者、绝经早者发病率高且发病早，进展也快。研究表明补充大豆异黄酮，可改善雌激素缺乏引起的AD状况。

（7）降低心血管疾病发生风险。大豆异黄酮可有效降低血液中低密度脂蛋白（LDL）浓度，升高高密度脂蛋白（HDL）浓度，防止动脉粥样硬化的形成，降低心血管疾病发生风险。

（8）降低乳腺癌发生风险。大豆异黄酮结构和雌激素相似，所以能结合到细胞表面的雌激素受体上，减少雌激素与受体结合的机会，从而降低雌激素的活性，减少女性因雌激素水平高而患乳腺癌的风险。

（9）改善产后精神障碍。女性生育后孕激素减少，雌激素水平尚未恢复，因此造成自主神经功能紊乱，形成精神障碍，大豆异黄酮可缓解这种状况。

（10）提高性生活质量。大豆异黄酮的类雌激素特性可使女性阴道上皮细胞的成熟度增加，阴道肌肉弹性增强，从而提高性生活质量。

3. 葛根素

葛根素是从豆科植物野葛的根中提取得到的一种异黄酮类化合物。葛根素的生理作用如下。

（1）增强心肌收缩力，保护心肌细胞。

（2）扩张血管、降低血压、改善微循环。

（3）保护红细胞的变形能力，增强造血系统功能。

（4）具有抗血小板聚集、增加纤溶活性、降低血黏度作用。

（5）对肾炎有调控作用。

（6）对非特异性免疫、体液免疫、细胞免疫有明显的调节作用。

（7）可促进正常人和肿瘤患者的淋巴细胞转化率。

（8）对免疫干扰系统有明显的刺激和诱生作用。

4. 蜂胶总黄酮

蜂胶总黄酮由 30 多种黄酮类物质构成，其中含量较高的有芸香苷（rutin，又称芦丁）、槲皮素、高良姜素、莰菲醇、杨梅酮、松属素、柯因，习惯称其为蜂胶总黄酮的主体黄酮，但其生物学活性有的相对较强，有的相对较弱。因此，在蜂胶有效成分分离提取和蜂胶保健食品加工生产中，富集高活性的黄酮是关键技术。国内外有关药理及临床试验研究表明，蜂胶总黄酮有多种保健作用，主要如下。

（1）抗氧化、清除自由基作用。蜂胶总黄酮有很好的抗氧化作用，能清除自由基。蜂胶总黄酮可与超氧阴离子反应，阻止自由基反应；或与铁离子螯合，阻止羟基自由基的生成；或抑制脂质过氧化作用，阻止脂质过氧化过程。

（2）抗菌、抗病毒作用。蜂胶总黄酮有很强的抗菌作用，因而有抗溃疡和抗菌活性，蜂胶总黄酮对甲型流感病毒有灭杀作用，能降低病毒的感染性和复制能力。

（3）对心血管的保护作用。蜂胶总黄酮可改善血管的弹性和渗透性，舒张血管，清除血管内壁积存物，净化血液，降低血液黏稠度等，对心脑血管疾病有明显的改善作用。

（4）降血脂、降血糖作用。黄酮类化合物是调节血脂的功能因子。蜂胶总黄酮有很好的降血糖作用，具有促进外源性葡萄糖合成肝糖和双向调节血糖的作用。

（5）免疫调节作用。在免疫反应的最早阶段，黄酮类化合物可促进巨噬细胞对抗原的内吞作用。槲皮素能抑制 LDL 的氧化修饰并抑制已修饰的 LDL 进入巨噬细胞，提高巨噬细胞的活力。

此外，蜂胶总黄酮还有改善微循环、消炎、解痉、抗过敏、抗辐射等作用。因此，蜂胶总黄酮是一类非常重要的生理活性物质。

5. 芦丁

芦丁又名维生素 P（vitamin P），黄色粉末或结晶粉末，无臭，略溶于冷水，溶于热水、乙醇，遇光变质，存在于芸香叶、枣、杏、橙皮、番茄等中，荞麦花中含量特别丰富。芦丁能降低毛细血管的通透性和脆性，维持其正常抵抗力。

6. 槲皮素（quercetin）

槲皮素属黄酮类化合物，存在于许多植物的花、叶、果实中，多以苷的形式存在，如芦丁、槲皮苷、金丝桃苷等，苷经酸水解可得到槲皮素。

槲皮素的药理作用：槲皮素具有较好的祛痰、止咳作用，并有一定的平喘作用。此外还有降低血压、增强毛细血管抵抗力、减少毛细血管脆性、降血脂、扩张冠状动脉、增加冠脉血流量等作用。

三、活性蛋白质和活性肽

（一）活性蛋白质

自然界存在不同的蛋白质如肉蛋白、乳蛋白、大豆蛋白、花生蛋白、玉米蛋白等。活性蛋白质是指除具有一般蛋白质的营养作用外，还具有某些特殊的生理功能的一类蛋白质，如免疫球蛋白、活性乳蛋白、溶菌酶、金属硫蛋白、大豆蛋白、SOD 等。蛋白质及其降解产生的某些肽具有免疫活性作用，它们可在机体的免疫调节中发挥重要作用。

（二）活性肽

肽由氨基酸缩合、通过肽链连接而成或由蛋白质在酸或蛋白水解酶的作用下水解而成，是分子量介于氨基酸和蛋白质之间的一类化合物。一般将含有 2~10 个氨基酸、分子量在 2000 以下的肽称为低聚肽（俗称寡肽）；含有 11 个以上，50 个以下的氨基酸，分子量在 2000~10 000 的肽称为多聚肽（简称多肽）。某些寡肽和多肽具有一定的生物活性，被称为生物活性肽，简称活性肽。活性肽主要通过激活体内有关酶系，促进中间代谢膜的通透性，或通过控制 DNA 转录或翻译而影响特异的蛋白质合成，最终产生特定的生理效应或发挥其药理作用。氨基酸为高蛋白（蛋白质大分子）的二度深度开发产品，肽就是高蛋白的三度深度开发产品。一些蛋白质水解产生的肽对动物的体液免疫和细胞免疫可以产生影响，如 β-酪蛋白水解产生的一些三肽和六肽可以促进巨噬细胞的吞噬作用，另外，由乳铁蛋白和大豆蛋白酶解产生的肽也同样具有免疫活性作用。

活性肽的生产方法：天然活性肽的分离提取、食品蛋白质水解制取活性肽、化学合成活性肽、基因重组法制取活性肽、酶法生产活性肽。根据所需生产的活性肽的氨基酸组成或结构特点来选择相应原料，优先选用廉价农副产品、食品工业废水及废物，开展综合利用，变废为宝，可减少环境污染，降低生产成本。

1. 分类

1）按活性肽原料分类

（1）大豆肽：大豆蛋白酶解制得。

（2）玉米肽：玉米蛋白酶解制得。

（3）豌豆肽：酶解豌豆蛋白制得。

（4）卵白肽：酶解卵蛋白制得。

（5）乳肽：主要由动物乳中酪蛋白与乳清蛋白酶解制得。

（6）畜产肽：由牲畜肌肉、内脏、血液中的蛋白经酶解而制得。

（7）水产肽：各种鱼肉蛋白酶解制得。

（8）丝蛋白肽：蚕茧丝蛋白经酶解制得的低肽。

（9）复合肽：动植物、水产、畜产等多种蛋白质混合物经酶解制得的复合肽。

2）按活性肽保健功能分类

（1）易消化吸收肽：主要是二肽、三肽等小肽，比氨基酸消化吸收快，吸收率高，并具有低抗原性、低渗透压，不会引起过敏、腹泻等不良反应，为胃功能低下人群、术后恢复的消化道疾病患者、需提高耐力的运动员、婴幼儿及老人的滋补食品。

（2）抗菌肽：指昆虫体内经诱导而产生的一类具有抗菌活性的碱性多肽物质，分子量在2000~7000，由20~60个氨基酸残基组成。这类活性多肽多数具有强碱性、热稳定性及广谱抗菌等特点。抗菌肽主要用于食品防腐保鲜。

（3）吗啡片肽：将动物乳中分离出的酪蛋白、乳清蛋白、乳球蛋白和血红蛋白、植物蛋白混合后，酶解而得，是最早的食品蛋白肽，具有镇痛及调节情绪、呼吸、脉搏、体温、消化系统及内分泌等功能。

（4）类吗啡拮抗肽：用牛乳 κ-酪蛋白经胰蛋白酶作用分离而得，与类吗啡肽相拮抗，具有抑制血管紧张素转化酶与平滑肌收缩活性等功用。

（5）血管紧张素转化酶抑制肽（简称ACEI肽）：最早从天然蛇毒中分离得到，或者由酶降解胶原蛋白、牛乳酪蛋白、大豆蛋白、玉米蛋白、沙丁鱼蛋白、磷虾蛋白制得，是血管紧张素转化酶抑制剂（ACEI），具有显著的降血压功效。其低肽易消化吸收，具有促进细胞增殖、提高毛细血管通透性等作用，可用作辅助降血压保健食品基料。

（6）抑制胆固醇作用肽：大豆等植物蛋白经胃蛋白酶或胰蛋白酶作用而制得，具有高疏水性，能刺激甲状腺素的分泌，促进胆固醇的胆汁酸化，增加胆固醇排泄。

（7）促进矿物质吸收肽：主要是动物乳中酪蛋白经胰蛋白酶作用后制得的酪蛋白磷酸肽（CPP），具有促进钙、铁吸收的功能，可用于幼儿、老年食品和酸奶等产品。

（8）机体防御功能肽：如谷胱甘肽（GSH），由微生物细胞或酶生物合成，也可由大肠杆菌重组生产，具有多种重要生理功能。

（9）苦味肽：是蛋白质酶解液中的苦味物质，由某些疏水基团和疏水性氨基酸构成，可用活性炭吸附或以某些端肽酶、乳酸菌、酿酒酵母等微生物进一步水解，脱除或减轻苦味后，其必需氨基酸含量比酶解液中更高，营养价值更高，可用作食品营养强化剂。

（10）肝性脑病防治肽：如高 F 值寡肽，是由动物或植物蛋白酶解制得，用于制作防治肝性脑病药品和对化学性肝损伤有辅助保护功能的保健食品或抗疲劳食品。

2. 常见活性肽

1）小肽

人体主要是以肽的形式吸收蛋白质的。与氨基酸相比，小肽运输体系具有很好的溶解性、低黏度和抗凝胶形成性，在体内消化吸收较快，蛋白质利用率高，并具有低抗原性，不会产生变态反应，有显著的抗氧化性。肽在人体合成蛋白质效率较氨基酸高 26%。因此可以利用这类易消化吸收的肽为某些特殊身体状况的人群补充营养。

小肽在生物体内作为载体和运输工具，将摄入的营养输送到人体各个部位，充分发挥其功能。小肽无论是在吸收速度还是在生物学功能等方面，都优于氨基酸：一是某些小肽不需消化，可直接吸收，吸收时不会被二次水解；二是较氨基酸吸收快速；三是以完整的形式被机体吸收；四是小肽具有主动吸收、优先吸收的特点；五是低耗，与氨基酸比较，小肽吸收具有低耗或不需消耗人体能量的特点，某些小肽通过十二指肠黏膜吸收后，直接进入血液循环，以自身能量将小肽营养素输送至人体各个部位及细胞组织，发挥其生物学功能；六是小肽吸收具有不饱和的特点；七是氨基酸有 20 多种，功能可数，而小肽以氨基酸为底物，可合成上百上千种。

此外，小肽（特别是二肽、三肽）具有低抗原性，食后不会引起人体变态反应；小肽的渗透压比氨基酸低，食后也不会引起痢疾或不良反应。

2）谷胱甘肽

谷胱甘肽是由谷氨酸、半胱氨酸和甘氨酸经肽键缩合而成的活性三肽，广泛存在于动物肝脏、血液、酵母和小麦胚芽中，在各种蔬菜等植物组织中也有少量分布。谷胱甘肽具有独特的生理功能，被称为长寿因子。

谷胱甘肽的主要生理功能：谷胱甘肽分子有一个特异的 γ-肽键，决定了它在机体中的许多重要生理功能，它参与体内三羧酸循环及糖代谢，并能激活多种酶，从而促进糖、脂肪和蛋白质代谢。谷胱甘肽具有重要的生化功能，如抗氧化、抗疲劳、清除体内过多自由基等。

谷胱甘肽的生产方法主要有溶剂萃取法、化学合成法、微生物发酵法和酶合成法等，其中利用微生物细胞或酶生物合成谷胱甘肽极具发展潜力，目前以酵母发酵法生产为主。

3）大豆肽

大豆肽是大豆蛋白经酸法或酶法水解后分离、精制而得到的多肽混合物，以 3~6 个氨基酸组成的小分子肽为主，还含有少量大分子肽、游离氨基酸、糖和无机盐等成分，分子量在 1000 以下。大豆肽的蛋白质含量为 85%左右，其氨基酸组成与大豆蛋白相同，必需氨基酸的平衡良好，含量丰富。大豆肽与大豆蛋白相比，具有消化吸收率高、提供能量迅速、降低胆固醇、降血压和促进脂肪代谢的生理功能及无豆腥味、无蛋白变性、酸不沉淀性、加热不凝固、易溶于水、流动性好等良好的加工性能，是优良的保健食品素材。

大豆肽的生产有酸法水解和酶法水解。酸法水解因水解程度不易控制、生产条件苛刻、氨基酸受到损害而很少采用；酶法水解因其易控制、条件温和、不损害氨基酸而多被采用。酶的选择至关重要，通常选用胰蛋白酶、胃蛋白酶等动物蛋白酶，也可选用木瓜蛋白酶和菠萝蛋白酶等植物蛋白酶。

20 世纪 70 年代初，美国首先研制出大豆肽，我国近几年也开展了大豆肽的生产和应用研究。根据大豆肽的理化特性，可以大豆肽为基本素材，开发用于肠胃功能不良者和消化道手术患者康复的流态肠道营养食品，增强肌肉和消除疲劳的运动员食品，婴幼儿及老年人保健食品，促进脂肪代谢的减肥食品，酸性蛋白饮料，以及促进微生物生长、代谢的发酵促进剂等。

4）乳肽

国际上乳肽最早是以乳酪为原料经蛋白酶酶解制得，含 5~8 个氨基酸组成的肽和 70%以上的游离氨基酸，用于制作低抗原性防过敏牛乳粉；20 世纪 60~70 年代，开发出第二代高度水解乳清蛋白肽混合物，含 10~12 个氨基酸组成的肽和 40%~60%的游离氨基酸；20 世纪 90 年代，开发出了低度水解乳清蛋白肽混合物。

我国生物技术工作者采用微生物发酵控制和蛋白质高转化开发的乳肽产品，其中氨态氮占 20%左右、肽态氮占 80%左右。

5）高 *F* 值寡肽

F 值是指支链氨基酸（BCAA）与芳香族氨基酸（AAA）的物质的量比值。高 *F* 值寡肽是由动植物蛋白酶解后制得的具有高 BCAA、低 AAA 的寡肽，以低苯丙氨酸寡肽为代表，具有独特的生理功能。

（1）高 *F* 值寡肽的生理功能：① 抗疲劳作用。② 提供能量。BCAA 中亮氨酸是体内唯一生酮氨基酸，异亮氨酸是生糖兼生酮氨基酸，缬氨酸是生糖氨基酸。生酮氨基酸按脂肪途径进行代谢，而生糖氨基酸氧化脱氢后则按葡萄糖途径进行代谢，BCAA 即通过生酮和生糖作用与三羧酸循环相互联系，实现机体内三大营养素（蛋白质、碳水化合物、脂肪）互相转化，为机体提供能量。高 *F* 值寡肽中 BCAA 含量相对较高，因此可为机体提供能量。③ 改善肝性脑病。高 *F* 值寡肽能有效维持血液中 BCAA 的浓度，纠正血液和脑中氨基酸的病态模式，改善肝性脑病程度和精神状态。④ 改善手术后患者蛋白质营养状况。手术后直接输入高 *F* 值寡肽，可在一定程度上阻止伤后蛋白质崩解，改善患者蛋白质营养状况。⑤ 与维生素协同作用。高 *F* 值寡肽在代谢中与生物素、维生素 B_{12}、维生素 B_2 及烟酸等有密切关系。

（2）*F* 值判别方法：用氨基酸自动分析仪测定氨基酸组成后，按下式计算而得 *F* 值：

$$F=\sum \text{BCAA 的物质的量（mol）}/\sum \text{AAA 的物质的量（mol）}$$

F 值＞20 的寡肽才具有生理活性。

6）降压肽

降压肽来源于食物中的血管紧张素转化酶抑制肽，具有降压效果显著、没有副作用、安全性高、成本低、易吸收等特点，而常规的降压类药物等都有明显的副作用，在高血压已成为危及人类身体健康的主要疾病的今天，食物中血管紧张素转化酶抑制肽更加符合人们的需求。可以通过降解蛋白质序列中的某些活性肽段的方法获得血管紧张素转化酶抑制肽。这些发现促使人们决心从天然食品中生产安全性基料，而不必再为合成药物产生的各种副反应而担忧。近几年来，利用酶技术从各种食品蛋白质中分离的降压肽相继出现，成为活性肽研究的热点，不断有新的血管紧张素转化酶抑制肽从不同的天然蛋白质资源中被提取分离出来。现在已经从鸡肉、明胶、猪肉、鸡蛋、荞麦、玉米、椰菜、大蒜、沙丁鱼、金枪鱼、鲍鱼、牡蛎、裙带菜等许多食品中的蛋白质中分离出血管紧张素转化酶抑制肽；国内一些研究者还从中国的传统食品即墨老酒、豆腐乳中发现血管紧张素转化酶抑制肽。

四、功能性油脂

功能性油脂是一类具有特殊生理功能的油脂，是指那些属于人类膳食油脂，为人类营养、健康所需要，并对人体一些相应缺乏症和内源性疾病，特别是现今社会文明病如高血压、心脏病、癌症、糖尿病等有积极防治作用，有一定保健功能、药用功能的一大类脂溶性物质。功能性油脂主要包括富含多不饱和脂肪酸（亚油酸、α-亚麻酸、γ-亚麻酸、EPA 和 DHA）的油脂及磷脂（卵磷脂、脑磷脂、肌醇磷脂、丝氨酸磷脂等）。

（一）多不饱和脂肪酸

多不饱和脂肪酸（polyunsaturated fatty acid，PUFA）是指含有两个或两个以上双键且碳链长度为 18~22 个碳原子的直链脂肪酸，是研究和开发功能性脂肪酸的主体和核心，主要包括亚油酸（LA）、γ-亚麻酸（GLA）、花生四烯酸（AA）、EPA、DHA 等。其中，亚油酸及亚麻酸被公认为人体必需脂肪酸（EFA），在人体内可进一步衍化成具有不同功能的高度不饱和脂肪酸，如花生四烯酸、EPA、DHA 等。

脂肪酸种类繁多，专业术语较复杂，目前有三种命名体系并存，包括 IUPAC 标准命名法、速记命名或“omega”（ω）序列命名法及俗称三种。例如，EPA 根据 IUPAC 标准命名法，应为 5,8,11,14,17-二十碳全顺五烯酸；根据 ω 序列命名法为 C20：5ω-3（EPA），C 表示碳原子，20 表示碳数，5 表示双键数，ω-3 表示双键的位置。由于 ω 序列命名法及俗称相对简便而且目前在国内外专业文献中被广泛使用，因此，本章将使用 ω 序列命名法及俗称。

不饱和脂肪酸可分为单不饱和脂肪酸（MUFA）和多不饱和脂肪酸。多不饱和脂肪酸中主要的亚油酸、亚麻酸和花生四烯酸是必需脂肪酸。

1. 多不饱和脂肪酸系列

多不饱和脂肪酸因其结构特点及在人体内代谢的相互转化方式不同，主要可分成 ω-3、ω-6 两个系列。在多不饱和脂肪酸分子中，距羧基最远端的双键是在倒数第 3 个碳原子上的称为 ω-3 或 n-3 系列多不饱和脂肪酸，距羧基最远端的双键是在倒数第 6 个碳原子上的称为 ω-6 或 n-6 系列多不饱和脂肪酸。ω-3 和 ω-6 两个系列多不饱和脂肪酸的主要种类及化学结构如下。

ω-3 系列多不饱和脂肪酸：包括十八碳三烯酸（α-亚麻酸）（ALA）、EPA、DHA。

ω-6 系列多不饱和脂肪酸：包括十八碳二烯酸（俗称亚油酸）、十八碳三烯酸（γ-亚麻酸）、二十碳四烯酸（俗称花生四烯酸）。

2. 多不饱和脂肪酸的生理作用

1）多不饱和脂肪酸与心血管系统疾病

膳食中的脂类能够显著影响脂蛋白代谢，从而改善心血管疾病。多不饱和脂肪酸可降低低密度脂蛋白胆固醇（LDL-C）浓度，脂肪酸可使高密度脂蛋白胆固醇（HDL-C）浓度升高，但随着脂肪酸不饱和度的增加，这种作用减少。常见多不饱和脂肪酸分为 ω-3 和 ω-6 两大系列，如表 2-6 所示。研究表明，膳食中 ω-3 系列多不饱和脂肪酸摄入量与心血管疾病发病率和死亡率呈负相关。在日常膳食中合理补充鱼油，对心血管疾病的防治可产生较明显的作用。

表 2-6 ω-3 和 ω-6 两大系列多不饱和脂肪酸

ω-6 系列	不饱和度	ω-3 系列	不饱和度
亚油酸	2	α-亚麻酸	3
γ-亚麻酸	3	十八碳四烯酸	4
DH-γ-亚麻酸	3	二十碳四烯酸	4
花生四烯酸	4	EPA	5
二十二碳四烯酸	4	二十二碳五烯酸（DPA）	5
		DHA	6

ω-3 系列多不饱和脂肪酸对心血管疾病的防治作用可能是通过抗血栓形成而实现的。多不饱和脂肪酸对甘油三酯、胆固醇、β-脂蛋白的下降有效性在 60%以上，而且 γ-亚麻酸在体内转变成具有扩张血管作用的前列腺环素（PGI_2），保持与血管收缩素（TXA_2）的平衡，防止血栓形成。

EPA 通过促进某些类二十烷酸的合成，降低血小板的凝聚和血液黏稠度。动物模型试验表明，富含 EPA 的鱼油可防止血小板沉着于血管壁，阻断因脂质浸润所引起的内皮细胞损伤和管壁增厚等动脉粥样硬化的病理进程。

2）多不饱和脂肪酸与细胞生长

多不饱和脂肪酸对脑、视网膜和神经组织发育有影响。DHA 和花生四烯酸是脑和视网膜中两种主要的多不饱和脂肪酸。虽然多不饱和脂肪酸的缺乏对于成人而言表征极少见，但对于胎儿和婴幼儿的影响显著。

3）多不饱和脂肪酸降低患癌风险

（1）ω-3 系列多不饱和脂肪酸干扰 ω-6 系列多不饱和脂肪酸的形成，并降低花生四烯酸的浓度，降低促进前列腺素 E_2 生成的白细胞介素（IL）的量，进而减少了对癌发生有促进作用的前列腺素 E_2 的生成。

（2）癌细胞的膜合成对胆固醇的需要量大，而 ω-3 系列多不饱和脂肪酸能降低胆固醇水平，从而延缓癌细胞生长。

（3）在免疫细胞中的 DHA 和 EPA 产生了更多的具有有益生理效应的物质，参与了细胞基因表达调控，提高了机体免疫能力。

（4）EPA 和 DHA 大大增加细胞膜的流动性，有利于细胞代谢和修复，有助于延缓癌细胞的异常增生。

4）多不饱和脂肪酸的免疫调节作用

近期研究表明，膳食中脂肪酸的含量及其组成与免疫力有关。多不饱和脂肪酸能影响机体的免疫功能，若多不饱和脂肪酸发生脂质过氧化或降低抗氧化水平，则会抑制 T 细胞的免疫功能。ω-6 系列多不饱和脂肪酸和 ω-3 系列多不饱和脂肪酸的比例也会对免疫功能产生影响。ω-6 系列多不饱和脂肪酸和 ω-3 系列多不饱和脂肪酸比例低时能增强免疫反应和非特异性抗性，ω-6 系列多不饱和脂肪酸摄入过多会使局部类二十烷化合物过多，从而引起关节炎等。

5）多不饱和脂肪酸在保健食品中的应用

目前，国际市场上的多不饱和脂肪酸产品形式极其丰富，归结起来主要有以下几种。

（1）含 EPA、DHA 的原料鱼油，通常制成胶囊剂或液体鱼油补剂形式的保健品出售，在欧美国家多见。

（2）以强化剂形式强化到食品中，如 DHA 强化婴儿配方乳粉，又如日本生产的鱼油调味汁、鱼油饮料、豆腐、肉香肠等。

3. 多不饱和脂肪酸的来源

1）多不饱和脂肪酸的动植物来源

（1）亚油酸。我们日常食用的大部分油脂中亚油酸含量在 9%以上，而且在主要食用植物油脂如大豆油、棉籽油、菜籽油、葵花籽油、花生油、米糠油、芝麻油等中的含量都较高。

（2）α-亚麻酸。α-亚麻酸在大豆油、菜籽油、葵花籽油中都有一定的含量，相对于亚油酸而言，α-亚麻酸的资源和日常可获得性要差很多，但一些藻类与微生物中存在较多的 α-亚麻酸。

（3）EPA 和 DHA。陆地植物油中几乎不含 EPA 与 DHA，在一般陆地动物油中也测不出 EPA 和 DHA。海藻类及海水鱼是 EPA 和 DHA 的重要来源，在海产鱼油中或多或少地含有花生四烯酸、EPA、DPA、DHA 四种脂肪酸，以 EPA 和 DHA 的含量较高。

2）多不饱和脂肪酸的微生物来源

由于动物、植物资源的种种限制，人们将寻求多不饱和脂肪酸的目光转向微生物资源。微生物本身具有低成本、培养迅速、生产周期短、可以规模化生产等优点，因而有着非常广阔的前景。

多不饱和脂肪酸广泛存在于微藻类、细菌、真菌的细胞中，但不同种类及不同菌株其含量及组成不同。

4. 多不饱和脂肪酸的保护与安全性

多不饱和脂肪酸性质活泼，暴露在空气中很快发生自氧化而变质，甚至产生有毒有害物质。维生素 E、维生素 C 及卵磷脂都是常用的抗氧化剂或抗氧化助剂，同时又是良好的生理活性物质，与多不饱和脂肪酸具有协同功效。卵磷脂因其乳化功能常用于多不饱和脂肪酸制品。另外，茶多酚、黄酮类化合物也是有效的抗氧化物质，同时具有一定的保健功能。

除使用抗氧化剂等外，多不饱和脂肪酸如 EPA、DHA 等常被制成胶囊形式，进一步降低光线、氧气等的影响，防止多不饱和脂肪酸的快速氧化酸败，延长其货架期。

ω-3 和 ω-6 两个系列多不饱和脂肪酸的摄取应有一定比例。我国营养学会推荐成人每天摄入膳食脂肪供能占总能量的 25%~30%为宜，脂肪中各种脂肪酸的合理比例应为饱和脂肪酸：单不饱和脂肪酸：多不饱和脂肪酸等于或接近于 1（≤1）：1：1。我国《食品安全国家标准　婴儿配方食品》（GB 10765—2021）中对亚油酸和 α-亚麻酸比例规定为（5：1）~（15：1）。世界其他国家也有推荐或建议的比例：美国对成人（ω-6）：

（ω-3）规定为（8：1）~（10：1）；澳大利亚对成人（ω-6）：（ω-3）规定为 9：1（蒋瑜等，2016）。

（二）富含多不饱和脂肪酸的油脂

1. 红花油

红花油是已知植物油中含亚油酸最高的油脂，是很好的亚油酸来源，营养价值也较高。30%红花油与 70%米糠油混合食用对降低人体血清中的胆固醇有明显作用，故称红花油为“健康营养油”。红花油制备工艺是机榨或浸出，国外普遍把红花油制成人造奶油、蛋黄酱及色拉油供人们食用。红花油的颜色很浅，加热后即可漂白，是制造高级白色涂料的上好原料，还可以制备油漆和制备不发黄的醇酸树脂。

红花油能明显降低血清总胆固醇和甘油三酯水平，对降低动脉硬化风险有较明显的效果。中医理论上还有活血、通经、止痛功效。

2. 月见草油

月见草油主要来自月见草种子，经低温压榨而来，天然的月见草油呈淡黄色，约含有 90%的不饱和脂肪酸，其中含量最多的是亚油酸（70%），其次为 γ-亚麻酸（7%~10%）。由于亚油酸与 γ-亚麻酸皆属极不饱和脂肪酸（含较多的双键），容易与空气作用而氧化变质。因此，月见草油多半会添加少量的维生素 E 作为稳定品质的抗氧化剂。

月见草油主要功能如下。

（1）降血脂。月见草油静脉制剂能显著降低糖尿病患者的血清总胆固醇和甘油三酯，并且 HDL-C 有极显著上升。月见草油及其钠盐虽能显著降低脂肪肝中甘油三酯的含量，但其钠盐的作用却具有剂量依赖性。

（2）降血糖。糖尿病病理生理学研究证明，糖尿病患者葡萄糖-6-磷酸脱氢酶活性降低，亚油酸转化为 γ-亚麻酸发生障碍，使前列腺素（PGE）形成减少，而体内前列腺素不足可直接导致机体组织对胰岛素敏感性降低，使糖尿病加重。适当地给予机体月见草油，可以不依赖葡萄糖-6-磷酸脱氢酶催化亚油酸的衍变，直接获取大量的亚麻酸-前列腺素前体，使空腹血糖显著降低，总有效率达 78.27%。

（3）抗氧化。月见草油可明显抑制乙醇诱导的小鼠肝脏脂质过氧化作用，显著增强正常小鼠血中过氧化氢酶（CAT）的活力。

3. 玉米（胚芽）油

玉米（胚芽）油又称粟米油，它是从玉米胚芽中提炼出的油，是一种很好的制造食用油的原料。玉米（胚芽）油中的不饱和脂肪酸含量高达 80%~85%。

玉米（胚芽）油脂肪酸的成分主要是亚油酸和油酸，其中亚油酸占油脂总量的 50%以上。亚油酸是人体自身不能合成的必需脂肪酸，具有降低人体胆固醇、降血压、软化血管、增强人体肌肉和心脏及心血管系统的功能，改善动脉硬化、降低心脏病发生风险等作用，还可以缓解人体前列腺病的发作和皮炎的发生。

玉米（胚芽）油富含维生素 A、维生素 D、维生素 E，儿童易消化吸收。如果能给儿童同时补充维生素 B_2 和维生素 E，可提升儿童耐受寒冷的能力。玉米（胚芽）油本身不含有胆固醇，它对于血液中积累的胆固醇具有溶解作用，故能改善血管硬化，对老年性疾病如动脉硬化、糖尿病等具有积极的改善作用。由于天然复合维生素 E 对心脏疾病、血栓性静脉炎、生殖功能类障碍、肌萎缩症、营养性脑软化症均有明显的调节作用，在欧美国家，玉米（胚芽）油被作为一种高级食用油而广泛食用，享有“健康油”“放心油”等美称。

玉米（胚芽）油中尤以亚油酸为佳，不但有强身健体作用，而且有很好的营养皮肤的作用，是皮肤滋润、充盈不可缺少的营养素。此外，玉米（胚芽）油中还含有丰富的维生素 E 等营养成分，不仅具有美容养颜功效，还具有健体作用。

4. 小麦胚芽油

小麦胚芽油又称生育酚，是从小麦胚芽中提取的天然植物油，包含 α-生育酚、β-生育酚、γ-生育酚、δ-生育酚、α-生育三烯酚、β-生育三烯酚、γ-生育三烯酚、δ-生育三烯酚。小麦胚芽油主要成分是亚油酸、油酸和亚麻酸等不饱和脂肪酸，占总量的 80%以上，其中对人体最重要的必需脂肪酸——亚油酸的含量在 50%以上。亚油酸可降低血液中的脂质浓度和胆固醇含量，改善动脉粥样硬化、高血压或糖尿病，并可调节人体代谢，增强人体活力等。

小麦胚芽油中维生素 E 含量为植物油之冠（最低含量 2IU/g），已被公认为一种颇具营养保健作用的功能性油脂。维生素 E 具有抗氧化、减缓人体器官老化、提高人体免疫力及促进血液循环作用。

小麦胚芽油还含有一种宝贵的抗疲劳成分二十八碳醇。二十八碳醇对人体具有众多的生理活性，具有增强体力、耐力、爆发力，提高肌力，改善肌肉功能，改善反射性、灵活性等作用。

（三）磷脂

生物体内除油脂以外，还含有类似油脂的物质，对细胞的生命功能起重要作用，统称为类脂。类脂中主要的是磷脂、糖脂和固醇等。其中，磷脂为含磷的单脂衍生物，分为甘油磷脂及神经鞘磷脂两类，前者为甘油酯衍生物，后者为神经氨基醇酯衍生物。

甘油磷脂由甘油、脂肪酸、磷酸和其他基团（如胆碱、氨基乙醇、丝氨酸、脂性醛基、脂酰基或肌醇等的一或两种）组成，是磷脂酸的衍生物。甘油磷脂包括卵磷脂、脑磷脂（丝氨酸磷脂和氨基乙醇磷脂）、肌醇磷脂、缩醛磷脂和心肌磷脂。

神经鞘磷脂是神经醇、脂肪酸、磷酸与胆碱组成的脂质。神经鞘磷脂与甘油磷脂由于醇基不同，结构也不同，其脂肪酸与氨基相连。神经鞘磷脂也被称为非甘油磷脂。

磷脂是构成人体和许多动植物组织的重要成分，在生命活动中发挥着重要的功能作用，可用于改善动脉粥样硬化症、高血压、高胆固醇血症、肝功能障碍、肥胖等症状。

1. 磷脂的生理功能

（1）促进神经传导，提高大脑活力：乙酰胆碱是由胆碱和乙酸反应生成的。食物中的磷脂被机体消化吸收后释放出胆碱，随血液循环至大脑，与乙酸结合生成乙酰胆碱。当大脑中乙酰胆碱含量增加时，大脑神经细胞之间的信息传递速度加快，记忆功能得以增强，大脑的活力也明显提高。因此，磷脂和胆碱可促进大脑组织和神经系统的健康完善，提高记忆力，增强智力。

（2）降低血清总胆固醇、改善血液循环：磷脂（特别是卵磷脂）具有良好的乳化特性，能阻止胆固醇在血管内壁的沉积并清除部分沉积物，同时改善脂肪的吸收与利用，因此有助于预防心血管疾病。磷脂具有乳化性，能降低血液黏度，促进血液循环，改善血液供氧，延长红细胞生存时间并增强造血功能。补充磷脂后，血色素含量增加，贫血症状有所减轻。磷脂可作为胆碱供给源，改善神经功能；促进脂肪及脂溶性维生素的吸收；还可作为花生四烯酸供给源等。

（3）促进脂肪代谢，防止脂肪肝：磷脂中的胆碱对脂肪有亲和力，可促进脂肪以磷脂形式由肝脏通过血液输送出去或改善脂肪酸本身在肝中的利用，并防止脂肪在肝脏里的异常积聚。

（4）调整生物膜的形态和功能：生物膜是细胞表面的屏障，也是细胞内外环境进行物质交换的通道。磷脂在生物膜中以双分子层排列构成膜的基质。双分子层的每一个磷脂分子都可以自由横向移动，使双分子层具有流动性、柔韧性、高电阻性及对高极性分子的不通透性。膜上有许多酶系统，可发生一系列的生物化学反应，膜的完整性受到破坏时将出现细胞功能上的紊乱。当生物膜受到自由基的攻击而损伤时，磷脂可重新修复被损伤的生物膜。

2. 重要的磷脂

1）大豆磷脂

（1）大豆磷脂主要成分：普通“糊状大豆磷脂”中的磷脂类约占 50%，糖脂类约占 13%，中性油脂约占 36.8%。高纯度粉状大豆磷脂中的磷脂类约占 82.5%，糖脂类约占 15%，中性油脂约占 2.5%。

在磷脂组分中，主要起生理作用的是磷脂酰胆碱（PC），因此，提高磷脂商品中 PC 的含量，就成了提高其生理作用的关键。为此，国际上生产了各种 PC 含量不同的商品，其名称以“PC××”命名。

纯净的大豆磷脂是无臭无味的，在常温下为一种白色的固体物质，当与油脂共同存在时呈淡黄色至黄棕色，并呈可塑性及流动性。大豆磷脂根据其组分的不同分为卵磷脂、脑磷脂、神经鞘磷脂、肌醇磷脂和磷脂酸等。大豆磷脂是大豆油加工过程中的副产物，大豆磷脂的组成如表 2-7 所示。

表 2-7　大豆磷脂的组成及含量

组成	含量（%）		
	低	中	高
PC	12.0~21.0	29.0~39.0	41.0~46.0
磷脂酰乙醇胺	8.0~9.5	20.0~26.3	31.0~34.0
磷脂酰肌醇	1.7~7.0	13.0~17.5	19.0~21.0
磷脂酸	0.2~1.5	5.0~9.0	14.0
磷脂酰丝氨酸	0.2	5.9~6.3	—
溶血磷脂酰胆碱	1.5	8.5	—

续表

组成	含量（%）		
	低	中	高
溶血磷脂酰肌醇	0.4~1.8	—	—
溶血磷脂酰丝氨酸	1.0	—	—
溶血磷脂酸	1.0	—	—
植物糖脂	—	14.3~15.4	29.6

（2）大豆磷脂功能：大豆磷脂可增强机体的免疫功能，提高机体防病、抗病能力。大豆磷脂中含有多种人体必需的营养素，摄入体内后不仅可以释放出多种营养素，还能为机体提供能量。

大豆磷脂具有促进和改善脂肪的吸收与利用的功能。磷脂具有良好的乳化性和分散性，它能将进入动物小肠内的脂肪进一步分散，增大脂肪与肠黏膜的接触面积，增加吸收机会，从而提高脂肪的吸收和利用。磷脂不仅提高机体对脂肪的消化率，同时还提高有机质的利用，磷脂的乳化和分散性对增强营养成分如蛋白质、维生素、碳水化合物等的全面吸收有明显的作用。

大豆磷脂还被广泛应用于食品工业中，最初被用于乳化人造黄油或降低巧克力黏度，后来被用于制作许多粉末状食品，以便使产品迅速溶解和润湿。含有磷脂的速溶蛋白粉能与肉类迅速彻底地混合，增强起酥性。

（3）大豆磷脂在保健食品方面的应用。

① 肝脏的“保护神”。磷脂中的胆碱对脂肪有亲和力，若体内胆碱不足，则会影响脂肪代谢，造成脂肪在肝内积聚，形成脂肪肝，甚至会出现肝部发炎肿胀。卵磷脂不但能抑制脂肪肝，还能促进肝细胞再生，同时磷脂可降低血清总胆固醇的含量，降低肝硬化风险，并有助于肝功能的恢复。

② 血管的“清道夫”。卵磷脂具有乳化、分解油脂的作用，可改善血清脂质，清除过氧化物，增进血液循环，明显降低血清甘油三酯、总胆固醇（TC）含量，提高 HDL 含量，减少脂肪在血管内壁的滞留时间，促进粥样硬化斑的消散，延缓由胆固醇引起的血管内膜损伤，可降低动脉硬化风险。

PC 是唯一一种经过大量临床验证具有肝脏解毒与保护功能的营养素。PC 是维持肝脏正常功能的必需物质，可以有效改善由乙醇引发的各种肝脏疾病，降低肝硬化风险。

③ 糖尿病患者的营养品。卵磷脂不足会使胰脏功能下降，无法分泌充足的胰岛素，不能有效地将血液中的葡萄糖运送到细胞中，这是导致糖尿病的主要原因。卵磷脂对于糖尿病患者的康复有显著作用，特别是对合并坏疽及动脉硬化等患者的症状有显著的改善作用。

④ 调节老年期痴呆。脑部的神经传导物质（乙酰胆碱）减少是引起老年期痴呆的主要原因，而胆碱是卵磷脂的基本成分，卵磷脂的充分供应将保证机体内有足够的胆碱合成乙酰胆碱，从而为大脑提供充分的信号转导物质，有效地防止老年期痴呆的发生。

⑤ 促进胎儿、婴儿神经发育。婴幼儿时期是大脑形成发育最关键的时期，卵磷脂可以促进大脑神经系统与脑容积的增长、发育。正常情况下，妊娠期妇女体内的羊水中含有大量的卵磷脂。人体脑细胞约有 150 亿个，其中 70%早在母体中就已经形成。

⑥ 有效地化解胆结石。体内胆固醇过多会发生沉淀，从而形成胆结石。胆汁中的主要成分是卵磷脂，卵磷脂有助于多余胆固醇的分解、消化及吸收，从而使胆汁中的胆固醇保持液体状态。每天摄取一定量的卵磷脂可以有效地延缓胆结石的形成，对已形成的胆结石也能起到化解的作用。

2）蛋黄磷脂

（1）蛋黄磷脂主要成分：脱油后的蛋黄磷脂含有相对较多的 PC（可达 73%），而大豆、花生等磷脂 PC 含量一般仅 23%左右。

（2）蛋黄磷脂生理功能：蛋黄磷脂中的卵磷脂可将胆固醇乳化为极细的颗粒，这种微细的乳化胆固醇颗粒可透过血管壁被组织利用，而不会使血浆中的胆固醇增加。毋庸置疑，蛋黄卵磷脂是目前同类产品中营养价值最高的。

① 调节血脂。由于蛋黄磷脂中的主要成分是 PC，因此其生理作用也以 PC 的生理作用为主。PC 能够抑制血清甘油三酯和总胆固醇的形成，提高 HDL；能缓解血液凝集而澄清血脂；能将动脉细胞中的饱和脂肪酸转化为不饱和脂肪酸，以避免动脉血管的硬化并修复损伤细胞膜，从而降低动脉硬化、心肌梗死和脑溢血等发生的风险。

② 改善记忆。PC 中的胆碱能提高血液和脑中胆碱含量，胆碱是神经递质乙酰胆碱的前体，因而可以提高记忆和学习能力。

③ 改善肝炎、脂肪肝等肝脏脂质代谢障碍。PC 中胆碱是使肝脏保持正常功能的必要营养素。PC 能够促进脂蛋白的合成和再生，从而保护肝线粒体、微粒体和溶酶体的膜免受损伤，改善膜的渗透性，以保证肝脏中糖代谢、蛋白质代谢和废物排泄的功能。

④ 提高耐缺氧能力。在肺泡腔内存在着磷脂和蛋白质复合而成的肺表面活性剂，以保证肺换气功能，其中 PC 占 70%。PC 是改善肺功能、提高耐缺氧能力的有效物质。

五、条件必需氨基酸

参与人体蛋白质组成及代谢的氨基酸主要有 20 种，大致可以分为三类：必需氨基酸、条件必需氨基酸和非必需氨基酸。必需氨基酸是指非常重要，但人体不能自己合成，必须通过食物来摄取的氨基酸。在 20 种氨基酸中，有 8 种为必需氨基酸，分别是色氨酸、异亮氨酸、亮氨酸、赖氨酸、蛋氨酸、苯丙氨酸、苏氨酸和缬氨酸。组氨酸是 1 岁以内婴儿的必需氨基酸。人体合成精氨酸（*L*-Arg）、谷氨酰胺（Gln）、牛磺酸（Tau）的能力不足以满足自身的需要，需要从食物中摄取一部分，被称为条件必需氨基酸（半必需氨基酸）。

1. 精氨酸

精氨酸主要在肾脏合成，部分来自瓜氨酸代谢。精氨酸是备受关注的具有药理学作用的氨基酸，在体内参与能量代谢中的三羧酸循环及具有解毒作用的尿素循环，促使机体能量平衡，促进有毒物质排出体外，因此它常被用来清除肾脏毒素。另外，它具有多种作用，如辅助降低胆固醇、辅助降血压、辅助降血糖和提高免疫力等。精氨酸还有许多重要的生理功能，如下所述。

（1）在糖尿病患者心肌自由基损伤中起保护作用，精氨酸可提高一氧化氮（NO）水平，从而刺激胰岛素分泌，因此它常被用于糖尿病患者的辅助治疗。

（2）精氨酸是机体内运输和储存氮的重要载体，在肌肉代谢中极为重要，精氨酸已确认具有增强肌肉的作用。精氨酸的免疫调节功能能防止胸腺退化，还能刺激垂体分泌生长激素，促进生长和提高机体免疫功能；与谷氨酸配伍具有改善中枢神经系统和肝功能的作用；对缺血性心脏病的治疗有一定的辅助作用；可改善智力发育迟缓。精氨酸的重要代谢功能是促进胶原组织的合成，对伤口有愈合作用，故能修复伤口。

2. 谷氨酰胺

谷氨酰胺（Gln）是机体内含量最高的游离氨基酸，占总游离氨基酸的25%~60%。肌肉中Gln浓度较高，占细胞内游离氨基酸的一半多。30%~35%的Gln存在于血液中，是血液中最丰富的氨基酸，约占全血氨基酸的20%，在血液中和细胞间可自由交换。体内具有快速增殖特征的细胞，如肠黏膜细胞、免疫细胞、成纤维细胞等，对Gln有很高的摄取率。最初的研究认为，Gln作为一种营养素可修复肠上皮，维持肠屏障功能，抑制肠道细菌和毒素易位，减少肠源性感染。免疫营养的研究进展表明，Gln可被不同的免疫组织利用。在人体发生创伤和脓毒血症时，淋巴细胞、巨噬细胞等对Gln的需求增加，致使机体对这一营养素的需求量超过其产出量，血和组织中Gln浓度下降，低浓度的Gln使组织不能正常发挥功能，对免疫组织影响尤甚。Gln的生理功能如下。

（1）对免疫组织的营养作用。Gln是合成氨基酸、蛋白质、核酸和许多其他生物分子的前体，在肝、肾、小肠和骨骼肌中起重要的调节作用，是生长迅速细胞的主要能源。

（2）对胰脏组织的营养作用。Gln能显著增加胰脏重量、DNA含量和蛋白质含量，也可增加总的胰蛋白酶原和脂酶含量，并促使胰腺泡增生。

（3）增强机体的免疫功能。Gln具有重要的免疫调节作用，它是淋巴细胞分泌、增殖及其功能维持所必需的。作为核酸生物合成的前体和主要能源，Gln可促使淋巴细胞、巨噬细胞的有丝分裂和分化增殖，增加细胞因子TNF、IL-1等的产生和磷脂的mRNA合成。Wallace研究发现，创伤、感染、手术后血浆Gln浓度下降，导致巨噬细胞的吞噬能力及产生IL-1的能力减退，进而损害机体的免疫功能。提供外源性Gln可明显增加危重患者的淋巴细胞总数、T细胞和循环中CD4/CD8，增强机体的免疫功能。

（4）在胃肠道的应用。Gln可为肠黏膜细胞提供能源物质，是蛋白质的氮源供体，可改善肠血流供应。补充Gln可促进大部分小肠切除后的肠道代偿，维持DNA和蛋白质含量，有利于消化道黏膜厚度的维持，延缓肠外营养支持引起的肠道和胰腺萎缩，改善短肠综合征。

3. 牛磺酸

牛磺酸属于一种氨基磺酸，早在1872年就被研究者从牛的胆汁中发现并分离出来，因此而得名。在自然界中，牛磺酸广泛分布于动物体内各组织器官中，在脑、心、肝、肾、骨骼、肌肉、血液等部位含量颇丰，不同动物体内牛磺酸的含量也各不相同。其生理功能如下。

（1）牛磺酸在肝脏中与胆汁酸结合形成牛磺胆酸，促进胆固醇向胆汁转化，从而发挥降血脂作用，同时降低了次级胆酸的毒性。

（2）牛磺酸是机体吸收脂类和钙所必需的，可影响心肌收缩力。牛磺酸对钙离子有调节作用，从而对应激性损伤的心肌细胞起保护效应。

（3）牛磺酸具有保护视网膜的作用，是维持感光细胞结构的必需营养素。

（4）牛磺酸具有解毒功能，可减轻醛、氯、四氯化碳、松香油、细菌内毒素等对机体组织的损伤。

（5）牛磺酸对胃黏膜的保护效应。乙醇对胃黏膜有损伤作用，随乙醇作用时间延长，黏膜的损伤加重，而牛磺酸可明显降低胃黏膜损伤程度。

（6）牛磺酸是一种重要的内源性抗氧化剂，具有强大的自由基清除能力，能降低应激性心肌损伤的风险，延缓心血管疾病的发生。

（7）牛磺酸能改善及延缓糖尿病及其并发症的临床症状，改善患者生存质量。

（8）牛磺酸能促进神经细胞的分化成熟，对胎儿和新生儿的神经系统发育尤为重要。

需要注意的是，牛磺酸的合成需要维生素 B_6 的参与，解毒功能在锌的配合下会更好。如果饮食中缺乏这两种营养素，会影响牛磺酸的功效。

六、功能性甜味剂

糖醇类是糖类的醛基或酮基经镍催化氢化而被还原成羟基所得的一种功能性甜味剂，重要的有木糖醇、山梨糖醇、甘露醇、麦芽糖醇、乳糖醇、异麦芽酮糖醇等。

糖醇类具有以下生理功能。

（1）在人体的代谢过程中与胰岛素无关，不会引起血糖值和血中胰岛素的波动，可用作糖尿病和肥胖患者的特定食品。

（2）可抑制引起龋齿的变异链球菌的生长繁殖，不造成新龋齿及阻止原有龋齿的继续发展。

（3）有类似于膳食纤维的功能。

但糖醇类在大剂量服用时，一般都有缓泻作用，故美国等规定在所加食品的标签上标明“过量可致缓泻”字样。

1. 木糖醇

由于木糖醇能被人体代谢，作为能源供给人体吸收，所以是一种理想的营养性甜味剂，木糖醇和其他天然的营养性甜味剂的相对甜度比较如下：蔗糖 100、麦芽糖 36、木糖醇 105、甘露醇 55、葡萄糖 69、转化糖 95、山梨醇 48、木糖 67、果糖 120、乳糖 39。

相对甜度比较是指以一定浓度蔗糖水为标准，在 20℃用不同浓度其他甜味剂与之比较，获得的以蔗糖表示的甜度值。但是由于浓度、温度等的影响，甜度也会有变化。例如，在浓度高于 10%时，木糖醇比相同的蔗糖溶液甜度要高；当浓度低于 1.0%时，木糖醇的甜度不及蔗糖。当水溶液中有其他盐类时，也会改变其甜度，当木糖醇甜食含有 0.06%的食盐时，显示有较高的甜度。温度升高也会影响甜度，如冲一杯热的甜咖啡要用 13g 木糖醇代替 10g 蔗糖。

木糖醇具有和蔗糖相似的甜度，外形亦相似，具有某些食糖的属性，所以能作为食品加工的甜味剂。木糖醇的主要生理特性如下。

（1）清凉感。木糖醇在嘴里能产生一种天然的清凉感，这是由于木糖醇比蔗糖的溶解热几乎大 10 倍，即木糖醇溶解时，吸收大量的热，使介质温度降低。所以在各种食品中，加入木糖醇结晶以后，吃起来会感到清凉，可以增强薄荷、留兰香等食品的风味。但木糖醇溶解后制成的饮料，饮用时没有清凉感。

（2）加热不产生美拉德反应。蔗糖在受热时，会和氨基酸产生美拉德反应，生成褐色并有焦糖味的物质。而木糖醇则不会和氨基酸发生反应，在食品加工过程中比较稳定，对某些需保持浅色的食品，以木糖醇代替蔗糖，有特别的意义。

（3）吸湿性。纯粹的蔗糖较少有吸湿性，但木糖醇则在不同的相对湿度下有不同的吸湿性。由于木糖醇有吸湿性，故不适于制备脆和干的食品。

（4）不易发酵，是微生物的不良培养基。由于木糖醇具有这一特性，故所制食品储存期能延长。例如，果酱储存期短，容易败坏，如果用木糖醇代替蔗糖作果酱，果酱则可储存较长的时间。

2. 乳糖醇

乳糖醇又名乳梨醇，化学名为 4-*β*-*D*-吡喃半乳糖-*D*-山梨醇。乳糖醇呈白色结晶或结晶性粉末，或无色液体，具有类似蔗糖的甜味、口感凉爽、无回味。本品无臭、味甜，甜度为蔗糖的 30%~40%，热量约为蔗糖的一半，稳定性高、不吸湿。熔点：无水物为 146℃，一水物为 94~97℃，二水物为 70~80℃。水合物加热至 100℃以上逐渐失去水分，250℃以上发生分子内脱水生成乳焦糖。乳糖醇的主要生理特性如下。

（1）低热量。乳糖醇有较低的热量，在小肠中不能被消化吸收，而在大肠中被微生物发酵利用并分解出短链脂肪酸及其他发酵产物，其释放的纯热量仅为一般糖类的 50%，这样可将乳糖醇单独或与其他甜味剂混合，代替蔗糖制成低热值保健食品。

（2）减少肥胖。高脂肪食物和蔗糖等物的摄取，会刺激血液中胰岛素的分泌，提高脂肪组织中核蛋白酶的活性，从而促进细胞中中性脂肪的积蓄。乳糖醇的摄取不会引起胰岛素的上升，不会增加核蛋白酶的活性，用低热量且不会刺激胰岛素上升的乳糖醇代替蔗糖是有益的。

（3）适合糖尿病患者食用。摄入乳糖醇不会使血糖值升高，也不会刺激胰岛素的分泌。

（4）不造成龋齿。同蔗糖相比，乳糖醇几乎不会引起牙齿蚀斑。乳糖醇不会被口腔内的微生物发酵产生酸，而这类酸可通过去离子作用破坏牙齿的珐琅质，产生龋齿，所以用乳糖醇制作的保健食品不造成龋齿。

（5）促进毒素排出。乳糖醇经肠内菌丛的发酵、分解、氧化后，形成乙酸、丙酸、丁酸、乳酸、二氧化碳、氢气等使肠内 pH 降低，并与氨形成难以被肠壁吸收的铵盐，随粪便排出体外。肠内酸性环境能促进钙离子的吸收，还能使体内有害、有毒物质，如尿素氮、脑内单胺类物质、亚硝胺类致癌物质等排出体外。

（6）双歧增殖因子。乳糖醇可使肠道中双歧杆菌增殖 10~100 倍。乳糖醇进入大肠后，尤其在结肠部末端，易被微生物分解、利用。这类微生物有双歧杆菌、乳酸杆菌、拟杆菌、消化球菌、真菌等，其中以双歧杆菌最为突出，它们能促进对乳糖醇的利用，自身也得到营养和繁殖。乳糖醇进入大肠后，可使对人体有益的菌种占优势，抑制其他致病菌如金黄色葡萄球菌、变形杆菌、铜绿假单胞菌等的生存。大量繁殖的双歧杆菌及其他有益菌群，形成一道天然防线，以抵御外来致病菌的入侵。这些微生物还能促进肠道内维生素和氨基酸等物质的合成，改善胃肠道的功能，帮助消化和吸收，激活、增强人体免疫功能。

3. 麦芽糖醇

麦芽糖醇是麦芽糖经高压氢化制得的，是较早应用的低甜味、低热量的糖醇之一。麦芽糖醇的主要生理特性如下。

（1）非致龋齿性。由于麦芽糖醇不是产生酸的基质，不会被细菌利用合成不溶性聚糖。

（2）促进钙吸收。麦芽糖醇有促进肠道对钙吸收的作用和增加骨量及提升骨强度的性能。

（3）不升高血糖、不刺激胰岛素分泌。麦芽糖醇在人体内的水解速度很慢，所释放出的葡萄糖不足以引起血糖水平的波动，同时人体对其水解释放出的山梨醇的吸收更为缓慢，在某种程度上还会抑制其对葡萄糖的吸收。因此，人体摄入麦芽糖醇后的血糖水平和血液胰岛素水平增加幅度很小，可供糖尿病患者食用。

（4）抑制体内脂肪过多积聚。若麦芽糖醇替代砂糖制造如冰淇淋、蛋糕之类的高脂肪食品，由于不会刺激胰岛素分泌，可以减少体内脂肪的过度积聚。

（5）难消化性。麦芽糖醇在人体内几乎不能被唾液、胃液、小肠酶等分解，除肠内细菌可利用一部分外，其余被排出体外。

（6）脂肪替代品。麦芽糖醇可用作脂肪替代品，以生产低热量食品，其味道与脂肪一样。高热量脂肪被低热量麦芽糖醇所替代，保持了与高热高脂食品相当的风味。

4. 异麦芽酮糖醇

异麦芽酮糖醇俗称帕拉金糖醇，是葡萄糖与果糖以 α-1,6 键结合的双糖。异麦芽酮糖醇摄取后不会引起血清葡萄糖和胰岛素水平波动，故可供糖尿病患者食用，亦为肥胖患者和减肥人士提供了食品甜味剂。本品主要用于冷饮类、糕点、浓缩果汁、糖果蜜饯、果酱类、配制酒、饼干、面包等。

5. 山梨糖醇

山梨糖醇别名山梨醇，分子式是 $C_6H_{14}O_6$，分子量为 182.17。山梨糖醇易溶于水，微溶于乙醇和乙酸；有清凉的甜味，甜度约为蔗糖的一半。山梨糖醇的主要作用如下。

（1）营养性甜味剂、湿润剂、螯合剂和稳定剂。山梨糖醇是一种具有保湿功能的特殊甜味剂。在人体内不转化为葡萄糖，不受胰岛素的控制，适合糖尿病患者使用。还可作消泡剂，用于制糖工艺、酿造工艺和豆制品工艺，按生产需要适量使用，也可用于葡萄干保湿，酒类、清凉饮料的增稠、保香，以及用于糖果和口香糖。

（2）用作牙膏、化妆品、烟草的调湿剂。山梨糖醇是甘油的代用品，保湿性较甘油缓和，口味也较好，可以和其他保湿剂并用，以求得协同的效果。

（3）山梨糖醇是生产维生素 C 的原料，经发酵和化学合成可制得维生素 C；山梨糖醇也可用作工业表面活性剂的原料，用它生产司盘和吐温类的表面活性剂；以山梨糖醇和环氧丙烷为原料，可以生产具有一定阻燃性能的聚氨酯硬质泡沫塑料；山梨糖醇经过硝化生成的失水山梨糖醇酯是治疗冠心病的药物。

6. 甘露醇

甘露醇又名甘露糖醇，分子式为 $C_6H_{14}O_6$，分子量为 182.17。甘露醇无臭，具有清凉甜味，甜度为蔗糖的 57%~72%，每克产生的热量，约为葡萄糖的一半。本品吸湿性小，对稀酸、稀碱稳定，不被空气中氧氧化。本品溶于水及甘油，略溶于乙醇，几乎不溶于大多数其他常用有机溶剂。天然品广泛存在于植物的叶、茎、根等中，如海藻、柿饼表面的白粉即为甘露醇，在食用菌类、地衣类、洋葱及胡萝卜等中含量亦较多。甘露醇的主要作用如下。

（1）在食品方面，不是保湿剂，非常容易结晶，微溶，可以作为糖果的包衣；具有爽口的甜味，用作麦芽糖、口香糖、年糕等食品的防粘粉，以及用作一般糕点的防粘粉。甜度为蔗糖的 65%，被用于不含糖的巧克力、咬嚼的薄荷糖、止咳糖及硬糖和软糖等。

（2）甘露醇注射液作为高渗透降压药，是抢救脑部疾病患者常用的一种药物，具有降压快、疗效准确的特点。

（3）作为片剂用赋形剂，甘露醇无吸湿性，干燥快，化学稳定性好，而且具有爽口、造粒性好等特点，用于制造抗癌药、抗菌药、抗组胺药及维生素等大部分药物的片剂。

七、自由基清除剂

自由基具有高度的化学活性，是人体生命活动中多种生化反应的中间代谢产物。通常情况下，自由基具有调节细胞间的信号传递和细胞生长、抑制病毒和细菌的作用；促进前列腺素的合成；参与脂肪加氧酶的生成；参与肝脏的解毒作用；参与凝血酶原的合成；使血管壁松弛而降血压；参与胶原蛋白的合成；增强白细胞的吞噬功能，提高杀菌效果。但自由基产生过多，会攻击生命大分子物质及各种细胞器，造成机体在分子水平、细胞水平及组织器官水平的各种损伤，加速机体的衰老进程并诱发各种疾病。

1. 自由基分类

人体内的自由基分为氧自由基和非氧自由基。氧自由基占主导地位，大约占自由基总量的 95%。超氧阴离子（O_2^-）、过氧化氢分子（H_2O_2）、羟自由基（OH·）、氢过氧基（HO_2·）、烷过氧基（ROO·）、烷氧基（RO·）、氮氧自由基（NO·）、过氧亚硝酸盐（$ONOO^-$）、氢过氧化物（ROOH）和单线态氧（$^1O_2$）等又统称为活性氧（reactive oxygen species，ROS），都是人体内很重要的自由基。非氧自由基主要有氢自由基（H·）和有机自由基（R·）等。

2. 自由基与疾病的关系

（1）自由基与衰老。自由基能促使体内脂褐素生成，脂褐素在皮肤细胞中堆积即形成老年斑；在脑细胞中堆积，会引起记忆力减退或智力障碍，甚至出现老年期痴呆。自由基还可导致老年人皮肤松弛、皱纹增多、骨质再生能力减弱等，还会引起视网膜病变，诱发老年性视力障碍（如目眩、白内障）。自由基还可引起器官组织细胞老化和死亡。老年人记忆力下降、动作迟钝及智力障碍的一个重要原因，是过多的自由基导致神经细胞数量大量减少。

（2）自由基与心血管疾病。自由基可使 LDL 氧化，引起血小板聚集、血栓形成、平滑肌细胞增生，造成血管内膜和内皮细胞损伤，导致动脉粥样硬化形成。动脉硬化则可进一步诱发脑血管疾病、冠心病等其他严重的疾病。

（3）自由基与癌症。自由基能作用于脂质产生过氧化产物，而这些过氧化产物能使 DNA 正常序列发生改变，引起基因突变，导致细胞恶性突变，产生肿瘤。一些致癌物也是通过在体内代谢活化形成自由基，并攻击 DNA 而致癌的。

（4）自由基与免疫系统。自由基能引起淋巴细胞损害，造成人体免疫功能下降，对疾病的抵抗能力下降，导致自身免疫性疾病。此外，自由基与胃炎、消化性溃疡、原发性肾小球疾病、糖尿病、支气管哮喘、肺气肿、帕金森病等疾病都有着密切的关系。因此，及时清除体内过多的自由基，减少自由基的堆积和过氧化反应的产生，可起到防御自由基的损害、抵抗疾病的作用。

3. 自由基清除剂

自由基清除剂分为非酶类清除剂和酶类清除剂。非酶类清除剂主要有维生素 E、维生素 C、β-胡萝卜素、微量元素硒等。酶类清除剂主要有 SOD、CAT 和谷胱甘肽过氧化物酶（GPX）等。

正常情况下，体内有多种清除氧自由基的酶和抗氧化剂，能清除代谢过程中产生的氧自由基。尽管如此，体内仍然存在一些氧自由基引起的损伤。在生物进化过程形成了另一道防护体系——修复体系，它能修复氧自由基所造成的损伤。一旦氧自由基产生过多或抗氧化剂活性下降、修复体系受损，则需从外源补充自由基清除剂。

应用自由基清除剂时，有三个问题需要注意：一是自由基清除剂只有在足够浓度时才起作用；二是自由基清除剂只有在产生自由基的位置附近才能起作用；三是自由基清除剂与自由基反应后本身往往变成了新的自由基，其毒性或活泼性应小于原来自由基才能起防护作用。

除抗氧化酶（如 SOD、GPX、CAT）和抗氧化剂（如维生素 E、维生素 C、维生素 A、硒、辅酶 Q、谷胱甘肽、半胱氨酸）以外，许多种中草药（如人参、三七、黄芪、五味子、枸杞、丹参、甘草、何首乌、绞股蓝、灵芝、赤芍、附子、女贞子、黄精、丹皮、金樱子、茯苓、麦冬、肉桂、黄芩、白术、苍术、虎杖、当归、川芎、淫羊藿等）其本身或其所含成分有抗氧化、清除自由基的作用。一些保健方剂（如清宫寿桃丸、百年乐、龟龄集、参鳖补膏、回春胶囊、活力苏）等亦有此作用。

1）SOD

SOD 分为 Cu/Zn-SOD（蓝绿色）、Mn-SOD（粉红色）、Fe-SOD（黄褐色）。

SOD 的生理功能主要如下。

（1）清除体内产生的过量超氧阴离子，保护 DNA、蛋白质和细胞膜免遭超氧阴离子的破坏作用，减轻因自由基损害生命大分子而引起的症状，如减少老年斑的形成等。

（2）提高人体对自由基诱发因子的抵抗力，增强机体对烟雾、辐射、有毒化学品及医药品的适应性。

（3）SOD可以作为老年心肺慢性疾病的监测指标。动脉粥样硬化性心脏病和慢性阻塞性肺疾病患者血清中SOD活性降低。

（4）用SOD治疗自身免疫病，从而有效抑制患者淋巴细胞染色体的断裂速度，这种方法应用于硬皮病、红斑狼疮、慢性关节炎、出血性直肠炎和皮肤炎等疾病，效果都不错。

（5）癌症放疗既能杀死癌细胞，又会杀死正常组织细胞。如在放疗时提高正常组织中SOD的含量就可以有效抑制放射线对正常组织的损伤。

（6）消除疲劳，增强对超负荷大运动的适应力。

2）CAT

CAT是另一种酶类清除剂，又称为触酶，是以铁卟啉为辅基的结合酶。它可促使H_2O_2分解为分子氧和水，清除体内的H_2O_2，从而使细胞免于遭受H_2O_2的毒害，是生物防御体系的关键酶之一。CAT作用于H_2O_2的机制实质上是H_2O_2的歧化，必须有两个H_2O_2先后与CAT相遇且碰撞在活性中心上，才能发生反应。H_2O_2浓度越高，分解速度越快。

3）GPX

GPX是在哺乳动物体内发现的第一个含硒酶。在正常条件下，大部分活性氧被机体防御系统所清除，但当机体产生某些病变时，超量的活性氧就会对细胞膜产生破坏。机体消除活性氧的第一道防线是SOD，它将活性氧转化为H_2O_2和水，第二道防线是CAT和GPX。CAT可清除H_2O_2，而GPX分布在细胞的胞液和线粒体中，消除H_2O_2和氢过氧化物。因此，GPX、SOD和CAT协同作用，共同消除机体活性氧，减轻和阻止脂质过氧化作用。

八、营养素补充剂及其他新食品原料

纳入保健食品管理的营养素补充剂由一种或多种维生素或矿物质组成，其作用是补充膳食供给的不足，预防营养缺乏和降低某些慢性退行性疾病的风险。营养素补充剂的营养素原料一般应为《食品安全国家标准 食品营养强化剂使用标准》（GB 14880—2012）中的品种。含有三种及三种以上维生素、矿物质的营养素补充剂，可称为复合或多种营养素补充剂。

批准的营养素补充剂不得以提供能量为目的，只能宣传补充某种营养素，不得声称具有其他特定保健功能。由于过量摄入脂溶性维生素、微量元素等营养素具有明显的毒性作用，所以营养素补充剂的推荐量一般要求控制在我国居民营养素推荐摄入量（RNI，中国营养学会公布）的1/3~2/3水平，补充的营养素应为中国居民缺乏的营养素。

新资源食品或称为新食品，是指在我国新研制、新发现、新引进的无传统食用习惯的，具有食品特性，符合应有的营养要求，且无毒、无害，对人体健康不造成任何急性、亚急性、慢性或者其他潜在性危害的食品。2013年10月1日实施的《新食品原料安全性审查管理办法》规定，新食品原料是指在我国无传统食用习惯的以下物品：①动物、植物和微生物；②从动物、植物和微生物中分离的成分；③原有结构发生改变的食品成分；④其他新研制的食品原料。从此，新食品原料的说法代替了新资源食品的说法。

新食品原料与普通食品原料的区别在于在我国是否有传统食用习惯。新食品原料必须经过国家卫生健康委员会安全性审查才可用于食品生产经营。一个品种一次审查，所以新食品原料是有明确名单的，但新食品原料在一定条件下也可以转化成按普通食品原料管理。截至2020年6月，国家卫生健康委员会共公布了116种新食品原料名单。常见的新食品原料有玛卡粉、辣木叶、低聚木糖、透明质酸钠、叶黄素酯、蛹虫草、杜仲籽油、茶叶籽油、鱼油及提取物、金花茶、雪莲培养物、人参（人工种植）、茶树花、丹凤牡丹花等。

需要强调的是，保健食品可以使用新食品原料，但用新食品原料生产的食品大部分属于普通食品。

思 考 题

1. 我国可申报的保健食品功能有哪些？
2. 我国对保健食品原料和辅料有何要求？
3. 低聚果糖和低聚异麦芽糖的区别是什么？各有什么生理功能？
4. EPA、DHA、花生四烯酸各有何生理功能？
5. 查阅资料，谈谈某一种黄酮类或活性肽及活性蛋白质的功能和应用情况。
6. 保健食品的功能原料有哪些？
7. 磷脂和功能性甜味剂有哪些生理功能？
8. 什么是营养素补充剂和新食品原料？各有什么使用要求？
9. 试分析保健食品功效/标志性成分与保健食品原料的关系。

第三章　保健食品功效/标志性成分的检测方法

【学海导航】

掌握企业在生产和申报保健食品时应提供产品的功效/标志性成分的定性、定量测定方法，理解和掌握粗多糖、功能性低聚糖和功能性油脂的检测原理和方法。

重点：保健食品常用分析检测方法，保健食品中粗多糖、功能性低聚糖和功能性油脂的检测原理和方法。

难点：保健食品中粗多糖、功能性低聚糖和功能性油脂的检测原理和方法。

第一节　保健食品功效/标志性成分常用分析检测方法

目前功效/标志性成分均按照质量技术要求或备案企业标准进行检验。功效/标志性成分的检验方法多为引用方法：一种是引用《保健食品注册检验复核检验规范》（国食药监许〔2011〕173 号）中的检验方法；一种为引用《中华人民共和国食品安全法》（2018 修正）等食品或药品的检验方法。此外，由于保健食品成分复杂导致各成分之间可能存在相互干扰，或者该功效/标志性成分无国标检验方法，企业有时会根据产品配方、工艺等特点，自行建立检验方法，这些方法通常列于质量技术要求或备案企业标准的附录中。国家市场监督管理总局推荐的部分保健食品中功效/标志性成分食品安全国家标准检测方法如表 3-1 所示。

表 3-1　部分保健食品中功效/标志性成分食品安全国家标准检测方法

序号	功效/标志性成分	推荐检测方法
1	α-亚麻酸、EPA、DPA、DHA	GB 28404—2012
2	前花青素	GB/T 22244—2008
3	异嗪皮啶	GB/T 22245—2008
4	泛酸钙	GB/T 22246—2008
5	淫羊藿苷	GB/T 22247—2008
6	甘草酸	GB/T 22248—2008
7	番茄红素	GB/T 22249—2008
8	绿原酸	GB/T 22250—2008
9	葛根素	GB/T 22251—2008
10	辅酶 Q_{10}	GB/T 22252—2008
11	大豆异黄酮	GB/T 23788—2009

续表

序号	功效/标志性成分	推荐检测方法
12	褪黑素	GB/T 5009.170—2003
13	SOD	GB/T 5009.171—2003
14	脱氢表雄酮（DHEA）	GB/T 5009.193—2003
15	免疫球蛋白 G	GB/T 5009.194—2003
16	吡啶甲酸铬	GB/T 5009.195—2003
17	肌醇	GB/T 5009.196—2003
18	盐酸维生素 B_1、盐酸维生素 B_6、烟酸、烟酰胺、咖啡因	GB/T 5009.197—2003
19	维生素 B_{12}	GB/T 5009.217—2008

功效/标志性成分的检测方法一般来源于原料的检测方法，对于成品是否适用，需要进行适用性、重复性等研究。

一、分光光度法

1. 普通分光光度法

（1）单组分的测定：通常采用吸光度-浓度标准曲线法定量测定。

（2）多组分的同时测定：①若各组分的吸收曲线互不重叠，可在各自最大吸收波长处分别进行测定，本质上与单组分测定没有区别。②若各组分的吸收曲线互有重叠，可根据吸光度的加和性求解联立方程组得出各组分的含量。

2. 示差分光光度法

普通分光光度法一般只适于测定微量组分，当待测组分含量较高时，将产生较大的误差，需采用示差法，即提高入射光强度，并采用浓度稍低于待测溶液浓度的标准溶液作参比溶液。

3. 双波长分光光度法

在单位时间内有两条波长不同的光束 λ_1 和 λ_2 交替照射同一个溶液，由检测器测出的吸光度是这两个波长下吸光度的差值 ΔA，ΔA 与待测物质的浓度成正比，这个方法称双波长分光光度法。其主要特点：①不需空白溶液作参比；②需要两个单色器获得两束单色光（λ_1 和 λ_2）；③以参比波长 λ_1 处的吸光度 A_{λ_1} 作为参比，来消除干扰；④在分析浑浊或背景吸收较大的复杂试样时显示出很大的优越性。其灵敏度、选择性、测量精密度等方面都比单波长法有所提高。

$$\Delta A = A_{\lambda_2} - A_{\lambda_1} = (\varepsilon_{\lambda_2} - \varepsilon_{\lambda_1})bc$$

两波长处测得的吸光度差值 ΔA 与待测组分浓度成正比。ε_{λ_1} 和 ε_{λ_2} 分别表示待测组分在 λ_1 和 λ_2 处的摩尔吸光系数。

4. 导数分光光度法

导数分光光度法在多组分同时测定、浑浊样品分析、消除背景干扰、加强光谱的精细结构及复杂光谱的辨析等方面，显示了很大的优越性。

二、色谱分析法

色谱分析法是一种多组分混合物的分离分析工具，它主要利用物质的物理性质进行分离并测定混合物中的各个组分。色谱分析法也称色层法或层析法，其原理是利用待分离的各组分在两相间分配有差异（即有不同的分配系数），当两相做相对运动时，这些组分在此两相中的分配反复进行，从几千次到百万次，各组分分配系数的微小差距会随着流动相的移动而放大成明显的差距，从而使这些组分分离。

根据流动相是气体还是流体，色谱法分为气相色谱法（GC）和液相色谱法（特别是高效液相色谱法，HPLC）两大类。它们的基本概念及理论基础（如保留值、塔板理论、速率理论、容量因子、分离度等）是一致的，二者不同之处主要有以下几点。

（1）进样方式的不同，高效液相色谱法只要将样品制成溶液，而气相色谱法需加热气化或裂解。

（2）流动相的不同，在待测组分与流动相之间、流动相与固定相之间都存在着一定的相互作用力。

（3）由于液体的黏度较气体大两个数量级，待测组分在液体流动相中的扩散系数比在气体流动相中小 4~5 个数量级。

（4）由于流动相的化学成分可进行广泛选择，并可配制成二元或多元体系，满足梯度洗脱的需要，因而提高了高效液相色谱的分辨率（柱效能）。

（5）高效液相色谱采用 5~10mL 细颗粒固定相，使流动相在色谱柱上渗透性大大缩小，流动阻力增大，必须借助高压泵输送流动相。

（6）高效液相色谱检测是在液相中进行，对待测组分的检测，通常采用灵敏的湿法光度检测器，如紫外光度检测器、示差折光检测器、荧光光度检测器等。

（7）高效液相色谱与气相色谱相比较，高效液相色谱同样具有高灵敏度、高效能和高速度的特点。

总之，高效液相色谱与气相色谱的定性和定量分析相似。在定性分析中，采用保留值定性，或与其他定性能力强的仪器分析法连用；在定量分析中，采用测量峰面积的归一化法、内标法或外标法等，但高效液相色谱在分离复杂组分试样时，有些组分常不能出峰，因此归一化法定量分析受到限制，而内标法定量分析则被广泛使用。

1）外标法

用待测组分的纯品作对照品，以对照品和样品中待测组分的响应信号相比较进行定量的方法称为外标法。此法可分为工作曲线法及外标一点法等。工作曲线法用对照品配制一系列浓度的对照品溶液确定工作曲线，求出斜率、截距。在完全相同的条件下，准确进样与对照品溶液相同体积的样品溶液，根据待测组分的信号，从标准曲线上查出其浓度，或用回归方程计算。工作曲线法也可以用外标二点法代替，通常截距应为零，若不等于零说明存在系统误差。工作曲线的截距为零时，可用外标一点法（直接比较法）定量。

外标一点法是用一种浓度的对照品溶液对比待测样品溶液中 i 组分的含量。将对照品溶液与样品溶液在相同条件下多次进样，测得峰面积的平均值，用下式计算样品中 i 组分的量：

$$W=A\ (W)\ /\ (A)$$

式中，W 与 A 分别代表在样品溶液进样体积中所含 i 组分的重量及相应的峰面积。(W) 及 (A) 分别代表在对照品溶液进样体积中含纯品 i 组分的重量及相应峰面积。外标法方法简便，不需用校正因子，不论样品中其他组分是否出峰，均可对待测组分定量。但此法的准确性受进样重复性和实验条件稳定性的影响。此外，为了降低外标一点法的实验误差，应尽量使配制的对照品溶液的浓度与样品中组分的浓度相近。

外标法作为色谱分析中的一种定量方法，不是把标准物质加入待测样品中，而是在与待测样品相同的色谱条件下单独测定，把得到的色谱峰面积与待测组分的色谱峰面积进行比较求得待测组分的含量。外标物与待测组分同为一种物质但要求外标物有一定的纯度，分析时外标物的浓度应与待测物浓度相接近，以利于定量分析的准确性。

2）内标法

内标法是一种间接或相对的校准方法，在分析待测样品中某组分含量时，加入一种内标物质以校准和消除由于操作条件的波动而对分析结果产生的影响，以提高分析结果的准确度。

内标法在液相色谱和气相色谱定量分析中是一种重要的技术。使用内标法时，在样品中加入一定量的标准物质，它可被色谱柱所分离，又不受待测样品中其他组分峰的干扰，只要测定内标物和待测组分的峰面积与相对响应值，即可求出待测组分在样品中的百分含量。采用内标法定量时，内标物的选择是一项十分重要的工作。理想地说，内标物应当是一个能得到纯样的已知化合物，这样它能以准确、已知的量加入样品中去；它应当与被分析的样品组分有基本相同或尽可能一致的物理化学性质（如化学结构、极性、挥发度及在溶剂中的溶解度等）、色谱行为和响应特征，最好是待测组分的一个同系物。当然，在色谱分析条件下，内标物必须能与样品中各组分充分分离。需要指出的是，在少数情况下，分析人员可能比较关心化合物在一个复杂过程中所得到的回收率，此时，他可以使用一种在过程中很容易被完全回收的化合物作内标，来测定感兴趣化合物的百分回收率，而不必遵循以上所说的选择原则。

对于一个比较成熟的方法来说，发生色谱方面的问题的可能性更大一些，色谱方面常见的一些问题（如渗漏）对绝对面积的影响比较大，对面积比的影响则要小一些，但如果绝对面积的变化已大到足以使面积比发生显著变化的程度，那么一定有某个重要的色谱问题存在，如进样量改变太大，样品组分浓度和内标物浓度之间有很大的差别，检测器非线性等。进样量应足够小并保持不变，这样才不至于造成检测器和积分装置饱和。如果认为方法比较可靠，而色谱峰看来也是正常的话，应着重检查积分装置和设置、斜率和峰宽定位。对积分装置产生怀疑的最有力的证据是面积比可变，而峰高比保持相对恒定。

在用内标法做色谱定量分析时，先配制一定重量比的待测组分和内标物的混合物进行色谱分析，测量峰面积，作重量比和面积比的关系曲线，此曲线即为标准曲线。在实际样品分析时所采用的色谱条件应尽可能与制作标准曲线时所用的条件一致，因此，在制作标准曲线时，不仅要注明色谱条件（如固定相、柱温、载气流速等），还应注明进样体积和内标物浓度。在制作内标标准曲线时，各点并不完全落在直线上，此时应求出面积比和重量比的比值与其平均值的标准偏差，在使用过程中应定期进行单点校正，若所得值与平均值的偏差小于2，曲线仍可使用，若大于2，则应重作曲线，如果曲线在较短时期内即产生变动，则不宜使用内标法定量。

3）归一化法

把所有出峰的组分含量之和按 100%计的定量方法，称为归一化法。各成分校正因子一致时可用该法。该法简便、准确，特别是进样量不容易准确控制时，进样浓度及进样量变化对定量结果的影响很小。其他操作条件，如流速、柱温等变化对定量结果的影响也很小。

优点：与进样量准确度无关，与仪器和分析条件有关。

缺点：①在此条件下，所有有效组分必须出峰，且所有组分必须在一个分析周期内流出色谱峰；②定量计算必须先知道各成分的校正因子，校正因子的求出较麻烦。

三、极谱分析法

1922 年，捷克的物理化学家 Heyrovsky 首创极谱分析法。此后，极谱分析法历经几十年的不断发展，成为现代较为普遍的分析方法和检测技术。历经不断发展的极谱分析法，弥补并改进了早期极谱分析法的诸多弊端，不但提高了敏感度，减少了分析时间，而且具有更为广泛的使用范围。因此，极谱分析法广泛应用于保健食品的实际检测当中。

1. 循环伏安法

在我国电化学检测方法当中，运用较为广泛的方法之一是循环伏安法。循环伏安法没有让人头疼的、极为繁杂的数学计算，同样能够取得送检保健食品的相关电化学信息。循环伏安法被称为“电化学光谱”的原因之一，就是循环伏安法不仅能够非间接地获取动力学信息，而且能够提供氧化还原过程的热力学参数。

2. 示波极谱法

在电化学分析检测方法当中，示波极谱法具有诸多优点：检测时间较短，检测分辨率较高，敏感度较高。由于我国进入信息化时代，计算机技术已经广泛应用于保健食品检测领域。因此，在保健食品检测当中，示波极谱法可以结合计算机技术，不仅能够实现不间断的检测，而且能够实现检测仪器的自动检测，极大地提高了保健食品检测的效率和检测质量。此种检测方法也较为适用于大批保健食品的检测当中。

四、电位分析法

1. 电位滴定法

在对保健食品检测时，需要对其过氧化值及酸价进行相关检测。保健食品本身过重的色度添加，对过氧化值及酸价的检测具有不良影响。其原因在于，在传统的滴定法当中，使用酚酞作为指示剂，用于检测保健食品当中的酸价，保健食品过氧化值的滴定检测，使用淀粉作为指示剂，这两种指示剂均会受到来自过重颜色的影响，最终影响其滴定测试的判断。采用电位分析法能够有效规避保健食品检测当中色素过重而引起的检测干扰，具有较高的检测精准度，能够为我国相关食品检测标准提供具有技术性倾向的建议和指导。试验证明，与人工滴定法相比，自动电位滴定法还具有简单、直观的优点。

2.电化学传感器和离子选择性电极

（1）电化学传感器：电化学传感器及电化学 DNA 生物传感器均被广泛应用于我国药物分析领域、环境监测领域、疾病诊断领域及食品工程领域等诸多领域，其具有实施简单方便、环保、成本低和敏感度高等诸多优点。但是，在我国，电化学传感器未普遍用于保健食品的活性评价研究。

（2）离子选择性电极：离子选择性电极受到相关领域人员的关注和重视，其原因在于离子选择性电极具有高选择性、速度快、简单方便等优点，是研究领域较为热门的课题之一。

五、电泳及色谱-电化学检测器联用

近些年来，我国电泳及色谱-电化学的发展飞速。在我国保健食品的检测领域当中，使用电泳及色谱-电化学是热门之一。关于电泳及色谱-电化学在我国保健食品的检测领域当中应用的大量文章不断见于各大报纸杂志，引起了我国相关领域专家的关注。

1. 毛细管电泳-电化学检测器联用

毛细管电泳具有诸多优点，如效率较高、速度较快、重复性良好、用样量少等，越来越受到人们的重视，并被认为是一种较为有效的分析分离技术，其与电化学检测器联用，能够更好地发挥其良好的选择性及高敏感性。

2. 高效液相色谱-电化学检测器联用

在对保健食品的检测当中，高效液相色谱-电化学检测器联用技术是电化学分析法当中的一个分支，高效液相色谱-电化学检测器联用技术具有诸多优势，如敏感度较高、进样量较少、对于物质的分离功能较强等，在我国医学检测领域、化学检测领域、环境检测领域及生物检测领域等得以广泛应用，在我国保健食品检测领域还有发展和运用的上升空间。试验证明，高效液相色谱-电化学检测器联用技术在保健食品检测领域的使用，相较于紫外吸收检测方法而言，具有更高的敏感度，可高于紫外吸收检测方法的 600 倍。我国学者通过高效液相色谱-电化学检测器联用技术分析我国不同地区向日葵蜜中的物质含量，成功绘制出向日葵蜜标准指纹图谱。

六、电致发光法

电致发光法指的是，电击待测溶液，使待测组分发生电化学反应，诱发待测组分发生反应，利用光辐射的方式将其能量激发出来，再利用光学设备测定发光强度及光谱，进而对痕量物质进行分析的检测分析方法。电致发光法具有诸多优势，如敏感度较高、选择性较强、重复性良好及相关设备操作简便直接等。电致发光法在保健食品检测中已经越来越重要，发挥的作用也越来越巨大。

七、修饰电极

修饰电极能够改变电极的原有属性，利用电极的功能设计，实现已设定的选择性反应，改善电极功能。因此，修饰电极在研究领域具有较为光明的应用前景。修饰电极在我国保健食品的检测领域一直处于较为活跃的状态，具有较为广泛的应用，其在我国保健食品检测领域当中的作用也越来越重要。

第二节　保健食品功效/标志性成分检测方法举例

一、分光光度法测定保健食品中粗多糖含量

1. *方法原理*

粗多糖在硫酸的作用下，水解成单糖，并迅速脱水生成糖醛衍生物，与苯酚缩合成有色化合物，用分光光度法可测定样品中粗多糖含量。

以乙醇沉淀粗多糖，用碱性硫酸铜纯化后得具有葡聚糖结构的多糖，以葡聚糖为标准，以苯酚-硫酸反应测定其含量。

2. *仪器和试剂*

（1）仪器：分光光度计、高速离心机、旋转混匀器、沸水浴、过滤装置、25mL 具塞试管、100mL 烧杯、100mL 容量瓶、试管等。

（2）试剂：80%乙醇溶液、100g/L 氢氧化钠溶液、10%硫酸溶液、浓硫酸、无水乙醇、蒸馏水等。

铜储备液：称取 3.0g $CuSO_4·5H_2O$、30.0g 柠檬酸钠，加蒸馏水溶解并稀释至 1000mL，混匀，备用。

铜试剂溶液：取铜储备液 50mL，加蒸馏水 50mL，混匀后加入固体无水硫酸钠 12.5g 并使其溶解，临用新配。

洗涤剂：取蒸馏水 50mL，加入 10mL 铜试剂溶液、10mL100g/L 氢氧化钠溶液，混匀。

5%苯酚溶液：称取精制苯酚 5.0g，加蒸馏水溶解并稀释至 100mL，混匀，置冰箱中保存。

葡聚糖标准储备液：精确称取 105℃干燥恒重的标准葡聚糖 1.0000g，置于 100mL 烧杯中加适量热蒸馏水使其溶解，用容量瓶定容至 100mL，混匀，置冰箱中保存，其浓度为 10.0mg/mL。

葡聚糖标准使用液：吸取葡聚糖标准储备液 1.0mL 置于 100mL 容量瓶中加蒸馏水至刻度，混匀，置冰箱中保存，其浓度为 0.1mg/mL。

3. *标准曲线的制备*

精密吸取葡聚糖标准使用液 0.2mL、0.4mL、0.6mL、0.8mL、1.0mL，分别置于 25mL 具塞试管中，准确补蒸馏水至 2.0mL，再加 5%苯酚溶液 1.0mL，混匀，迅速滴加浓硫酸 10mL，于旋转混匀器上小心混匀，置沸水浴中加热 10min，取出后冷却至室温。以蒸馏水代替葡聚糖标准使用液如上法配制空白溶液。用分光光度计在 485nm 处测定吸光度，

绘制葡聚糖-吸光度标准曲线。

4. 样品测定

（1）样品的提取：称取混合均匀的固体样品 2.0g（M），置于 100mL 烧杯中，加蒸馏水 80mL 左右，于沸水浴中加热 2h，冷却至室温后用 100mL（V_1）容量瓶定容，混匀，过滤弃去初滤渣，收集余下滤液备用。

（2）沉淀粗多糖：精密取上述滤液 3.0mL（V_2）或液体样品 4.0mL（V_2），置于 25mL 离心管中，加入无水乙醇 15mL，混匀后以 4000r/min 离心 20min，弃去上清液。沉淀用 80%乙醇溶液数毫升洗涤，离心，10min 后弃去上清液，反复 2~3 次。沉淀用蒸馏水溶解并定容至 5.0mL（V_3），混匀备用。

（3）沉淀葡聚糖：精密取上述溶液 2.0mL（V_4）置于试管中，加入 100g/L 氢氧化钠溶液 2.0mL，铜试剂溶液 2.0mL，沸水浴中加热 3min，冷却后以 4000r/min 离心 20min，弃去上清液。沉淀用洗涤剂数毫升洗涤，离心，10min 后弃去上清液，反复 2~3 次。沉淀用 10%硫酸溶液溶解并定容至 5.0mL（V_5），即为待测样品液。

（4）样品的测定：精密取待测样品液 2.0mL（V_6）置于试管中，加 5%苯酚溶液 1.0mL，摇匀，迅速滴加 10%硫酸溶液 10.0mL，于旋转混匀器上小心混匀，置沸水浴中加热 10min，取出后冷却至室温。用分光光度计在 485nm 处测定吸光度，根据标准曲线方程计算出样品中粗多糖含量。同时做空白实验。

5. 结果计算

$$X=(w_1-w_2)\times V_1\times V_3\times V_5/(M\times V_2\times V_4\times V_6)$$

式中，X 为样品中粗多糖含量（以葡聚糖计），mg/g；w_1 为待测样品液中葡聚糖质量，mg；w_2 为样品空白液中葡聚糖质量，mg；M 为样品质量，g；V_1 为样品提取液总体积，mL；V_2 为沉淀粗多糖所用样品提取液体积，mL；V_3 为粗多糖溶液体积，mL；V_4 为沉淀葡聚糖所用样品提取液体积，mL；V_5 为待测样品液总体积，mL；V_6 为测定用待测样品液总体积，mL。

二、分光光度法测定磷脂含量

1. 方法原理

样品中磷脂经消化后定量生成磷，加钼酸铵反应生成钼蓝，其颜色深浅与磷含量（即磷脂含量）在一定范围内成正比，借此可定量磷脂。

2. 仪器和试剂

（1）仪器：分光光度计、消化装置、沸水浴等。

（2）试剂：72%高氯酸、5%钼酸铵溶液、活化硅胶、正己烷、苯-乙醚（9∶1）、乙醚、三氯甲烷、含 5%丙酮的三氯甲烷、含 10%甲醇的丙酮、甲醇、蒸馏水等。

1% 2,4-二氯酚溶液（现配现用）：取 0.5g 2,4-二氯酚盐酸盐溶于 20%亚硫酸氢钠溶液 50mL，过滤，滤液备用，临用现配。

磷酸盐标准溶液：取干燥的磷酸二氢钾（KH_2PO_4）溶于蒸馏水中并稀释至 10.0mL，用时用水稀释 100 倍，配成含磷 1.0μg/mL 的溶液。

3. 测定步骤

（1）脂质的提取：将待测样品粉碎，脱脂，再过柱（将活化硅胶按每分离 1.0g 样品用 8.0g 的比例，与正己烷混匀装柱），以苯-乙醚（9：1）、乙醚各 300mL 依次洗脱溶出中性脂。用 200mL 三氯甲烷、100mL 含 5%丙酮的三氯甲烷洗脱，溶出糖质。再用 100mL 含 10%甲醇的丙酮、400mL 甲醇洗脱磷脂，供分析用。

（2）消化：取含磷 0.5~10μg 的磷脂置于硬质玻璃消化管中，挥去溶剂，加 0.4mL 72%高氯酸消化完全。若不够再补加 0.4mL 72%高氯酸继续消化至完全。

（3）测定：向消化好的消化管中加 4.2mL 蒸馏水、0.2mL 5%钼酸铵溶液、0.2mL 1% 2,4-二氯酚溶液。消化管口盖一小烧杯，放在沸水浴中加热 7min，冷却 15min 后，于 630nm 处测定吸光度。同时用磷酸盐标准溶液制作标准曲线，求磷的含量。

4. 结果计算

总磷（%）=供试磷脂的总磷量（mg）/供试磷脂的质量（mg）×100%

磷脂（%）=总磷（%）×25

说明：脂肪中磷脂占 24.6%，糖脂占 9.6%，中性脂占 65.8%。

三、分光光度法测定保健食品魔芋中葡甘聚糖含量

1. 方法原理

在剧烈搅拌下，葡甘聚糖溶于冷水中能膨胀 50 倍以上，可形成稳定的胶体溶液，而淀粉在冷水中几乎不溶解，即使有少量淀粉游离出来，也可通过离心沉淀，使之与葡甘聚糖分离。葡甘聚糖在浓硫酸中加热，迅速水解生成糠醛，糠醛与蒽酮作用生成一种蓝绿色化合物，在一定的范围内，颜色深浅与葡甘聚糖含量成正比。

2. 仪器和试剂

（1）仪器：分光光度计、离心机、分析天平、电磁搅拌器、砂芯漏斗、沸水浴、60 目筛、15mL 具塞试管、250mL 烧杯、100mL 容量瓶等。

（2）试剂：蒸馏水、无水乙醇、丙酮、100μg/mL 葡甘聚糖标准溶液、魔芋精粉等。

蒽酮-硫酸溶液：称 0.4g 蒽酮溶于 100mL 88%硫酸（97%浓硫酸与水混合体积比约为 84：16）中，装入磨口瓶中，冷至室温备用，此液应当天配制。

3. 测定步骤

（1）葡甘聚糖的分离、纯化：取适量魔芋精粉置于 200~250 倍（体积分数）pH 5.0~5.5 的蒸馏水中，于室温下搅拌 2.0~2.5h 呈胶体液，以 4000r/min 离心 30min，除去不溶物。在不断搅拌下，缓缓加入与胶体溶液等体积的无水乙醇，葡甘聚糖脱水沉淀。取沉淀物操作同上，重复去杂质。将沉淀物移入砂芯漏斗中抽气过滤除去大部分水，再用无水乙醇、丙酮多次脱水，真空干燥，得纯白色絮状物，即为魔芋中葡甘聚糖纯品（纯度为 98.5%）。

（2）葡甘聚糖标准曲线制备：分别取 100μg/mL 葡甘聚糖标准溶液 0mL、0.2mL、0.4mL、0.6mL、0.8mL、1.0mL、1.2mL 于 15mL 具塞试管中，均加蒸馏水 2mL，再加蒽酮-硫酸溶液 6.0mL，放在沸水浴中准确加热 7min，取出迅速冷却至室温，加入蒸馏水

定容至 15mL，于 630nm 处测定各管吸光度。以吸光度与对应的葡甘聚糖质量（μg）计算回归直线方程式。

（3）样品测定：准确称取 100mg 左右粉碎过 60 目筛的葡甘聚糖纯品（或魔芋精粉）置于 250mL 烧杯中，加入 50mL 蒸馏水，在电磁搅拌器上搅拌 2h，无损地将烧杯内容物转移到 100mL 容量瓶中，加入蒸馏水定容至刻度，摇匀。将溶液在 4000r/min 离心 15min，取上清液 5.0mL，加入蒸馏水至 50mL，摇匀得样品稀释液。取 1~2mL 样品稀释液到 15mL 具塞试管中，加蒸馏水 2.0mL，加蒽酮-硫酸溶液 6.0mL，后同制备标准曲线操作测定样品液吸光度。

4. 结果计算

$$葡甘聚糖含量(\%)=\frac{A}{V}\times\frac{100\times 50}{5}\times\frac{100}{m\times 10^3}=\frac{100A}{Vm}$$

式中，A 为回归直线方程式计算而得的测定液葡聚糖含量，μg；V 为样品稀释液体积，mL；m 为样品质量，mg。

四、高效液相色谱法测定保健食品中低聚果糖含量

以蔗糖为原料经微生物发酵制得的转化糖浆，其成分有果糖、葡萄糖、蔗糖、蔗果三糖、蔗果四糖、蔗果五糖。蔗果三糖、蔗果四糖和蔗果五糖统称为低聚果糖。

1. 方法原理

以 YWG-NH_2 色谱柱和 RID 示差折光检测器对低聚果糖进行高效液相色谱法分析，具有良好的分离效果，能准确、快速地定性、定量低聚果糖中各组分糖。该方法灵敏度高、重复性好，最低检出限在微克级。

如果无蔗果三糖、蔗果四糖、蔗果五糖标样，低聚果糖的定量可采用间接法，即由测得的总糖减去果糖、葡萄糖和蔗糖的含量，所得的差值就是糖液中低聚果糖含量。低聚果糖在其固形物中的相对含量则以峰面积归一化法直接由色谱工作站输出的数据得到。

2. 仪器和试剂

（1）仪器：美国 Beckman 332 型高效液相色谱仪、日本岛津 RID-6A 示差折光检测器、A4700 色谱工作站和高速台式离心机等。

（2）试剂：乙腈、果糖、葡萄糖、蔗糖、麦芽糖（均为分析纯），双蒸水等。

3. 测定步骤

（1）色谱条件：色谱柱为 YWG-NH_2，300mm×4.6mm，不锈钢柱；流动相为乙腈-双蒸水（75：25），流速 1.0mL/min；进样量 20μL。

（2）内标溶液及样品液的配制。①内标溶液：准确称取麦芽糖 5.000g，用 20mL 双蒸水溶解后定容至 50mL。②样品液：准确称取 5.000~10.000g 转化糖浆，用双蒸水稀释定容至 50mL。精确量取此样液 2.0mL，加入 1.0mL 内标溶液，混匀，用双蒸水定容至 10mL。

（3）标准曲线的制作：准确称取果糖、葡萄糖、蔗糖各 5.000g，分别用 20mL 双蒸水溶解后定容至 50mL。按表 3-2 混合糖溶液中各标准的加入量所示精确量取上述已配好

的标准糖液，并加入 1.0mL 内标溶液，混匀，用双蒸水定容至 10mL。

表 3-2 混合糖溶液中各标准的加入量 （单位：mL）

编号	果糖	葡萄糖	蔗糖	编号	果糖	葡萄糖	蔗糖
1	0.1	0.4	0.2	4	0.4	1.0	0.8
2	0.2	0.6	0.4	5	0.5	1.2	1.0
3	0.3	0.8	0.6	6	0.6	1.4	1.2

在选定的条件下，对 6 组标准混合糖溶液进行分析，以组分糖和内标物的峰面积比（A_i/A_s）为横坐标，浓度比（c_i/c_s）为纵坐标，求出各组分糖的直线回归方程式。

（4）样品糖液的测定：将加入内标溶液的样品液经过滤和离心后，按标准曲线制备的色谱条件进样 20μL 进行测定。

$$w_i = \frac{c_i}{(m/50)\times(2/10)\times 1000}\times 100\%$$

式中，w_i 为样品糖液中各组分糖的含量；m 为样品糖液的质量，g；c_i 为由回归方程式求得的组分糖浓度，g/L。

五、气相色谱法测定月见草油乳中 γ-亚麻酸含量

1. *方法原理*

以硫酸钠将月见草油乳的乳化破坏后，用正己烷提取 γ-亚麻酸，经甲酯化，用气相色谱法测定其含量。

2. *仪器和试剂*

（1）仪器：岛津 GC-9A 气相色谱仪、C-R2AX 数据处理机、水浴装置、50mL 容量瓶等。

（2）试剂：γ-亚麻酸甲酯（含量 90%）、正辛烷、正己烷、三氟化硼乙醚溶液（15∶5）、0.5mol/L 氢氧化钾甲醇溶液、硫酸钠、饱和氯化钠水溶液等，纯品均为 AR 级。

3. *测定步骤*

（1）色谱条件：色谱柱为 3mm×2.1m 玻璃柱；固定液为 12%丁二酸二乙二醇聚酯（DEGS）；载体为 Chromosorb W（AW-DMCS）80~100 目；柱温为 80℃；检测器为 FID，温度为 230℃；载气为氮气；流速为 40mL/min。

（2）标准曲线的制备：精确称取 γ-亚麻酸甲酯适量，配成每 1.0mL 含 3mg 正辛烷的溶液，按色谱条件分别进样 0.5μL、1.0μL、1.5μL、2.0μL、2.5μL，得气相色谱及相应的峰面积，以进样量对峰面积制作标准曲线，得回归方程。

（3）样品测定：取月见草油乳 10.0mL，加硫酸钠 2g，并加热使乳化破坏后，冷却，以正己烷提取 3 次，每次 15mL，合并提取液，放入 50mL 容量瓶中，加正己烷至刻度，摇匀。取正己烷提取液 2.0mL，水浴加热使正己烷完全挥发后，加 0.5mol/L 氢氧化钾甲醇溶液 2.0mL，60℃水浴放置 15min，再加三氟化硼乙醚溶液（15∶5）2.0mL，60℃水

浴中放置 2min。加正辛烷 2.0mL 振摇提取，加饱和氯化钠水溶液 2.0mL 混匀，取上层液 1.0μL 进样分析。

4. 结果计算

$$w = \frac{v_i}{(V/50)\times 2/(2\times 2)\times 1000}\times 100\%$$

式中，w 为样品 γ-亚麻酸的百分含量；V 为样品的体积，mL；v_i 为由回归方程式求得的 γ-亚麻酸甲酯体积，μL。

思　考　题

1. 保健食品有哪些常用的分析检测方法？
2. 色谱分析方法中的内标法和外标法有什么不同？
3. 简述分光光度法测定保健食品中粗多糖含量的原理和步骤。
4. 简述高效液相色谱法测定保健食品中低聚果糖含量的原理和步骤。
5. 简述气相色谱法测定保健食品中 γ-亚麻酸含量的原理和步骤。

第二部分　保健食品的研发应用

第四章　增强免疫力保健食品的研发应用

【学海导航】

了解免疫、免疫应答和变态反应的基础知识，理解中医学对免疫的认识及保健原则，理解营养与免疫的关系，掌握增强免疫力保健食品的配方设计原理及其在实际生产中涉及应用的基本思路。

重点：中医学对免疫的认识及保健原则、营养与免疫的关系、增强免疫力保健食品的配方设计原理及其在实际生产中的应用。

难点：增强免疫力保健食品的配方设计原理及其在实际生产中的应用。

第一节　免疫的基础知识

一、免疫

免疫学是研究生物体对抗原物质免疫应答性及其方法的生物-医学科学。

免疫是人体自身的防御机制，是人体识别和消灭外来侵入的任何异物（病毒、细菌等），处理衰老、损伤、死亡、变性的自身细胞，以及识别和处理体内突变细胞和病毒感染细胞的功能。

免疫防御（immune defence）指机体抵抗和清除病原微生物或其他异物的功能。免疫防御功能发生异常可引起疾病，如防御功能过高可出现变态反应；防御功能过低可导致免疫缺陷病。

免疫稳定（immunologic homeostasis）指机体清除损伤或衰老的细胞，维持其生理平衡的功能。免疫稳定功能失调可导致自身免疫病。

免疫监视（immune surveillance）指机体识别和清除体内出现的突变细胞，防止肿瘤发生的功能。免疫监视功能低下者，易患恶性肿瘤。

二、抗原

1. 抗原的概念

抗原（antigen，Ag）：是一类能刺激机体免疫系统发生免疫应答，并能与相应免疫应答产物（抗体和致敏淋巴细胞）在体内外发生特异性结合的物质。抗原有两种特性：免疫原性和反应原性。免疫原性（immunogenicity）为能刺激机体发生免疫应答，产生抗体和致敏淋巴细胞的能力。反应原性（reactogenicity）为能与相应抗体或致敏淋巴细胞发生特异性结合的能力。另外，各种病原微生物的化学组成相当复杂，如细菌的主要抗原类型为菌体抗原、鞭毛抗原、表面抗原、菌毛抗原、内毒素和外毒素等[图 4-1（a）]。

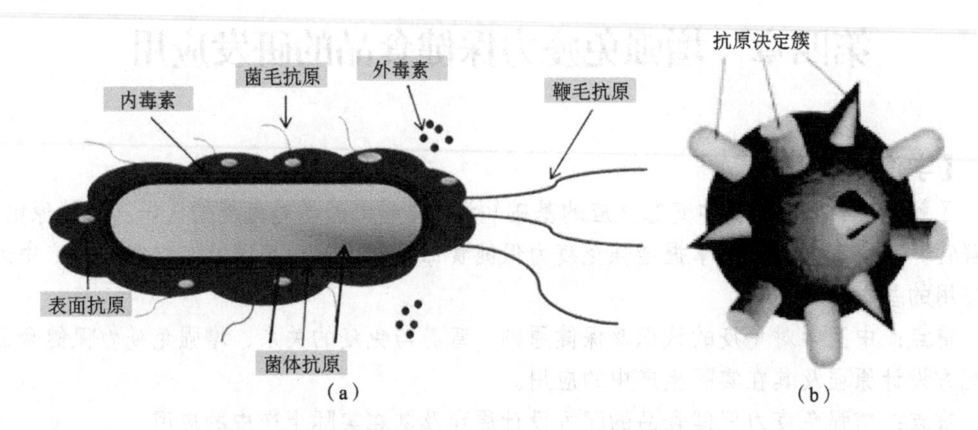

图 4-1 细菌的主要抗原类型（a）和抗原模式图（b）

2. 抗原的分类

1）根据抗原的性能分类

（1）完全抗原（complete antigen）：兼备免疫原性和反应原性两种性能的物质。

（2）不完全抗原（incomplete antigen）：即半抗原，只有反应原性的物质。

2）根据引起免疫应答依赖 T 细胞的关系分类

（1）胸腺依赖性抗原（thymus-dependent antigen，TD 抗原）：大多数抗原需 T 细胞辅助才能刺激机体产生抗体，可引起回忆应答。TD 抗原刺激机体所产生的抗体多为免疫球蛋白 G（IgG），它们还可刺激机体产生细胞免疫，如血细胞、细菌等。

（2）非胸腺依赖性抗原（thymus-independent antigen，TI 抗原）：在刺激机体产生抗体时，不需 T 细胞辅助或依赖程度较低的抗原，不引起免疫应答。TI 抗原多数为多聚体，有重复性的抗原决定簇，如多糖类物质，可刺激 B 细胞产生抗体，不产生细胞免疫，为免疫球蛋白 M（IgM）抗体。

3）根据抗原来源与机体的亲缘关系分类

（1）异种抗原（xenoantigen）：来自另一物种的抗原性物质。各种动物血清（如马血清）、各种微生物及其代谢产物（如外毒素）对人来说都是异种抗原。

（2）同种异型抗原（isoantigen）：来自同种而基因型不同的个体抗原（如人的红细胞抗原、白细胞抗原）。

（3）自身抗原（autoantigen）：能引起自身免疫应答的自身组织成分，如在胚胎期从未与自身淋巴细胞接触过的隔绝成分（晶状体蛋白、脑组织等）或非隔绝成分，在感染、药物、烧伤、电离辐射等因素影响下构象发生改变的自身成分。

（4）嗜异性抗原（heterophile antigen）：在不同种属动物、植物、微生物细胞表面上存在的共同抗原。它们之间有广泛的交叉反应性。其中典型实例是嗜异性抗原（又称福斯曼抗原）。福斯曼（Forssman）发现，用豚鼠多种脏器制成的悬液免疫家兔，所得抗体除能与豚鼠的相应脏器抗原反应外，还可凝集绵羊红细胞（SRBC）。

3. 抗原决定簇——抗原特异性的物质基础

抗原决定簇（antigenic determinant，AD），又称表位（epitope）[图 4-1（b）]。抗原决定簇的性质、数目和空间构象决定着抗原的特异性。抗原通过抗原决定簇与相应淋巴细胞表面的抗原受体结合，激活淋巴细胞，引起免疫应答。一个抗原分子可以有一种或多种不同的抗原决定簇，一种抗原决定簇决定着一种抗原特异性，多种抗原决定簇决定着多种抗原特异性。

三、免疫球蛋白

免疫球蛋白（immunoglobulin，Ig）是具有抗体活性或化学结构与抗体相似的球蛋白的统称。其分子的基本结构是由两条相同重链（H 链）借二硫键在中部相连，而两条轻链（L 链）又借二硫键各与一条重链连接，形成一种对称性四肽链分子。免疫球蛋白主要存在于血浆和其他体液、组织和一些分泌液中。人血浆内的免疫球蛋白大多数存在于丙种球蛋白（γ-球蛋白）中，可分为免疫球蛋白 G（IgG）、免疫球蛋白 A（IgA）、免疫球蛋白 M（IgM）、免疫球蛋白 D（IgD）和免疫球蛋白 E（IgE）五类。所有抗体都是免疫球蛋白，但并非所有免疫球蛋白都是抗体。

1. 免疫球蛋白的功能

（1）结合特异性：与抗原特异性结合，从而在体内引起免疫反应。

（2）激活补体：免疫球蛋白与相应抗原结合后，借助暴露的补体结合点激活补体系统、激发补体的溶菌、溶细胞等免疫作用。

（3）结合作用：通过免疫球蛋白上的 Fc 段与多种细胞表面的 Fc 受体结合。

（4）具有抗原性：免疫球蛋白是一种蛋白质，也具有刺激机体产生免疫应答的性能。不同的免疫球蛋白分子具有不同的抗原性。

（5）免疫球蛋白对理化因子的抵抗力与一般球蛋白相同，不耐热，60~70℃即被破坏。

2. 免疫球蛋白的种类

（1）IgG：是再次体液免疫反应的主要免疫球蛋白，为单体。在血清中含量最高，占血清免疫球蛋白的 75%~80%。分布广，具有很强的防御功能，是主要的抗感染抗体。具有抗菌、抗病毒、中和毒素、免疫调理等作用，是唯一能通过胎盘的抗体（有自然自动免疫作用）。

（2）IgM：是初次体液免疫反应早期阶段的主要免疫球蛋白，为五聚体，又称巨球蛋白，是个体发育中合成最早的免疫球蛋白，是天然的血型抗体，占血清免疫球蛋白的 10%。激活补体和免疫调理作用较 IgG 强。半衰期较短，有助于感染性疾病的早期诊断。单体的 IgM 是细胞膜表面型免疫球蛋白。

（3）IgA：有血清型和分泌型，血清型有两个亚类。在初乳中含量较高。若缺乏 IgA，体内的甲状腺球蛋白、肾上腺组织等自身抗体水平可能升高。

（4）IgD：血清中含量极低，对蛋白酶敏感，是 B 细胞表面的重要受体。

（5）IgE：血清中含量极低，对肥大细胞及嗜碱性粒细胞有高度的亲和力。与Ⅰ型变态反应的发生有关，可能与机体抗寄生虫免疫有关。

四、补体系统

1. 补体与补体系统

补体（complement，C）是存在于人或脊椎动物血清与组织液中的一组与免疫有关的、具有酶活性的蛋白质。含量相对稳定，与抗原刺激无关。

因补体是由近 40 种可溶性蛋白质和膜结合蛋白组成的多分子系统，故称为补体系统。

2. 补体的组成及理化性质

（1）组成：固有成分为 C1~C9；其他成分，用 B 因子、D 因子、P 因子等表示。

（2）理化性质：不稳定，冷冻干燥后能较长期保存。

3. 补体的激活途径

1）经典激活途径

参与补体经典激活途径的成分包括 C1~C9。按其在激活过程中的作用，人为地分成三组，即识别单位（C1q、C1r、C1s）、活化单位（C4、C2、C3）和膜攻击单位（C5~C9），分别在激活的不同阶段即识别阶段、活化阶段和膜攻击阶段中发挥作用。

（1）识别阶段：C1 与抗原抗体复合物中免疫球蛋的补体结合点相结合至 C1 酯酶形成的阶段。C1 是由三个单位 C1q、C1r 和 C1s 依赖钙离子结合成的牢固的非活性大分子。C1q 与补体结合点桥联后，其构型发生改变，导致 C1r 和 C1s 的相继活化。在经典途径中，一旦形成 C1s，即完成识别阶段，并进入活化阶段。

（2）活化阶段：C1 作用于后续的补体成分，至形成 C3 转化酶（C42）和 C5 转化酶（C423）的阶段。

C4：C4 是 C1 的底物。在镁离子存在下，C1 使 C4 裂解为 C4a 和 C4b 两个片段，并使被结合的 C4b 迅速失去结合能力。C1 与 C4 反应后能更好地显露出 C1 作用于 C2 的酶活性部位。

C2 在镁离子存在下被 C1 裂解为两个片段 C2a 和 C2b。当 C4b 与 C2b 结合成 C4b2b（简写成 C42）即为经典途径的 C3 转化酶（C4b2b）。

C3：C3 被 C3 转化酶（C4b2b）裂解为 C3a 和 C3b 两个片段（图 4-2），分子内部的巯酯基（—S—CO—）外露，成为不稳定的结合部位。C3b 通过不稳定的结合部位，结合到抗原抗体复合物上或结合到 C42 激活 C3 所在部位附近的微生物、高分子物质及细胞膜上，当 C3b 与 C42 结合，则形成经典途径中 C5 转化酶（C4b2b3b）。C3b 的另一端是个稳定的结合部位。C3b 通过此部位与具有 C3b 受体的细胞相结合。C3b 与 B 因子结合，形成 C3bB 复合物。B 因子裂解为 Bb 和 Ba，Bb 与 C3b 结合，形成旁路途径的 C3 转化酶（C3bBb）。部分 C3b 与 C3bBb 复合物结合，形成旁路途径的 C5 转化酶（C3bBb3b）。至此完成活化阶段。

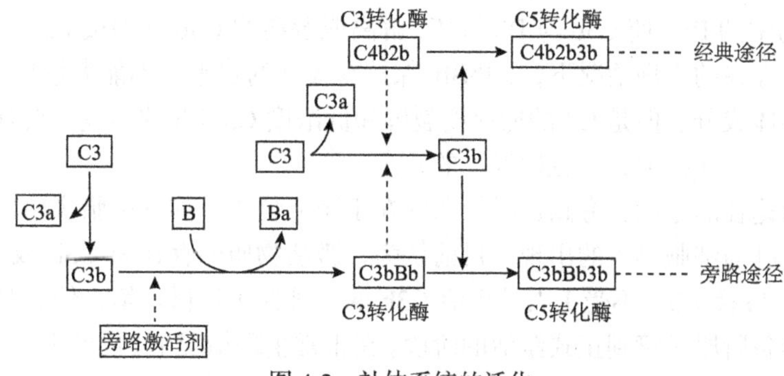

图 4-2 补体系统的活化

（3）膜攻击阶段：C5 转化酶裂解 C5 后，继而作用于后续的其他补体成分，最终导致细胞受损、细胞裂解的阶段。

C5：C5 转化酶裂解 C5 产生 C5a 和 C5b 两个片段。C5a 游离于液相中，具有过敏毒素活性和趋化活性。C5b 可吸附于邻近的细胞表面，但其活性极不稳定，易于衰变成 C5bi。

C6~C9：C5b 虽不稳定，当其与 C6 结合成 C5b6 复合物则较为稳定，但此 C5b6 并无活性。C5b6 与 C7 结合成三分子的复合物 C5b67 时，较稳定，不易从细胞膜上解离。

C5b67 既可吸附于已致敏的细胞膜上，也可吸附在邻近的，未经致敏的细胞膜上（即未结合有抗体的细胞膜上）。C5b67 是使细胞膜受损伤的一个关键组分。它与细胞膜结合后，即插入膜的磷脂双层结构中。

C5b67 虽无酶活性，但其分子排列方式有利于吸附 C8 形成 C5b678。其中 C8 是 C9 的结合部位，因此继续形成 C5~9，即补体的膜攻击单位，可使细胞膜穿孔受损。

目前已经证明，C5b、C6、C7 结合到细胞膜下时细胞膜仍完整无损；只有在吸附 C8 之后才出现轻微的损伤，细胞内容物开始渗漏。在结合 C9 以后才加速细胞膜的损伤过程，因而认为 C9 是 C8 的促进因子。

2）旁路激活途径

旁路激活途径与经典激活途径不同之处在于激活越过了 C1、C4、C2 三种成分，直接激活 C3 继而完成 C5～C9 各成分的连锁反应；还在于激活物质并非抗原抗体复合物而是细菌的细胞壁成分——脂多糖，以及多糖、肽聚糖、磷壁酸和凝聚的 IgA 与 IgG 等物质。旁路激活途径在细菌性感染早期，尚未产生特异性抗体时，即可发挥重要的抗感染作用。

（1）生理情况下的准备阶段：在正常生理情况下，C3 与 B 因子、D 因子等相互作用，可产生极少量的 C3b 和 C3bBb（旁路途径的 C3 转化酶），但迅速受 H 因子和 I 因子的作用，不再能激活 C3 和后续的补体成分。只有当 H 因子和 I 因子的作用被阻挡之际，旁路途径方得以激活。

C3：血浆中的 C3 可自然地、缓慢地裂解，持续产生少量的 C3b，释入液相中的 C3b 迅速被 I 因子灭活。

B 因子：液相中缓慢产生的 C3b 在镁离子存在下，可与 B 因子结合形成 C3bB。

D 因子：体液中同时存在着无活性的 D 因子和有活性的 D 因子（B 因子转化酶）。D 因子作用于 C3bB，可使此复合物中的 B 因子裂解，形成 C3bBb 和 Ba 游离于液相中。C3bBb 可使 C3 裂解为 C3a 和 C3b，但实际上此酶效率不高亦不稳定，H 因子可置换

C3bBb 复合物中的 Bb，使 C3b 与 Bb 解离，解离或游离的 C3b 立即被 I 因子灭活。因此，在无激活物质存在的生理情况下，C3bBb 保持在极低的水平，不能大量裂解 C3，也不能激活后续补体成分。但是 C3 的低速度裂解和低浓度 C3bBb 的形成，具有重大意义。可比喻为处于“箭在弦上，一触即发”的状态。

（2）旁路途径的激活：旁路途径的激活在于激活物质（如细菌脂多糖、肽聚糖、病毒感染细胞、肿瘤细胞等）的出现。目前认为，激活物质的存在为 C3b 或 C3bBb 提供不易受 H 因子置换 Bb，不受 I 因子灭活 C3b 的一种保护性微环境，使旁路激活途径从和缓进行的准备阶段过渡到正式激活的阶段。在正常生理情况下，可产生出少量 C3bBb，但迅即被激活。在激活物存在下，C3b 不易被 I 因子灭活，C3bBb 中的 Bb 不易被 H 因子置换，使激活过程得以进行。

P 因子：P 因子旧称备解素（properdin）。正常血浆中也有可以互相转换的两种 P 因子。C3bBb 的半衰期甚短，当其与 P 因子结合成为 C3bBbP 时，半衰期可延长。这样可以获得更为稳定的、活性更强的 C3 转化酶。

C3bBb3b：C3bBb 与其裂解 C3 所产生的 C3b 可进一步形成多分子复合物 C3bBb3b。C3bBb3b 像经典途径中的 C5 转化酶 C423 一样，也可使 C5 裂解成 C5a 和 C5b。后续的 C6~C9 各成分与其相互作用的情况与经典途径相同。

（3）激活效应的扩大：C3 在两条激活途径中都占据着重要的地位。C4 是血清中含量最多的补体成分，这也正是适应其作用之所需。不论在经典途径还是在旁路途径，当 C3 被激活物质激活时，其裂解产物 C3b 又可在 B 因子和 D 因子的参与作用下合成新的 C3bBb，后者又进一步使 C3 裂解。由于血浆中有丰富的 C3，又有足够的 B 因子和镁离子，因此这一过程一旦被触发，就可能产生显著的扩大效应。有人称此为依赖 C3Bb 的正反馈途径，或称 C3b 的正反馈途径。

3）两条激活途径的比较

补体的两条激活途径有共同之处，又有各自的特点。在补体激活过程中，两条途径都是补体各成分的连锁反应，许多成分在相继活化后被裂解成一大一小两个片段。

补体系统是人和某些动物种属，在长期的种系进化过程中获得的非特异性免疫因素之一，它也在特异性免疫中发挥效应，它的作用是多方面的。补体系统的生物学活性，大多是由补体系统激活时产生的各种活性物质（主要是裂解产物）发挥的。补体成分及其裂解产物的生物活性即两条激活途径的主要不同点，见表 4-1。

表 4-1　两条激活途径的主要不同点

比较项目	经典激活途径	旁路激活途径
激活物质	抗原与抗体（IgM、IgG3、IgG1、IgG2）形成的复合物	脂多糖、凝聚的 IgG 与 IgA 等
参与的补体成分	C1~C9	C3，C5~C9，B 因子，D 因子，P 因子等
所需离子	钙离子，镁离子	镁离子
C3 转化酶	C42（C4b2b）	C3bBb
C5 转化酶	C423（C4b2b3b）	C3bBb3b
作用	参与特异性体液免疫的效应阶段	参与非特异性免疫，在感染早期即发挥作用

五、免疫系统

1. *免疫器官*

（1）中枢免疫器官又称一级免疫器官，是免疫细胞发生、发育、分化与成熟的场所，对外周免疫器官的发育亦起主导作用。

（2）中枢免疫器官包括骨髓、胸腺和腔上囊（禽类）。目前发现 T 细胞和 B 细胞都存在胸腺外和骨髓外发育场所，这些发育场所是否属于中枢免疫器官尚未确定。

（3）外周免疫器官：一类特化的器官和组织，是淋巴细胞等定居和接受抗原刺激产生免疫应答的场所。外周免疫器官主要有三项功能：①从感染部位捕获抗原；②将抗原提交给淋巴细胞而启动适应性免疫应答；③在抗原清除后为抗原特异性淋巴细胞的生存和免疫记忆的维持提供必要的信号。

2. *免疫细胞*

（1）免疫活性细胞：是能接受抗原刺激，并能引起特异性免疫反应的细胞，主要包括淋巴细胞、单核-巨噬细胞及网状细胞等。淋巴细胞有 T 细胞和 B 细胞。免疫活性细胞与免疫器官和组织、免疫分子组成人体免疫系统，维持人体内外环境稳定，消除人体内外抗原性物质危害，起着免疫监视作用，是当代十分重视和深入研究的领域。

（2）自然杀伤细胞：即 NK 细胞，来源于骨髓。在无抗体参与下，也能在体内外杀伤肿瘤细胞，具有广谱抗肿瘤作用，并抗感染，参与免疫调节。NK 细胞有如下功能。①自然杀伤活性：由于 NK 细胞的杀伤活性无组织相容性复合体限制，不依赖抗体，因此称为自然杀伤活性。②抗体依赖细胞介导的细胞毒作用（antibody-dependent cell-mediated cytotoxicity，ADCC）：NK 细胞表面具有 FcγRⅢA，主要结合人 IgG1 和 IgG3 的 Fc 段（Cγ2、Cγ3 功能区），在针对靶细胞特异性 IgG 抗体的介导下可杀伤相应靶细胞。IL-2 和 IFN-γ 明显增强 NK 细胞介导的 ADCC 作用。以前认为在淋巴细胞中由 K 细胞介导 ADCC，但至今仍未发现 K 细胞特异的表面标记，也不能证实 K 细胞是否属于一个独立的细胞群，很可能 NK 细胞是介导 ADCC 的一个主要淋巴细胞群。具有 ADCC 功能的细胞群除 NK 细胞外，还有单核细胞、巨噬细胞、嗜酸性粒细胞和中性粒细胞。③分泌细胞因子：活化的 NK 细胞可合成和分泌多种细胞因子，发挥调节免疫和造血作用，以及直接杀伤靶细胞的作用。

第二节　免 疫 应 答

免疫应答（immune response）是指抗原特异性淋巴细胞对抗原分子的识别、自身活化、增殖、分化及产生免疫效应的全过程。在此过程中，抗原对淋巴细胞起了选择与触发作用，因此抗原是启发免疫反应的始动因素。通常认为免疫应答即为免疫反应，实际上前者更为广泛，包含了特异性免疫和非特异性免疫的识别、排除异己成分以维护内环境稳定的全过程。

免疫应答的发生、发展和最终效应是一个相当复杂但又规律有序的生理过程，这个过程可以人为地分成三个阶段。

1. 感应阶段（inductive stage）

感应阶段是抗原通过某一途径进入机体，并被免疫细胞识别、递呈和诱导细胞活化的开始时期。一般，抗原进入机体后，首先被局部的单核-巨噬细胞或其他辅佐细胞吞噬和处理，然后以有效的方式（与MHCⅡ类分子结合）递呈给Th细胞；B细胞可以利用其表面的免疫球蛋白分子直接与抗原结合，并且可将抗原递呈给Th细胞。

2. 反应阶段（reactive stage）

反应阶段是指接受抗原刺激的淋巴细胞活化和增殖的时期，又可称为活化阶段。抗原激活B细胞的应答过程可分成三个过程：活化、增殖、分化。仅仅抗原刺激不足以使淋巴细胞活化，还需要另外的信号；Th细胞接受协同刺激后，B细胞接受辅助因子后才能活化；活化后的淋巴细胞迅速分化增殖，变成较大的细胞克隆。

3. 效应阶段（effective stage）

在免疫应答的效应阶段，抗原成为被作用的对象。抗体和致敏的淋巴细胞可以同抗原进行特异的免疫反应。

一、淋巴细胞的特异性免疫

特异性免疫又称获得免疫，是经后天感染（病愈或无症状的感染）或人工预防接种（菌苗、疫苗、类毒素、免疫球蛋白等）而使机体获得抵抗感染能力，一般是在微生物等抗原物质刺激后才形成的（免疫球蛋白、免疫淋巴细胞），并能与该抗原起特异性反应。

二、吞噬细胞的非特异性免疫

非特异性免疫指肠道等黏膜阻止抗原进入内环境，以及体内的杀菌物质和吞噬细胞参加的免疫。吞噬细胞在非特异性免疫中可以吞噬病原体，在特异性免疫中处理抗原的抗原决定簇（这种处理指使抗原内部的抗原决定簇暴露）然后将抗原传递给T细胞。

1. 吞噬细胞

吞噬细胞有大、小两种。小吞噬细胞是外周血中的中性粒细胞。大吞噬细胞是血中的单核细胞和多种器官、组织中的巨噬细胞，两者构成单核吞噬细胞系统。

2. 吞噬消化过程

以病原菌为例，吞噬、杀菌过程分为三个阶段，即吞噬细胞和病原菌接触、吞入病原菌、杀死和破坏病原菌。

吞噬细胞的非特异性免疫作用范围广，机体对入侵抗原物质的清除没有特异的选择性；反应快，抗原物质一旦接触机体，立即遭到机体的排斥和清除；有相对的稳定性，既不受入侵抗原物质的影响，也不因入侵抗原物质的强弱或次数而有所增减。但是，当机体受到共同抗原或佐剂的作用时，也可增强免疫的能力；有遗传性，生物体出生后即具有非特异性免疫能力，并能遗传给后代。因此，非特异性免疫又称先天免疫或物种免疫，是特异性免疫发展的基础。

三、免疫应答的类型

根据抗原刺激、参与细胞或应答效果等各方面的差异，免疫应答可以分成不同的类型。

1. 按抗原刺激顺序分类

某抗原初次刺激机体与一定时期内再次或多次刺激机体可产生不同的应答效果，据此可分为初次应答（primary response）和再次应答（secondary response）两类。一般地说，初次应答比较缓慢柔和，再次应答则较快速激烈。

2. 按参与细胞分类

按照参与细胞，即主导免疫应答的活性细胞，可分为细胞免疫（cell mediated immunity，CMI）和体液免疫（humoral immunity）两大类。

细胞免疫：主要由 T 细胞介导的免疫反应，其免疫作用有三：对靶细胞的直接杀伤作用；对靶细胞的间接杀伤作用；调节免疫反应。

体液免疫：由抗体介导的免疫应答。体液免疫又分为特异性体液免疫和非特异性体液免疫。前者为淋巴细胞中的浆细胞分泌的抗体作用，后者主要为溶菌酶、补体等物质作用；细胞免疫大多是非特异性免疫或者特异性的体液介导细胞免疫。前者比如有中性粒细胞和巨噬细胞的吞噬作用、NK 细胞的自然杀伤作用等，后者主要有 $CD4^+$ T 细胞的激活等。

3. 按应答效果分类

一般情况下，免疫应答的结果是产生免疫分子或效应细胞，具有抗感染、抗肿瘤等对机体有利的效果，称为免疫保护（immune protection）。但在另一些条件下，过度或不适宜的免疫应答也可导致病理损伤，称为变态反应（hyper sensitivity），包括对自身抗原应答产生的自身免疫病。与此相反，特定条件下的免疫应答可不表现出任何明显效应，称为免疫耐受（immunotolerance）。

另外，在免疫系统发育不全时，可表现出某一方面或全面的免疫缺陷（immunodeficiency）；而免疫系统的病理性增生称为免疫增生病（immunoproliferative disease）。

第三节　变态反应

一、变态反应的概念

变态反应又称过敏反应、超敏反应，是指已被某种抗原致敏的机体再次受到相同抗原刺激时发生的超常的或病理性免疫应答。其表现为生理功能紊乱或组织细胞损伤。变态反应是一种过强的免疫应答，因此具有免疫应答的特点，即特异性和记忆性。引起变态反应的抗原称为变应原，可以是完全抗原，如微生物、异种动物血清等；也可是半抗原、药物、化学制剂等；还可是自身抗原，如变性的自身组织细胞等。根据变态反应的发生机制，通常分为四型，其中Ⅰ、Ⅱ、Ⅲ三型由抗体介导，Ⅳ型为细胞免疫介导，临床上发生的变态反应常见两型或三型并存，以一种为主。而一种抗原在不同条件下可引起不同类型的变态反应。

二、变态反应的类型

1. Ⅰ型变态反应

Ⅰ型变态反应为速发型变态反应，是致敏机体再次接触相应抗原时所发生的急性变态反应，如临床常见的过敏性哮喘，青霉素引起的过敏性休克等均属Ⅰ型变态反应。其基本特点是发生快，消失快，有明显的个体差异和遗传背景。其发生机制是由结合在肥大细胞、嗜碱性粒细胞上的 IgE 与再次接触的变应原结合后导致肥大细胞和嗜碱性粒细胞脱颗粒，释放一系列生物活性物质，导致机体生理功能紊乱，通常无组织细胞损伤。

（1）变应原种类。①吸入性：植物花粉、真菌、尘螨、昆虫、动物皮毛等。②食入性：乳、蛋、海产品、菌类食物、食品添加剂、防腐剂等。③其他：药物、化工原料、污染空气颗粒等。

（2）参与的免疫细胞。①效应细胞：肥大细胞、嗜碱性粒细胞。这两种细胞表面均具有 IgE Fc 受体，可与 IgE 的 Fc 段结合。同时这两种细胞的胞质内均含有大量嗜碱性颗粒，其内含有丰富的生物活性物质，如组胺。②负反馈调节细胞：嗜酸性粒细胞。嗜酸性粒细胞可直接吞噬肥大细胞和嗜碱性粒细胞释放的颗粒，释放一系列酶灭活生物活性介质。

（3）参与的免疫分子——抗体。以 IgE 为主，IgG4 也可参与。IgE 由变应原入侵部位黏膜固有层中浆细胞产生，对同种组织细胞具有亲嗜性，其 Fc 段可与肥大细胞和嗜碱性粒细胞表面的 IgE Fc 受体结合。

（4）参与的生物活性介质及生物效应。①颗粒内储存的介质：组胺使毛细血管扩张，增加其通透性，使平滑肌痉挛，腺体分泌增加，引起痒感；激肽原酶使血浆中激肽原变为缓激肽，扩张毛细血管，增加其通透性，使平滑肌收缩，引起痛感；嗜酸性粒细胞趋化因子吸引嗜酸性粒细胞在反应局部聚集。②新合成介质：白三烯使支气管平滑肌强烈持久收缩导致痉挛，且其作用不能被抗组胺药物阻断。

（5）反应过程。①机体致敏阶段：变应原通常经呼吸道、消化道黏膜和皮肤初次入侵过敏体质机体，刺激机体产生针对变应原的特异性 IgE。②发敏阶段：致敏机体再次接触同一变应原，则变应原与体内早已存在的致敏肥大细胞或嗜碱性粒细胞表面两个相邻的特异性 IgE 分子交联结合，使细胞膜发生一系列生化反应，使致敏细胞脱颗粒，释放储存的介质，同时合成新的介质，产生一系列症状，如呼吸道变态反应可表现为过敏性哮喘、过敏性鼻炎，消化道变态反应表现为呕吐、腹痛、腹泻，皮肤变态反应可表现为荨麻疹、血管性水肿；如全身毛细血管扩张，引起血压下降，则表现为急性的过敏性休克，如不及时抢救则有生命危险。

（6）Ⅰ型变态反应的负反馈调节，主要依靠嗜酸性粒细胞。其作用有两方面：①直接吞噬，降解肥大细胞和嗜碱性粒细胞释放的颗粒。②释放一系列酶破坏生物活性介质，包括组胺酶灭活组胺，芳基硫酸酯酶灭活白三烯，磷脂酶 D 灭活血小板活化因子等。

（7）常见Ⅰ型变态反应性疾病及预防。①过敏性休克：包括药物过敏性休克（以青霉素引起的多见，碘剂等也可引起）、血清过敏性休克（由再次使用免疫血清如破伤风抗毒素、白喉抗毒素血清引起）。纯化免疫血清、使用前皮试可避免这类反应发生。若皮试阳性者仍需应用则应采取脱敏注射。②过敏性哮喘、过敏性鼻炎：常由花粉、尘螨、动物皮屑、霉菌孢子等引起。尽量避免接触变应原，如无法避免，可采用减敏疗法。③过敏性胃肠炎：某些过敏体质的小儿食入鱼、虾、牛乳、鸡蛋等出现呕吐、腹痛和腹泻等症状。④荨麻疹：可由药物、食物、花粉、肠道寄生虫，甚至冷、热刺激引起。

2. Ⅱ型变态反应

Ⅱ型变态反应为细胞毒性变态反应，是自身组织细胞表面抗原与相应抗体（IgG、IgM）结合后，在补体、巨噬细胞和 NK 细胞参与下引起的以细胞溶解及组织损伤为主的病理性免疫应答。

（1）变应原。①自身组织细胞表面抗原，如血型抗原、自身细胞变性抗原、暴露的隐蔽抗原与病原微生物之间的共同抗原等。②吸附在组织细胞上的外来抗原或半抗原，如药物（青霉素、甲基多巴）、细菌成分、病毒蛋白等。

（2）靶细胞/组织：血细胞、肾小球基膜、心瓣膜、心肌细胞等。

（3）参与的免疫分子：①抗体 IgG、IgM；②补体。

（4）靶细胞损伤机制：当体内相应抗体与细胞表面的抗原结合后，可通过以下三条途径杀伤带有抗原的靶细胞。①激活补体：靶细胞上的抗原和体内相应抗体 IgG、IgM 结合后，通过经典途径激活补体，最终在靶细胞膜表面形成膜攻击复合物，造成靶细胞因膜损伤而裂解。②调理吞噬作用：抗体 IgG 结合靶细胞表面抗原后，增强它们的吞噬作用。IgM 与靶抗原结合后可通过激活补体，再以补体 C3b 与巨噬细胞表面 C3b 受体结合发挥调理作用。③ADCC 效应：对固定的组织细胞，在抗体 IgG 和 IgM 介导下，与具有 IgG Fc 受体和补体 C3b 受体的巨噬细胞、NK 细胞等结合，释放蛋白水解酶、溶酶体酶等，使固定组织溶解破坏。

（5）常见的Ⅱ型变态反应性疾病和预防。①输血反应：可由 ABO 血型不合和 Rh 血型不合的输血引起红细胞溶解。HLA 型别不同的输血可使体内产生抗白细胞、血小板抗体，产生非溶血性输血反应。通过血型鉴定选择同型血输入可避免 ABO 血型不合的输血反应。②新生儿溶血病：主要见于母子间 Rh 血型不合的第二胎妊娠。血型为 Rh 阴性的母亲因流产或分娩过 Rh 阳性的胎儿时，Rh 阳性红细胞进入体内产生了抗 Rh 抗体（IgG 类），当她再次妊娠 Rh 阳性的胎儿时，母体内的抗 Rh 抗体可通过胎盘进入胎儿体内，与胎儿 Rh 阳性红细胞结合，通过激活补体和调理吞噬，使胎儿红细胞溶解破坏，引起流产或新生儿溶血。若该母亲曾接受过输血则第一胎胎儿也可发生溶血。预防：分娩 Rh 阳性胎儿 72h 内给母体注射 Rh 抗体（抗 D 抗体），预防再次妊娠 Rh 阳性胎儿发生新生儿溶血病。母子 ABO 血型不符也可引起新生儿溶血病，见于 O 型血母亲生 A、B 型胎儿。目前无有效预防措施。③自身免疫性溶血性贫血：由于感染或某些药物引起的红细胞表面抗原改变，导致体内产生抗红细胞抗体，与红细胞表面抗原结合后激活补体或巨噬细胞引起红细胞溶解。④药物过敏性血细胞减少症：外来药物半抗原结合在血细胞上成为完全抗原后刺激体内产生相应抗体，与血细胞表面抗原结合后激活补体或巨噬细胞造成血细胞损伤，可表现为溶血性贫血、粒细胞减少、血小板减少。⑤链球菌感染后肾小球肾炎：由A族链球菌与肾小球基膜存在的共同抗原或因链球菌感染改变肾小球基膜，产生自身抗原引起。⑥急性风湿热：链球菌感染后，体内抗链球菌胞壁蛋白抗体与心肌细胞上的共同抗原结合，引起心肌炎。

3. Ⅲ型变态反应

Ⅲ型变态反应为免疫复合物型、血管炎型变态反应，是可溶性抗原与相应抗体（主要是IgG、IgM）结合形成中等大小的可溶性免疫复合物沉积于局部或全身毛细血管基膜后，通过激活补体系统，吸引白细胞和血小板聚集，引起的以充血水肿、中性粒细胞浸润、组织坏死为主要特征的病理性免疫应答。

1）中等大小的可溶性免疫复合物的形成和沉积

颗粒性抗原与抗体形成的大分子免疫复合物可被吞噬细胞吞噬清除。可溶性小分子免疫复合物在通过肾脏时可被滤过清除。只有中等大小的可溶性免疫复合物可在血液中长期存在，并在一定条件下沉积。引起沉积的原因主要有如下几点。①血管活性胺等物质的作用：免疫复合物可直接吸附血小板，使之活化释放血管活性胺；或通过激活补体，产生C3a、C5a片段，使嗜碱性粒细胞脱颗粒释放血管活性胺，造成毛细血管通透性增加。②局部解剖和血流动力学因素：免疫复合物在血流中循环，遇到血流缓慢、易产生涡流、毛细血管内压较高的区域如肾小球基膜和关节滑膜，易于沉积并嵌入血管内皮细胞间隙之中。

2）免疫复合物沉积后引起的组织损伤

免疫复合物沉积后引起的组织损伤主要由补体、中性粒细胞和血小板引起。①补体作用：免疫复合物经过经典途径激活补体，产生C3a、C5a、C567等过敏毒素和趋化因子，使嗜碱性粒细胞和肥大细胞脱颗粒，释放组胺等炎症介质，造成毛细血管通透性增加，导致渗出和水肿，并吸引中性粒细胞在炎症部位聚集、浸润。膜攻击复合物可加剧细胞损伤。②中性粒细胞作用：中性粒细胞浸润是Ⅲ型变态反应的主要病理特征。局部聚集的中性粒细胞在吞噬免疫复合物的过程中，释放蛋白水解酶、胶原酶、弹性纤维酶和碱性蛋白等，使血管基膜和周围组织损伤。③血小板作用：免疫复合物和补体C3b可使血小板活化，释放血管活性胺，导致血管扩张，通透性增加，引起充血和水肿；同时血小板聚集，激活凝血机制，可在局部形成微血栓，造成局部组织缺血，进而引发出血，加重局部组织细胞的损伤。

3）常见的Ⅲ型变态反应性疾病

（1）局部免疫复合物病：如阿蒂斯（Arthus）反应及类Arthus反应。前者见于实验性局部Ⅲ型变态反应；后者见于胰岛素依赖型糖尿病患者局部反复注射胰岛素后刺激机体产生相应IgG抗体，再次注射胰岛素即可在注射局部出现红肿、出血和坏死等类似Arthus反应的现象。

（2）全身免疫复合物病。①血清病：通常在初次接受大剂量抗毒素（马血清）1~2周后，出现发热、皮疹、关节肿痛、全身淋巴结肿大、荨麻疹等症状。主要是体内尚未清除的马血清产生了相应抗体，两者结合形成中等大小的可溶性循环免疫复合物所致。该病为自限性疾病，停用抗毒素后可自然恢复。②链球菌感染后肾小球肾炎：一般发生于A族溶血性链球菌感染后2~3周，由体内产生的相应抗体与链球菌可溶性抗原如M

蛋白结合后沉积在肾小球基膜所致。其他病原体如乙肝病毒、疟原虫等感染也可引起免疫复合物型肾炎。③慢性免疫复合物病：如系统性红斑狼疮、类风湿性关节炎等。系统性红斑狼疮是由于患者体内持续存在变性DNA及抗DNA抗体形成的免疫复合物，沉积在肾小球、肝脏、关节、皮肤等部位血管壁，激活补体和中性粒细胞引起的多脏器损伤。类风湿性关节炎是由自身变性的IgG分子作为自身抗原，刺激机体产生抗变性IgG的自身抗体（IgM类为主，临床上称类风湿因子），两者结合形成免疫复合物，反复沉积在小关节滑膜，引起类风湿性关节炎。

（3）过敏性休克样反应：见于临床上用大剂量青霉素治疗梅毒螺旋体、钩端螺旋体病时出现的与过敏性休克相同的临床表现。但两者发生机制不同。过敏性休克样反应无IgE参与，是由于梅毒螺旋体和钩端螺旋体被大量杀死后，其可溶性抗原与抗体形成大量的循环免疫复合物激活补体，产生大量过敏毒素，激发肥大细胞和嗜碱性粒细胞脱颗粒，释放血管活性胺类物质，引起血管通透性增高，血压下降，导致过敏性休克。

4. Ⅳ型变态反应

Ⅳ型变态反应又称迟发型变态反应，是由效应T细胞与相应致敏原作用引起的以单个核细胞（巨噬细胞、淋巴细胞）浸润和组织细胞变性坏死为主的炎症反应。其主要特点：①发生慢，接触变应原后24~72h发生，故称迟发型变态反应；②Ⅳ型变态反应的发生与抗体、补体无关，而与效应T细胞和吞噬细胞及其产生的细胞因子和细胞毒性介质有关；③Ⅳ型变态反应的发生和过程基本同细胞免疫应答，无明显个体差异，在免疫应答清除抗原的同时损伤组织。由于是针对胞内寄生菌（结核杆菌、麻风杆菌、布氏杆菌）、真菌和病毒等产生的细胞免疫同时伴随的细胞损伤，所以也称为传染性变态反应。

（1）变应原：胞内寄生菌，某些病毒，寄生虫，化学物质如染料、油漆、农药、二硝基氯/氟苯、化妆品等，某些药物如磺胺、青霉素等。

（2）参与细胞：效应性$CD4^+$ Th1细胞和效应性$CD8^+$ Tc细胞。另外，NK细胞、巨噬细胞也参与炎症反应。

（3）发生机制。①T细胞致敏：抗原经抗原提呈细胞（APC）加工处理后，以抗原肽-MHC-Ⅱ类或Ⅰ类分子复合物的形式提呈给具有相应抗原识别受体的Th细胞和Tc细胞，使之活化、增殖、分化、成熟为效应T细胞，即炎性T细胞（Th1细胞）和致敏T细胞。②致敏T细胞产生效应：当致敏T细胞再次遇到相应抗原刺激后，炎性T细胞可通过释放TNF-β、IFN-γ和IL-2等细胞因子，激活巨噬细胞和NK细胞，引起以单个核细胞浸润为主的炎症反应。致敏T细胞则通过释放穿孔素和蛋白酶，直接破坏抗原特异性的靶细胞，引起组织坏死。

（4）常见Ⅳ型变态反应性疾病。①传染性变态反应：由胞内寄生菌（结核杆菌、麻风杆菌等）、病毒、真菌等引起的感染，可使机体在产生细胞免疫的同时产生迟发型变态反应，如结核病患者肺部空洞的形成、干酪样坏死，麻风病患者皮肤的肉芽肿形成，以及结核菌素反应等均是由Ⅳ型变态反应引起的组织坏死和单核细胞浸润性炎症。②接触性皮炎：某些过敏体质的人经皮肤接触某些化学制剂如溴化物等而致敏。当再次接触这些变应原时，24h后接触部位的局部皮肤可出现红肿、皮疹、水疱，严重者甚至出现剥脱性皮炎。

第四节　中医学对免疫的认识及保健原则

一、中医学对免疫的认识

"免疫"一词，始见于明朝的《免疫类方》，其意为"免除疫疠"，即古中医所说"正气"。中医学源远流长，内容丰富。而免疫学作为一门自然科学，仅有一百多年的历史，但将现代免疫学的某些论述与中医学的一些观点对比，却发现二者有着惊人的一致，二者不仅丝丝相扣，而且相辅相成。在我国医学史上，很早就有"免疫"的思想，这就是"以毒攻毒"的治病方法。《黄帝内经》中提到，治病要用"毒药"，药没有"毒"性就治不了病。

《黄帝内经》说："正气存内，邪不可干""邪之所凑，其气必虚"。在疾病的发生发展过程中，疾病是否发生，是否恶化，关键取决于正气。若脏腑功能正常，元真通畅，脏腑气血调和，则不发病，或发病轻微。若神疲乏力，气喘短促，形寒怕冷，动则汗出，纳差便溏，易感冒，或胸脘痞满，胸闷胁胀，或咯血，呕血，头晕昏厥，皆气机升降出入失常或气虚所致正气不足，则外易致风、寒、暑、湿、燥、火六淫所侵，内易致七情、饮食、劳倦所伤，疾病纷沓而生。

1. 免疫与中医正气的相同之处

中医正气是人体的功能活动对外界环境的适应能力、抗病能力和康复能力。是机体识别和排除抗原性异物，维持自身生理平衡与稳定的功能。包括营、卫、气、血、精、神、津液与脏腑经络的功能活动等。

（1）中医正气抗御外邪入侵的功能，与免疫防御功能相当。

中医学认为，正气亏虚是疾病发生的内在基础，因此，非常重视人体正气在疾病发生过程中的重要作用。正气充盛，抗病力强，致病邪气难以侵袭，疾病也就无从发生。反之，当人体正气不足，或正气相对虚弱时，卫外功能低下，往往抗邪无力，则邪气可能乘虚而入，导致机体阴阳失调，脏腑经络功能紊乱，以致引发疾病。

（2）中医正气维持脏腑功能协调、气血流行畅达的功能，与免疫稳定功能相吻合。

在中医病因学中，特别注意内生邪气，如痰饮、瘀血以及内生五邪等。上述邪气，往往是脏腑功能失调，气血失和的病理产物，又反过来影响人体，导致疾病的发生。《丹溪心法》谓："气血冲和，百病不生。一有怫郁，诸病生焉，故人身诸病多生于郁。"郁是诸多疾病自身而生的关键因素，故前人有"百病皆兼郁"的论断。郁是气血失于冲和的病理状态，若脏腑协调、气血冲和，则郁不能存在，而诸病亦皆难生。

（3）中医正气预防或消除体内病理产物形成、堆积的功能，与免疫监督功能相当。

一旦体内产生了一些病理产物，人体的正气就会奋起而抵抗之。如果正气不足，而这些病理产物又难以迅速除尽，必然会导致邪气愈结愈甚，同时正气因之而耗伤，甚则危及生命。如积证的发生，常常因为情志失调，饮食失节，或感外邪，以致气机郁滞，血行不畅，瘀血内阻，结而成块，积渐而大，终至不治。《素问·经脉别论》曰："当是之时，勇者气行则已，怯者则着而病也。"

2. 免疫与中医正气的不同之处

中医正气只是从整体、宏观的角度阐释了人体免疫功能的大致内容，至于微观、局部的内容，是正气学说所不能阐述清楚的。

总之，现代医学免疫功能与中医学所说的正气的抗病能力相当，但两者又不是能等量齐观的概念，因此，不可将两者的含义混淆。

二、免疫与中医肾、肺、脾的关系

中医学的脏腑与现代医学的脏器，在解剖位置、生理病理诸方面并非同一概念。

中医的一个脏腑，可以包括几个脏器的功能；同时，几个脏腑又可以具有同一功能。如“肾藏先天精气，脾运化水谷之气，肺吸入清气”，构成了人体之“正气”。这表明免疫系统及有关疾病与脏腑学说有关，尤其与肾、肺、脾三脏关系最为密切。而正气又具有免疫系统的功能。“阴平阳秘，精神乃治”，这就是免疫系统的自我稳定功能。如果因为种种原因，阴阳失去平衡，免疫系统的稳定性遭到破坏，就会出现一系列的病变。如“阴胜则阳病，阳胜则阴病”“阳胜则热，阴胜则寒”“阴虚则热，阳虚则寒”等。

1. 免疫与肾的关系

中医认为：肾藏精，主骨，生髓，通于脑，开窍于耳及二阴，其华在发。肾为先天之本，五脏之根，生命之门。骨髓是免疫系统中的中枢免疫器官，是淋巴细胞的发源地，故肾脏与免疫活性细胞的来源直接相关。而肾又主骨生髓，所以肾精气充足，正气强盛，机体免疫功能就正常；肾精气不足，正气虚衰，免疫功能就低下。中医学的肾气含义深远，不仅与免疫系统有关，与内分泌系统、生殖系统、神经系统等也有关联。由于肾具有下丘脑-垂体-肾上腺皮质轴和下丘脑-垂体-甲状腺轴的功能，所以，肾在调整和维持免疫平衡及其稳定方面有着重要作用。

2. 免疫与肺的关系

肺主气，主宣发、肃降，通调水道，开窍于鼻，外合皮毛，肺吸清吐浊，是气吐纳、出入的场所。宣降正常，出入有序，就可维持“清阳出上窍，浊阴出下窍”“清阳发腠理，浊阴走五脏”“清阳实四肢，浊阴归六腑”的各种正常生理功能。

近年发现，肺不单纯是气体交换的呼吸器官，更重要的是内分泌器官。是前列腺素E或前列腺素F的生物合成、释放和灭活的主要场所。前列腺素E和前列腺素F相互拮抗，起双向调节作用。

肺还是一些激素如缓激肽、甲状腺素、皮质激素等的代谢场所和靶场。所以，肺还可以通过这些激素，对免疫发挥调节作用。

3. 免疫与脾的关系

脾主运化，统血，主肌肉及四肢，开窍于口，其华在唇，为后天之本，气血生化之源。

脾脏在免疫系统中为外周免疫器官，是淋巴细胞定居的部位。许多疾病过程中的某一阶段表现为脾气虚，或素体脾气虚弱，易招致外邪侵袭，都是免疫功能低下的表现。如很多感冒患者久治不愈，或倦怠乏力易感冒者，即是如此。

上述三脏，肾是根本，脾是化源之器，肺起敷布和资助作用。肾、肺、脾三脏之气健旺，机体免疫功能就正常。如因种种原因致肾、肺、脾任何一脏亏虚，都可影响免疫功能，临床当分别采用补肾、益肺、健脾的方药治疗，机体的免疫功能也相应得到改善，这些都可根据免疫学检查的客观指标来观察。

三、中医学的免疫原则和建议

1. 中医学的免疫原则

中医治疗疾病，不外扶正、祛邪两大法则，所谓“扶正”，包括了益卫气、补元气、养血气，就是调动机体的抗病力，提高机体的免疫功能，增强其稳定性，提高其免疫能力。所谓祛邪，就包括了祛散风邪、清热解毒、活血化瘀、涤痰化浊、软坚散结等具体治则，具有抑制免疫反应和调节免疫平衡的作用，从而提高机体的抗病能力，所谓“邪去则正安也”。总之，临床上注重补先天，调后天，调整脏腑功能，调整气机升降，恢复阴阳平衡，是调节免疫平衡或提高免疫力的关键。

2. 中医学的免疫建议

“救治于后，不若摄养于先。”人得了病再去治疗，不如在生病之前采取有效措施，把身体调养好，不得病。防病优于治病，预防重于治疗，要加强自我保健意识，从多方面去努力提高机体免疫功能，才能保证身体健康长寿。

随着医学的发展和中西医结合研究的深入，运用现代先进的科学技术手段对医学领域的某些新发现更进一步说明，现代医学研究越深入，越能从某个角度来揭示和证实中医学内容的本质。

目前单用西药治疗免疫性疾病很不理想，中医药在这方面则有其独特的作用，且基本无副作用，但也有起效缓慢的弱点，中西医结合就可以扬长避短，提高疗效。所以，我们要深入研究中医扶正祛邪的理论及所用的方药，对丰富现代免疫疗法，提高人体健康水平，具有深远的意义。

第五节　营养与免疫

一、营养免疫学简介

营养免疫学由陈昭妃博士首创，研究营养对免疫系统的影响。营养免疫学不专注于研究基本生存的营养，如蛋白质、碳水化合物、脂肪、维生素和矿物质，因为现代人要获得这些营养是非常容易的。

营养免疫学主要研究三种营养，它们是抗氧化剂、植物营养素和多糖体。每天我们只能从多种多样的植物性食物中摄取这些营养，营养免疫学研究含有丰富的抗氧化剂、植物营养素和多糖体的植物物种和品种，它还研究植物的哪个部位含有较多的营养。例如，葡萄籽中富含一种强抗氧化剂原花青素（OPC）；人参的果实营养价值也很高。除此之外，营养免疫学还研究采收植物的最佳时机和处理植物的最佳方法，以确保营养不会流失。例如，菇类要在幼嫩的时候采收，而仙人掌要生长多年才会富含营养。

随着年龄的增长，人们患上疾病的危险就会增高，富含抗氧化剂的饮食，能够让一个 50 岁的人，拥有 30 岁的免疫系统。许多不同种类的植物性食物，含有大量的抗氧化剂。葡萄籽和玫瑰果就是最好的例子，葡萄籽中含有的 OPC 抗氧化功能比维生素 C 高出 20 倍，比维生素 E 高出 50 倍。

植物营养素，亦称植物化学物质，是指存在于天然植物中对人体有益处的非基础营养素。它们多有异味，多存在于缤纷多彩的蔬果中，包括植物性酚、多酚、有机酸、黄酮类、萜类和硫苷等。它们既是植物不可或缺的一部分，在植物体内协助自身实现多种生理功能，又可被人体吸收利用，帮助调节人体生理健康。目前已经被确认并分离出来的植物营养素有上千种，如生物碱（麻黄碱、小檗碱、咖啡碱、茶碱等）、茶多酚（儿茶素、花青素、黄酮类和酚酸类等）、不同来源的植物皂苷（大豆皂苷、人参皂苷、绞股蓝皂苷、柴胡皂苷等）、糖萜素、大蒜素/蒜氨酸、叶黄素、番茄红素等，这些植物营养素在抗氧化，降低糖尿病、高脂血症、高血压风险等方面具有重要功效，为现代社会预防慢性疾病带来了新的思路。

多糖体是一串由葡萄糖分子组成的长链糖，称为 *β-D*-glucan。通常 *β-D*-glucan 结构中含有主链(1,3)-*β-D*-glucan 与支链(1,6)-*β-D*-glucan，因此，又称作 *β*-(1,3)(1,6)-*D*-glucan。微生物、动物和植物中都含有多糖体，如酵母菌、谷类、菇类（蘑菇、云芝、香菇、灵芝等）。某些菇类中的多糖体具有活化免疫细胞的作用。

二、营养素失调时机体免疫力的变化

营养素失调时机体免疫功能会发生许多变化，这类变化包括腺与淋巴组织、细胞免疫、体液免疫、补体系统、吞噬细胞及其他变化。营养素失调可损害机体细胞免疫和体液免疫，导致人体合并感染性疾病，且感染迁延不愈，与营养素失调形成恶性循环。

单一营养素失调时人体免疫力的变化大多取决于遗传基因，但是环境的影响也很大，其中饮食具有决定性的影响力。有些食物的成分能够协助刺激免疫系统，增加免疫能力。如果缺乏这些重要营养素成分，将会影响身体的免疫系统功能。与提升免疫力有关的营养素包括以下几个方面。

1. 蛋白质对免疫功能有明显的调节作用

蛋白质不足导致的免疫功能受损，可部分地归因于缺少合成免疫系统的细胞蛋白质。大多数研究表明，蛋白质摄入不足可以损害机体的免疫力，特别是 T 细胞的功能，导致感染发生率的增加。蛋白质不足可能导致抗原抗体结合反应和补体浓度下降，免疫器官（如胸腺）萎缩，T 细胞尤其是辅助性 T 细胞数量减少，吞噬细胞发生功能障碍，NK 细胞对靶细胞的杀伤力下降。而 NK 细胞是一群不需要抗原刺激和致敏就能直接杀伤靶细胞的淋巴细胞，对控制机体的感染起着重要作用。

2. 脂肪酸对免疫功能的影响

饮食中的脂肪成分和含量通过改变细胞膜脂质成分直接影响免疫细胞的功能，尤其是饮食中的多不饱和脂肪酸的变化可直接影响细胞膜磷脂组成，并间接影响免疫细胞的功能。细胞膜中的 ω-3 多不饱和脂肪酸和 ω-6 多不饱和脂肪酸的比例是影响细胞免疫功能的关键。一般来说，细胞膜磷脂中 ω-6 多不饱和脂肪酸的比例升高，可增加花生四烯酸的合成，提高细胞内前列腺素浓度，导致机体免疫细胞功能的抑制，即 IL-2 生成减少和抑制淋巴细胞对丝裂原的增殖反应，并使T细胞和NK细胞的功能低下。目前ω-3多不饱和脂肪酸作为一种特殊的营养素，对机体免疫及代谢的调理作用已引起人们极大的关注。海洋鱼油中ω-3多不饱和脂肪酸含量很高，主要以EPA和DHA的形式存在。

3. 维生素对免疫功能的影响

维生素作为生物反应的调节物，在免疫营养中，主要通过抗氧化作用来体现药理效应。在各种维生素中，研究较深入的是维生素E、维生素C、维生素A、维生素B_6。

（1）维生素E（vit E）与免疫：维生素E是所有细胞膜、核膜、线粒体膜的必要成分，具有重要的抗氧化功能，同时对免疫功能也有影响。当机体缺乏维生素E时，T细胞及B细胞的功能均不正常，巨噬细胞也受影响，吞噬功能下降。血清中维生素E值高出平均值（71.35mg/L）者，在3年的观察期间感染次数明显减少。年龄的老化与T细胞、B细胞免疫功能的下降是同步的，而维生素E能增强淋巴细胞的功能。

（2）维生素C（vit C）与免疫：维生素C除具有众所周知的抗坏血病功能以外，还能增强机体的免疫力，提高对疾病的抵抗力。维生素C对免疫功能的影响具体表现在以下几个方面：提高体内抗体、补体的含量和活性，增强抗体对抗原的应答反应；促进淋巴细胞的增殖，提高血液中T细胞百分率；增强吞噬细胞的吞噬作用和NK细胞的活性。

（3）维生素A（vit A）与免疫：维生素A在体内的免疫功能是近年来一个非常活跃的基础研究领域。维生素A缺乏是营养不良导致感染发生率增高的重要原因。人体和体外研究证实，维生素A缺乏时引起多方面免疫功能障碍。维生素A对免疫的影响主要包括以下3个方面。①对T细胞。Annett发现维生素A是T细胞生长、分化、激活过程中不可缺少的因子。②对B细胞。维生素A可促进B细胞功能的成熟，使分泌抗体的能力增加。

（4）维生素B_6（vit B_6）与免疫：B族维生素中以维生素B_6对免疫功能的影响最为突出。缺乏维生素B_6对免疫系统有明显的改变：对胸腺的影响最大，使胸腺激素显著减少，淋巴细胞减少。

4. 微量元素对免疫功能的影响

微量元素在体内含量虽少，但它们在生命活动过程中起着广泛而重要的作用。机体内的微量元素不仅与新陈代谢和繁殖功能的关系十分密切，还与免疫功能有关。已知对机体的免疫功能具有重要的调节作用的微量元素主要有锌、硒、铁。

（1）锌与免疫：近年来，锌对机体免疫功能的影响已受到人们的广泛重视。锌是胸腺内分泌生物活性所必需的元素，机体中有100多种金属酶在锌存在的情况下才能发挥其生物活性。锌缺乏引起的免疫功能低下包括淋巴器官萎缩和皮质区T细胞稀少，胸腺素水平降低；T细胞功能障碍和巨噬细胞功能异常；巨噬细胞杀菌能力受损；对B细胞本身功能影响不大，但由于缺乏T细胞的辅助而不能产生足够的特异性抗体；淋巴细胞凋亡增多，淋巴细胞对丝裂原增殖反应的损害和NK细胞的活性（NKCA）降低；皮肤迟发型变态反应降低。

（2）硒与免疫：硒是谷胱甘肽过氧化物酶/还原酶的辅助因子，它对细胞保持氧化还原的平衡和清除活性氧起重要作用，硒的缺乏可以影响免疫系统的各个方面。食物中补充适当剂量的硒，能增强抗体对抗原的免疫应答反应，促进淋巴细胞的增殖，使参与免疫应答的淋巴细胞数目增多，从而增强了机体对感染的抵抗力。

（3）铁与免疫：铁是人体和病原微生物的必需营养素，缺铁可造成贫血、免疫功能下降、认知和运动发育异常等，另外，缺铁也可能是人体为对抗某些感染性疾病而发生的适应性改变。人体与病原菌通过不同机制竞争利用铁元素，感染期间补铁因增加了病原菌铁的可获得性，有可能改变疾病的转归。

5. 能量对免疫功能的影响

1）蛋白质-能量营养不良（PEM）与免疫

中度或重度PEM常伴有多种微量元素和维生素缺乏，能引起广泛的免疫功能损伤。

（1）非特异性免疫功能：皮肤和黏膜是预防感染的第一道屏障。营养不良时易出现黏膜缺损，继发呼吸道、胃肠道或泌尿道感染。严重PEM时常伴有维生素A缺乏而导致皮肤角化过度；维生素B_2、维生素B_6缺乏可发生皮炎、唇炎、口角炎。PEM病发时常伴有血清多种补体（C1~C9）成分水平和活性（CH50）的降低，约25%的患者血清中存在抗补体成分活性。补体系统的异常继发于消耗过多和合成减少。

（2）特异性免疫功能：PEM最常见的免疫功能障碍是细胞免疫异常，表现为淋巴器官（如胸腺）萎缩，胸腺细胞数量减少，不同程度的淋巴结生发中心和周围淋巴组织皮质旁细胞减少甚至缺乏；淋巴细胞增殖功能低下，NK细胞活性降低。

2）能量过剩与免疫

前面各种营养素的介绍已表明，营养过剩同营养不足一样，可造成人体免疫功能的损伤，降低人体抗病能力，使人易患多种疾病。其中三大产能营养素（碳水化合物、脂肪、蛋白质）过量摄入会导致能量过剩，进而引起肥胖，而肥胖者多伴有胆固醇增高。

（1）肥胖：肥胖特别是单纯性肥胖患者，过食大量脂肪和碳水化合物，致使体内存储大量饱和脂肪酸和碳水化合物，对免疫活性细胞具有抑制作用。

（2）胆固醇过剩：胆固醇过剩会损害淋巴细胞和网状内皮细胞的功能，阻止细胞膜胆固醇的合成，从而抑制淋巴细胞对抗原刺激产生免疫应答，抑制巨噬细胞吞噬功能和清除抗原能力。

（3）碳水化合物过剩：高血糖对淋巴细胞和吞噬细胞功能有明显的损害，特别是后者，故糖尿病患者极易患感染性疾病。体外研究发现，白细胞暴露于高半乳糖溶液中，其细胞内的ATP含量降低。

第六节　增强免疫力保健食品举例

一、提高免疫力的食品原料

以下是几种常见的可以提高免疫力的食品原料：

（1）灵芝：可增强人体的免疫力，这是因为灵芝含有多糖体，此外，还含有丰富的锗元素。锗能加速身体的新陈代谢，提高机体免疫力。在食品中灵芝含锗量较高。

（2）香菇：所含的香菇多糖能增强人体免疫力。

（3）新鲜萝卜：因其含有丰富的干扰素诱导剂而具有免疫作用。

（4）蜂王浆：能提高机体免疫力及内分泌的调节能力。

（5）猴头菇、草菇、黑木耳、银耳、百合等富含多糖，有明显增强免疫的作用。

（6）番茄：含丰富的谷胱甘肽和维生素。

二、增强免疫力保健食品研发原理

（一）富锗金针菇营养粉

1. *原料与配方*

（1）配方：金针菇、Ge-132。

（2）功能原料：金针菇又名金菇、毛柄金钱菌，其菌盖小巧细腻，呈黄褐色或淡黄色，干部形似金针，故名金针菇。色泽白嫩的，又称银针菇。金针菇味道鲜美，营养丰富，是凉拌菜和火锅食品的原料之一。

2. *配方原理分析*

1）中医

金针菇性甘温、无毒，有健脾止泻之功效，并且有补肝、益肠胃作用；主治肝病、胃肠道炎症、溃疡等病症。

2）现代医学

金针菇中含锌量比较高，也有促进儿童智力发育和健脑的作用。金针菇能有效地增强机体的生物活性，促进体内新陈代谢，有利于食物中各种营养素的吸收和利用。更加引人注目的是金针菇中还含有一种被称为朴菇素的物质，可抑制血脂升高，降低胆固醇，降低心脑血管疾病患病风险。另外，食用金针菇具有抵抗疲劳、抗菌消炎、清除重金属盐类物质的作用。

微量元素锗对人体的影响主要是减轻疲劳、降低贫血、促进新陈代谢等，对某些致癌物有较强的拮抗作用，能抑制化学致癌物、分解致癌物，如黄曲霉素、四乙铅基等，还能将长期积存在人体中的有害金属离子如铅、汞、砷、镍等排出体外，具有天然的解毒、排毒作用，可维持心血管系统的正常结构和功能，降低心血管病患病风险。锗可保护视觉器官。

3）营养学

金针菇含有人体必需氨基酸成分较全，含量丰富，高于一般菇类，尤其是赖氨酸的含量特别高，赖氨酸具有促进儿童智力发育的功能，故金针菇被称为“增智菇”。金针菇干品中含蛋白质8.87%，碳水化合物60.2%，粗纤维达7.4%。金针菇既是一种美味食品，又是较好的保健食品。

（二）铁皮枫斗颗粒

1. *原料与配方*

（1）配方：铁皮石斛、灵芝、西洋参。

（2）功能原料：铁皮石斛（*Dendrobium officinale* Kimura et Migo）：茎直立，圆柱形，长9~35cm，粗2~4mm，不分枝，具多节；叶二列，纸质，长圆状披针形，边缘和中肋常带淡紫色。

灵芝又称林中灵、琼珍灵芝草、神芝、芝草、仙草、瑞草，是多孔菌目灵芝科植物赤芝[*Ganoderma lucidum*（Leyss. ex Fr.）Karst]的全株。外形呈伞状，菌盖肾形、半圆形或近圆形。

西洋参（*Panax quinquefolius* L.）是五加科人参属多年生草本植物，别名花旗参、洋参、西洋人参，主根肉质，呈圆形或纺锤形，有时呈分枝状，表面浅黄色或黄白色，色泽油光，皮纹细腻，质地饱满而结实，断切面平坦，呈现较清晰的菊花纹理，参片甘苦味浓，透喉，全体无毛。

2. 配方原理分析

1）中医

（1）铁皮石斛味甘，性微寒，生津养胃，滋阴清热。

（2）灵芝具有补气安神、止咳平喘等功效，用于眩晕不眠、心悸气短、精神萎靡、虚劳咳喘，是《本草纲目》中唯一入五经（肾经、肝经、心经、脾经、肺经）的药物，补益全身五脏之气。

（3）西洋参性凉，味甘、微苦，能补气养阴，清热生津，用于气虚阴亏，内热，咳喘痰血，虚热烦倦，消渴，口燥喉干。

2）现代医学

（1）铁皮石斛活性多糖能显著提高人体白细胞水平，促进淋巴细胞移动抑制因子，对免疫抑制剂环磷酰胺所引发的副作用有超强的清除能力，铁皮石斛活性多糖还能激活人体休眠的细胞，从而提高机体免疫功能。铁皮石斛颗粒可促进荷瘤动物巨噬细胞的吞噬功能，增强T细胞的增殖和分化及NK细胞的活性，并能明显提高荷瘤动物的血清溶血素值，提示铁皮石斛颗粒无论是对非特异性免疫功能，或是特异性细胞免疫功能及体液免疫功能，均有一定的提高作用。

（2）灵芝活性成分主要有多糖、三萜类和蛋白质类，另外还有锗元素等。灵芝孢子作用机制并不十分明确，可能有以下几个方面：①调节机体免疫功能；②抑制肿瘤细胞端粒酶活性；③抑制细胞染色体畸变，保护DNA；④抑制自由基的产生，从而抑制自由基引起的脂质过氧化反应导致DNA损伤；⑤提高肿瘤患者对放疗、化疗和手术的耐受性。

（3）西洋参含有多种人参皂苷，具有镇静、消炎作用，能增强记忆，改善心肌缺血，降低血脂，抑制血小板凝集，还具有促进淋巴细胞的转化、诱导免疫因子生成、增强集体免疫功能的作用，可提高免疫功能。

3）营养学

（1）灵芝中含有蛋白质和氨基酸类、糖肽类、维生素类、胡萝卜素、甾醇类、三萜类、生物碱类、脂肪酸类、内酯和无机离子类等。灵芝孢子蛋白质含量达18%，富含多种必需氨基酸和脂肪酸。灵芝孢子中富含多糖和寡糖，维生素类主要是维生素E，含量超过600mg/kg，另外，也含有少量的维生素C。

（2）西洋参含有多种人参皂苷、挥发油、甾醇、多糖类，以及各种维生素、氨基酸与微量元素等，具有一定的营养价值。

（3）铁皮石斛：铁皮石斛营养组成丰富，包括酚类、萜类、生物碱、多糖氨基醇等多种营养成分。

思 考 题

1. 什么是抗原？如何分类？
2. 免疫系统的组成和功能有哪些？
3. 免疫应答和变态反应各有什么类型？
4. 什么是营养免疫学？试分析营养与免疫的关系。
5. 试分析中医“正气”与现代医学“免疫”的关系。
6. 试以目前市售的某一增强免疫力保健食品为例，分析其配方研发原理。

第五章　减肥保健食品的研发应用

【学海导航】

理解肥胖的分类及其危害，了解肥胖的病因和临床表现、诊断与鉴别诊断，理解中医学对肥胖的认识及保健原则、科学的减肥方法，掌握减肥保健食品的配方设计原理及其在实际生产中的应用。

重点：肥胖的分类及其危害、中医学对肥胖的认识及保健原则、科学的减肥方法、减肥保健食品的配方设计原理及其在实际生产中的应用。

难点：减肥保健食品的配方设计原理及其在实际生产中的应用。

第一节　肥胖及其危害

肥胖是 19 世纪以后，物质生活富裕的产物。它是一个不分年龄、性别、职业，每一个人都热衷谈论的切身话题，更是医学、营养学及公共卫生专业人士需要解决的一个科学问题。在流行病学上，肥胖和健康、保健有着密不可分的关系。其中，与肥胖息息相关的糖尿病、心血管疾病、癌症更是造成人类死亡的主要元凶。WHO 已将超重、肥胖定义为一种慢性病。根据 WHO 统计，截至 2016 年，18 岁及以上的成人中逾 19 亿人超重，其中超过 6.5 亿人肥胖，超过 3.4 亿名 5~19 岁儿童和青少年超重或肥胖。肥胖已成为一种严峻的健康问题，远离肥胖是保健的首要课题。

一、什么是肥胖

肥胖（obesity）是由人体生理功能的改变引起体内脂肪堆积过多，导致体重增加，从而使机体发生一系列病理、生理变化的代谢性疾病。

一般认为，体重超过标准体重 10%为超重，超过 20%且脂肪量超过 30%为肥胖。体重过重有三种情况：一是体内瘦体质过重，而体脂量并不多，属于肌肉发达；二是体内水液潴留过多，体重过重，属于水肿；三是体脂过量，使体重超出正常范围，属于肥胖。

二、肥胖的分类

1. 单纯性肥胖

单纯性肥胖是指无明显的内分泌和代谢性疾病的病因引起的肥胖，属于非病理性肥胖，主要有如下两种情况。

（1）体质性肥胖：特点是脂肪细胞的数目和体积均超出正常，多发生于幼儿期和青春发育期。

（2）获得性肥胖：特点是脂肪细胞的数目一般不再增加，仅体积增大。这类肥胖者往往是在成年以后由于营养过剩而引起肥胖，因而也称为成年起病型肥胖。

2. 继发性肥胖

继发性肥胖也称症状性肥胖，是由内分泌或代谢性原发性疾病引起的肥胖，纠正关键在于原发病的治疗。

（1）内分泌障碍性肥胖：可以由各种下丘脑垂体疾病，如肿瘤、创伤、炎症或弗勒赫利希综合征（又称肥胖生殖无能综合征）等引起；可以由胰岛 B 细胞瘤、皮质醇增多症、甲状腺功能减退、性腺功能低下、多囊卵巢综合征等疾病引起（表 5-1）。

表 5-1 内分泌障碍性肥胖

分类	病变部位	肥胖原因	症状
下丘脑综合征	下丘脑本身病变或垂体病变影响下丘脑	病变性质可为炎症、肿瘤、损伤等	中枢神经症状、自主神经和内分泌代谢功能障碍。因下丘脑食欲中枢损害致食欲异常，如多食，而致肥胖
弗勒赫利希综合征	垂体及柄部	垂体及柄部病变引起，部分影响下丘脑功能	发育前患儿肥胖以颌下、颈、髋部、大腿上部及腹部等为著；如发病于发育后，则第二性征发育不良，少年发病者生殖器不发育、智力迟钝。成人发病者，则可有性功能丧失、精子缺乏、停经不育等表现
垂体性肥胖	垂体	垂体前叶促肾上腺皮质激素腺瘤，分泌过多的促肾上腺皮质激素使双侧肾上腺皮质增生，产生过多的皮质醇	向心性肥胖
甲状腺性肥胖	甲状腺	甲状腺功能减退患者	更易肥胖
肾上腺性肥胖	肾上腺皮质腺	自主分泌过多的皮质醇，引起继发性肥胖，称为库欣综合征	向心性肥胖、满月脸、水牛背、多血质外貌、皮肤紫纹、高血压及糖耐量减退或糖尿病
胰岛性肥胖	胰岛	胰岛素抵抗	胰岛素分泌过多，因多食而肥胖

（2）先天异常性肥胖：多由于遗传基因及染色体异常所致。

（3）其他：①痛性肥胖病，亦称神经性脂肪过多症，病因不明，妇女多发，且出现于绝经期之后，常有停经过早、性功能减退等症状。②进行性脂肪萎缩症。本病患者上半身皮下脂肪呈进行性萎缩，下半身皮下脂肪正常或异常增加。亦有下半身脂肪萎缩，上半身脂肪沉积。

在各类肥胖中，最常见的是单纯性肥胖，约占肥胖的 95%。继发性肥胖，是指由原发性疾病引起的肥胖。当原发性疾病被治好后，继发性肥胖也明显减轻。在所有肥胖者中，继发性肥胖不到 1%。

三、肥胖的危害

据统计肥胖者并发脑梗死与心力衰竭的概率比正常体重者高 1 倍，并发冠心病的概率比正常体重者高 2 倍，高血压发病率比正常体重者高 2~6 倍，合并糖尿病的概率较正常人约增高 4 倍，合并胆石症的概率较正常人高 4~6 倍，更为严重的是肥胖者的寿命将明显缩短。据报道超重 10%的 45 岁男性，其寿命比正常体重者要缩短 4 年。归纳起来，肥胖的主要危害如下。

1. 易发各种心脑血管病

（1）肥胖人群容易发生大动脉粥样硬化，血管缺乏弹力而逐渐脆弱，容易在高血压的作用下发生破裂，引起脑出血，甚至危及生命。

（2）肥胖者血液中的组织纤溶激活抑制因子比普通人高，这种因子使血栓一旦生成就难以溶解，所以肥胖者容易发生脑梗死。

（3）过多的脂质沉积在冠状动脉壁内，致使管腔狭窄、硬化，易发生冠心病、心绞痛，同时由于肥胖者增加心脏泵血负担导致心力衰竭。

（4）内脏脂肪型肥胖会促使血管老化：最近有研究发现，内脏脂肪型肥胖与动脉硬化有密切关联。其中以肥胖引起的胰岛素抵抗最受重视，因为当胰岛素功能逐渐恶化时，为了弥补恶化的情形，胰岛素会分泌过剩，结果导致高血压，而高血压即是形成动脉硬化的直接原因。

2. 与高血压密切相关

肥胖者容易患高血压，肥胖人群常会出现血压波动；20~30 岁的肥胖者，高血压的发生率要比同年龄而正常体重者高 1 倍；40~50 岁的肥胖者，高血压的发生概率要比非肥胖者高 50%。

3. 易患内分泌及代谢性疾病

伴随肥胖所致的代谢、内分泌异常，常可引起多种疾病。糖代谢异常可引起糖尿病，脂肪代谢异常可引起高脂血症，核酸代谢异常可引起高尿酸血症等。肥胖女性因卵巢功能障碍可引起月经不调等病症。

4. 易引起肝胆病变（脂肪肝、胆结石、痛风等）

肥胖造成在肝脏中合成的甘油三酯蓄积从而形成脂肪肝。肥胖者与正常人相比，胆汁酸中的胆固醇含量增多，超过了胆汁中的溶解度，因此肥胖者容易并发高比例的胆固醇结石。在外科手术时，30%左右的高度肥胖者合并有胆结石，而非肥胖者只占 5%。痛风患者大多是习惯于高蛋白饮食的肥胖者。

5. 对肺功能有不良影响，呼吸功能低下（气喘）

肥胖还与各种肺病有关联，这些综合征包括肺换气不足、睡眠呼吸暂停及可测量的肺功能异常，如呼气量、肺活量及最大自由换气量的降低。肺功能的作用是向全身供应氧及排出二氧化碳。肥胖者因体重增加需要更多的氧，但肺功能不能随之而增加，同时肥胖者腹部脂肪堆积又限制了肺的呼吸运动，故可造成缺氧和呼吸困难，最后导致心肺衰竭。

与肥胖相连的肺换气不足不是很普遍，却是临床重要的病症，如皮克威克综合征，常见于非常胖的患者中，胸壁和呼吸道功能的损伤导致了血液中碳酸过多、血氧过少，从而造成了肺换气不足，致使患者嗜睡、换气不足甚至精力下降，进一步的血液氧携带量过少、血液中碳酸过多。

6. 影响劳动力，易遭受外伤

身体肥胖的人往往怕热、多汗、易疲劳、下肢水肿、静脉曲张、皮肤皱褶处患皮炎等，严重肥胖的人，行动迟缓，行走活动都有困难，稍微活动就心慌气短，以致影响正常生活，严重的甚至导致劳动力丧失。由于肥胖者行动反应迟缓，也易遭受各种外伤，如车祸、骨折及扭伤等。

7. 容易诱发癌症

虽然证据有限，但许多研究显示，肥胖患者更容易患癌症。女性肥胖患者患乳腺癌、子宫癌、宫颈癌和子宫内膜癌的危险性较高。男性肥胖患者患结肠癌和前列腺癌的危险性也明显增加。大量研究显示，女性肥胖患者中子宫内膜癌、乳腺癌、胆囊癌、宫颈癌和卵巢癌的死亡率高，男性肥胖者的结肠癌和前列腺癌的死亡率较高。这依赖于癌症发生的部位和肥胖的程度。肥胖患者的癌症死亡率是正常人的1.3~5.4倍。

超重与肥胖的妇女患乳腺癌的危险性明显增高。特别是绝经期后危险性可增加4.51~12.38倍。美国学者对216名乳腺癌患者进行分析，发现腰臀比值大于0.77者，乳腺癌相对危险性比正常人高出3倍，比值大于0.8者，相对危险性比正常人高6倍。

8. 其他危害

例如，肥胖者于头部、腋窝及股间等皮肤褶皱处，多发红色发痒的湿疹。由于真皮组织迅速生长并断裂，常在腰部、大腿等处出现妊娠纹样的线纹，称为肥胖纹。因过于臃肿，容易出现自卑、焦虑、抑郁，甚至发展为社交障碍、自暴自弃、性格孤僻等心理障碍。

肥胖者易导致智力下降。这是因为肥胖影响脑部供血量，导致微型脑卒中，降低了大脑的活动能力。肥胖对后代健康也有影响。肥胖母亲的胎儿容易早产、先天畸形、巨大、围生期死亡等，也会增加孩子儿童期肥胖的概率。同时，肥胖使得生育风险增加。

第二节　肥胖的病因和临床表现

一、肥胖的主要病因

虽然有许多种因素会引起肥胖，但总的说来，肥胖发病的外因以饮食过多而活动过少为主。能量摄入多于能量消耗，使脂肪合成增加是肥胖的物质基础。内因是脂肪代谢紊乱而致肥胖。

1. 遗传因素

单纯性肥胖的发病有一定的遗传背景。有研究认为，双亲中一方肥胖，其子女肥胖率约为50%；双亲中双方均肥胖，其子女肥胖率上升至80%。人类肥胖一般认为属多基因遗传，遗传在其发病中起着一个重要的作用。另外，肥胖的形成还与生活行为方式、摄食行为、嗜好、气候及社会心理因素有关。

2. 神经-内分泌系统疾病引起的肥胖

引起成人继发性肥胖的内分泌疾病主要有皮质醇增多症和甲状腺功能减退；而在儿

童，继发性肥胖则主要是由下丘脑疾病造成的。

3. 伴有肥胖的遗传综合征

有些临床表现常伴随着疾病同时出现，病因不明，通常把这种情况说成是某综合征。有些综合征常有肥胖，如普拉德-威利综合征（Prader-Willi syndrome，又称肌张力智力低下-性功能减退-肥胖综合征）和劳-穆-比综合征（Laurence-Moon-Biedl syndrome，又称色素视网膜炎-性功能减退-多指畸形综合征）患者就常伴有肥胖。

4. 医源性原因

有些患者既没有引起肥胖的原发疾病，也不是单纯性肥胖，他们的肥胖是服用了某些药物所引起的，一般将这种肥胖称为医源性肥胖。能够引起医源性肥胖的药物包括糖皮质激素（泼尼松或地塞米松等）、吩噻嗪、三环类的抗抑郁药物、胰岛素等。

二、肥胖的临床表现

肥胖的临床表现随不同病因而异，继发性肥胖者除肥胖外具有原发病，下面重点阐述单纯性肥胖。此组病症可见于任何年龄，幼年型肥胖者自幼肥胖；成年型肥胖者多起病于 20~25 岁；但临床以 40~50 岁的中年女性为多，60~70 岁及以上的老年人亦不少见。男性脂肪分布以颈项部、躯干部和头部为主，而女性则以腹部、下腹部、胸部乳房及臀部为主；轻度肥胖者常无症状，重度肥胖者可有下列症状。

1. 心血管系综合征

重度肥胖者可能由于脂肪组织堆积，有效循环血容量、心搏量、心排血量及心脏负担均增高，有时伴有高血压、动脉粥样硬化，进一步加重心脏负担，引起左心室肥大，同时心肌内外有脂肪沉着，更易引起心肌劳损，以致左心扩大与左心衰竭。

2. 皮克威克综合征

皮克威克综合征（Pickwickian syndrome）又称肥胖低通气综合征。由于胸腹部脂肪堆积，横膈抬高，换气困难，二氧化碳潴留，体内慢性缺氧，导致患者出现气促，继发性红细胞增多，肺动脉高压，形成慢性肺心病。

3. 内分泌代谢紊乱

（1）胰岛素：主要功能是促进吸收的葡萄糖转化为糖原，并促进葡萄糖转变为脂肪酸，转运到脂肪组织储存，抑制糖异生。肥胖者一般脂肪细胞肥大，对胰岛素不敏感，为了满足碳水化合物代谢的需要，胰岛素需要维持在较高的水平，长此下去，即导致胰岛功能受损引发糖尿病。

（2）生长激素：其功能在于促进蛋白质合成，抑制糖的消耗，加速脂肪分解，使能量来源由碳水化合物代谢向脂肪代谢转移，促进脂肪分解，使血浆脂肪酸水平升高，抑制脂肪合成。肥胖抑制生长激素的分泌，生长激素的减少与胰岛素抵抗呈负相关，通过抑制胰岛素作用，增加脂肪组织。

（3）肾上腺皮质激素：单纯性肥胖患者体内肾上腺皮质激素水平不会发生太大变化。但单纯性肥胖患者出现的多毛、月经不调和闭经等症状，则往往被提示与肾上腺皮质激素功能有关。

4. 肥胖的代谢变化

（1）能量代谢的变化：一般地说，多数肥胖者的基础代谢正常，只有少数患者的基础代谢偏低。肥胖者在代谢方面的特点表现在如下方面。①合成代谢旺盛：摄入同样的膳食，肥胖者和正常人相比合成代谢明显亢进。②能量消耗少：肥胖者基础代谢率相对较低。③对寒冷反应迟钝：一般人对寒冷反应较为敏感，在寒冷条件下其代谢率往往明显增高，而肥胖者在寒冷条件下其代谢率明显较低，因为一定厚度的皮下脂肪具有抵御寒冷的作用。

（2）脂肪代谢的变化：临床证明，多数肥胖者的血浆脂质（总脂、甘油三酯、胆固醇、游离脂肪酸）含量增高，说明其脂肪代谢紊乱；另外，饥饿时易出现临床酮症酸中毒。

（3）碳水化合物代谢的变化：一些肥胖者可见血浆胰岛素水平升高，最终导致胰岛素抵抗，并发糖尿病。

5. 消化系统表现

食欲持续旺盛，善饥多食，多便秘、腹胀，好吃零食、糖果、糕点及其他甜食；部分患者不及时进食可有心悸、出汗及手颤。伴胆石症者，可有慢性消化不良、胆绞痛。肝脂肪变性时肝大。

6. 其他

肥胖者嘌呤代谢异常，血浆尿酸增加，使痛风的发病率明显高于正常人，伴冠心病者有心绞痛发作史。患者皮肤上可有淡紫纹或白纹，分布于臀外侧、大腿内侧、膝关节、下腹部等处，褶皱处易磨损，引起皮炎、皮癣。平时汗多怕热、抵抗力较低而易感染。

第三节　肥胖的诊断与鉴别诊断

一、单纯性肥胖的诊断

1. 体重

（1）成人体重标准（布洛卡公式）：

165cm 以下：标准体重（kg）＝身高（cm）−100

165cm 以上：标准体重（kg）＝身高（cm）−110

（2）儿童体重标准：

1~6 个月：标准体重（g）＝出生时体重（g）+月龄×600

7~12 个月：标准体重（g）＝出生时体重（g）+月龄×500

1 岁以上：标准体重（kg）＝年龄×2+8 或参考儿童生长发育曲线图表

若儿童身高超过标准参照成人计算。

实测体重超过标准体重：实测体重超过标准体重，但＜20%者属超重；实测体重超过标准体重 20%~30%，属于轻度肥胖；实测体重超过标准体重 30%~50%，属于中度肥胖；超标体重 50%以上者，属于重度肥胖。

2. 脂肪百分率（$F\%$）

判断肥胖与否单凭测体重不够确切，主要看脂肪在全身的比例（表 5-2），可按下列公式计算：$F\%=(4.570/D-4.142)\times100\%$。

式中，体密度（D）＝总体重/总体积，依照表 5-3 测算，然后代入公式内。

表 5-2　不同性别脂肪的分级标准

分级	男性	女性
正常	$F\leqslant25$	$F\leqslant30$
超重	$25<F\leqslant30$	$30<F\leqslant35$
轻度肥胖	$30<F\leqslant35$	$35<F\leqslant40$
中度肥胖	$35<F\leqslant45$	$40<F\leqslant50$
重度肥胖	$F>45$	$F>50$

表 5-3　不同年龄男、女体密度值

年龄（岁）	男性	女性
9~11	1.087 9~0.001 51X	1.079 4~0.001 42X
12~14	1.086 8~0.001 33X	1.088 8~0.001 53X
15~18	1.097 7~0.001 46X	1.093 1~0.001 60X
＞19 岁	1.091 3~0.001 16X	1.089 7~0.001 33X

注：X=肩胛下角皮皱厚度（mm）+上臂三头肌皮皱厚度（mm），取右侧

3. 肥胖度

$$肥胖度=(实测体重-标准体重)/标准体重\times100\%$$

$$体脂肪量=(4.95/体密度-4.5)\times100$$

肥胖度在正、负 10%以内，被认为是正常体重，或称标准体重。

肥胖度在 10%~20%为超重。

肥胖度在 20%~30%为轻度肥胖。

肥胖度在 30%~50%为中度肥胖。

肥胖度超过 50%为重度肥胖。

肥胖度在 20%以上的人，应该减肥。

4. 体质指数（BMI）

$$BMI=体重(kg)/[身高(m)]^2$$

1997 年 WHO 公布正常 BMI 为 18.5~24.9；≥25 为超重；25~29.9 为肥胖前期；30.0~34.9 为Ⅰ度肥胖（中度）；35.0~39.9 为Ⅱ度肥胖（重度）；≥40 为Ⅲ度肥胖（极严重）。由于种族和文化差异，上述标准并不适合所有人群，2000 年国际肥胖特别工作组提出亚洲成人 BMI 正常范围为 18.5~22.9；＜18.5 为体重过低；≥23 为超重；23~24.9 为肥胖前期；25~29.9 为Ⅰ度肥胖；≥30 为Ⅱ度肥胖。鉴于我国人群的情况不同于西方，应有自己的分类标准。2000 年以来，国际生命科学学会中国肥胖问题工作组组织全国相关学科进行调查，对我国 21 个省、市、地区人群的相关数据进行汇总分析。2003 年 4 月卫生部疾病控制司公布了《中国成人超重和肥胖症预防与控制指南（试用）》，以 BMI 值 24 为中国成人超重的界限，BMI 值 28 为肥胖的界限，男性腰围≥85cm，女性腰围≥80cm

为腹部脂肪蓄积的界限。应注意肥胖并非单纯体重增加，若体重增加是肌肉发达，则不应认为是肥胖。反之，近年来有学者提出“正常体质代谢性肥胖”的概念，指某些个体虽然体重在正常范围，但存在高胰岛素血症和胰岛素抵抗，有易患2型糖尿病、高甘油三酯血症和冠心病的倾向，因此，应全面衡量。现在，发达国家认为BMI正常范围是20~25，平均值为22，发展中国家认为BMI正常范围是18.5~20。

一般认为BMI正常值为18.5~25；一级危险值为17.5~18.5和25~30；二级危险值为16~17.5和30~40；三级危险值为＜16和＞40。

BMI是临床用来表示肥胖的常用指标之一。该指标考虑了体重和身高两个因素，主要反映全身性超重和肥胖，简单且易测量，不受性别的影响，适用于体格发育基本稳定（即18岁以上）的成人，但对特殊人群如运动员，难以准确反映超重和肥胖度。

5. 腰围（WC）

腰围是反映脂肪总量和脂肪分布结构的综合指标。腰围较腰臀比更简单可靠，现在更倾向于用腰围代替腰臀比预测中心性脂肪含量。WHO建议男性腰围＞94cm，女性腰围＞80cm为肥胖。中国肥胖问题工作组建议，对中国成人来说，男性腰围≥85cm，女性腰围≥80cm为腹部脂肪蓄积的诊断界值。

6. 腰臀比（WHR）

腰臀比也被作为测量腹部脂肪的方法。白色人种腰臀比大于1.0的男性和腰臀比大于0.85的女性被定义为腹部脂肪堆积，但腰围更适于检测腹型肥胖。1996年全国11省市进行的2型糖尿病及糖耐量异常流行病学调查分析结果显示，我国肥胖、糖耐量异常和糖尿病患者较1980年及1990年显著增多。家族史、年龄、受教育程度、体力活动量、BMI、腰臀比及吸烟指数是糖尿病及糖耐量异常的危险因素。其中年龄40岁、BMI为25及腰臀比为0.9以上人群，糖尿病和糖耐量异常患病率剧增。南方人群BMI及腰臀比低于北方，糖尿病患病率有低于北方的趋势。南方人群糖耐量异常患病率高于北方，预示着我国南方面临着糖尿病暴发流行的危险。这可能与所调查的省份属较富裕地区有关。同样腰臀比的男女两性糖尿病及糖耐量异常患者中，女性高于男性，说明两性体形特点不同，应使用不同的腰臀比标准。

7. 局部脂肪储积的测定

（1）皮下脂肪厚度：采用B超测定法，测定位点有4个。A点为右三角肌下缘臂外侧正中点，B点为右肩胛下角，C点为右脐旁3cm，D点为右髂前上棘。测定三头肌和肩胛下角部位的正常值高限：男性为51mm，女性为70mm，此方法影响因素较多，压力不同，皮下脂肪组织分布不同，皮下脂肪和深部脂肪含量的比例的个体差异较大。皮卡钳法：测定位点同上。

（2）心包膜脂肪厚度：采用B超测量法，测定点位有6个。A点为动脉根部水平；B点为二尖瓣口水平；C点为心尖四腔切面（测量右心室心尖部）；D点为右心室心尖右侧1.5cm处；E点为左心室心尖部；F点为左心室心尖部左侧1.5cm处。

（3）肝脂肪测定：B超测定。

（4）血脂测定：测总胆固醇、甘油三酯、HDL-C、LDL-C、LDL-C/HDL-C、HDL-C/TC 6项血脂水平。

二、鉴别诊断

1. 库欣综合征（皮质醇增多症）

患者呈向心性肥胖，主要表现为满月脸、水牛背、腹部脂肪堆积膨突，而四肢正常或消瘦，又称皮质醇增多症，主要由糖皮质激素分泌过多引起。

①病因：肾上腺皮质有生成皮质醇或其他糖皮质激素的腺瘤或肿瘤（肾上腺型）；腺垂体肿瘤伴有促肾上腺皮质激素分泌过多或异位促肾上腺皮质激素生成性肿瘤（垂体型）；肾上腺皮质细胞对促肾上腺皮质激素的敏感性提高（原发型）。测定促肾上腺皮质激素水平可区分这几型。②主要症状：高血糖、糖尿及伴发的糖尿病样的物质代谢状态，称为类固醇性糖尿病；体内脂肪重新分配，引起向心性肥胖和满月脸；蛋白质分解加强导致周围器官的结构蛋白减少，表现为肌肉耗损、无力、皮肤营养不良和骨质疏松症；淋巴细胞减少症及嗜酸粒细胞减少症；网状带分泌的雄激素增加，可导致妇女闭经、男性化和多毛症。

2. 水肿性肥胖

水肿性肥胖不是肥胖，医学上把它称为特发性水肿，它是一种水盐代谢紊乱综合征，多见于20~50岁的生育期妇女，常呈周期性水肿、腹胀，故又称“周期性水肿”。其往往在月经前期加重，并且有不断变化的肥胖，因而有人称其为“水潴留性肥胖”。其发病原因尚未完全阐明。经研究发现这种病的关键性变化是毛细血管通透性增加，毛细血管基膜损害（和糖尿病的病变相似）、静脉结构不良，血管舒缩神经障碍，雌激素/黄体酮不平衡，雌激素过多或相对过多。由于毛细血管的通透性增加，血管内液有时伴有蛋白质渗出血管，使有效血容量减少。在直立位时，因为流体静压作用，有效血容量的减少更为明显，引起体内调节反应：醛固酮增多，第三因子（排钠因子）减少，加上肾小球滤过率降低，尿钠排泄减少，抗利尿激素增多，水钠排泄减少。该类患者的多巴胺（促进排钠）产生过少，去甲肾上腺素（促进潴钠）产生正常或过多，使多巴胺/去甲肾上腺素的平衡发生变化，精神刺激可诱发或加重这种水肿性肥胖病情。水肿性肥胖常具有一定的特征，水肿呈周期性，四肢、骨盆、腹部及乳房均有水肿，其发作的时候还会看到眼睑水肿，面部常溢出油脂，起床活动后下肢、躯干渐肿，晚饭前体重较早饭前体重增加 1kg（正常人增加 0.5kg），月经前后的体重变化更加明显，月经紊乱及体重增加常困扰着患者的正常工作生活，患者节水、节食不当有时会产生体位性低血压。

水肿性肥胖多见于中年妇女，发展很快，短时间内体重明显上升；体重与体位关系密切，平卧时体重减轻；早晚体重变化大，立卧位水试验显示立位利尿障碍；平常可见体液增多症状，如头痛、激动、忧郁等。

3. 卵巢囊肿

卵巢囊肿属广义上的卵巢肿瘤的一种，各种年龄均可患病，但以20~50岁最多见，可有肥胖及如下特点：多毛，月经稀少，甚至闭经，不孕；卵巢功能低下，基础体温呈单相等。卵巢恶性肿瘤由于患病期很少有症状，因此早期诊断困难，患者就诊时70%已属晚期，很少能得到早期治疗，5年生存率始终徘徊在20%~30%，是威胁妇女生命的恶性肿瘤之一。卵巢是人体中较小的器官，但为肿瘤的好发部位，卵巢肿瘤可以有各种不同的性质和形态，如单一型或混合型、一侧性或双侧性。

4. 甲状腺功能减退

甲状腺功能减退患者一般为中度肥胖，常有典型水肿面容，眉毛外侧 1/3 脱落，皮肤苍白，心率减慢，大便秘结，基础代谢率、蛋白结合碘等降低，血脂增高。

5. 胰源性肥胖

胰岛素有促进脂肪合成并抑制其分解作用，当胰岛素分泌过多，脂肪分解减少并脂肪合成增加，则使脂肪储存量增加造成肥胖。

第四节　中医学对肥胖的认识及保健原则

一、中医学对肥胖的认识

中医学对肥胖的认识早在古医籍中就有记载，称肥胖者为“肉人”“肥人”，认为肥胖与湿、痰、虚有关，故肥人多湿、多痰、多气虚。中医认为肥胖的根本原因是阴阳平衡失调，而中医正是能够由内而外地调整人体，从调节内分泌入手，对肝、脾、肾、心、肺及三焦等脏腑进行调节，通过气血津液的作用使机体达到阴平阳秘的状态，最终达到减肥的目的。

从中国传统医学经典著作中可以发现，我们的祖先在很早以前就已经认识到肥胖的发病与食物中营养过剩有关。例如，《黄帝内经》中提到“甘肥贵人，则高梁之疾也”，这里的“高梁”指的就是食物。中国传统医学理论认为肥胖的发病与湿、虚、痰等因素侵蚀机体密不可分，因此将肥胖的病因分为脾虚湿阻、胃热湿阻、气滞湿阻、脾肾两虚、肾阴虚等不同类型。

治疗则是根据各型病机采用辨证施治的方法。指出肥胖者有三个特点：①身形肥胖；②多脂，皮厚，肌肉反少；③血液较常人有所改变，血液黏稠，运行缓慢。

1. 肥胖的病因

我国古代医籍中记述很多，如《灵枢·逆顺肥瘦》云：“肥人也……其为人也，贪于取与。”“年质壮大，气血充盈，肤革坚固……此肥人也。”《类纂》则指出：“谷气胜元气，其人肥而不寿；元气胜谷气，其人瘦而寿。”后世医家受到启发，认识到过食甘美脂酪之人，膏粱厚味超过脾胃的运化功能，则聚而为痰湿，壅塞于组织和皮下，继而渐趋肥胖，提出“大抵禀素之盛，从无所苦，惟是湿痰颇多”（陈修园），“肥人多痰而经阻，气不运也”（汪昂）之说。说明古人认识到肥胖是一种营养过剩的疾病，而直接原因主要有几个方面：

1）先天禀赋

肥胖因个体差异所致，是先天禀赋所决定的，这与现代医学遗传因素相似，临床观察，父母肥胖，子女成人后肥胖的概率较大。

2）过食肥甘、膏粱厚味

过食甜食或含脂肪多的食物（如肥肉、肥鸭、猪油等），影响脾的运化，水谷精微不能化成精血，膏脂痰浊蓄积体内，遂成肥胖。

3）长期抑郁

中医认为肝主疏泄，喜条达。如果长期抑郁，则肝气不舒，气机阻塞，以致气结痰凝，或肝气失疏，脾胃失和，痰湿内生，肥胖形成。

4）久坐久卧，缺少劳作

久坐久卧，气血郁滞，使脾气运化无力，转输失调，膏脂内聚，使人肥胖。

5）年龄

从中医角度来看，“年四十，而阴气自半也，起居衰矣。年五十，体重，耳目不聪矣”。中年以后，人体由盛转衰。代谢功能也逐渐低下，这时水湿不运，痰瘀渐生，以致身体肥盛。加之少于运动，饮食不节，故身体日益发胖。

6）性别

临床所见，肥胖者中，女性多于男性，特别是经产妇女或绝经后的妇女。

7）地理环境

地理环境对肥胖也有影响。北方地寒多风、水土刚强，北方人多剽悍强壮。南方地热多霜露，水土弱，南方人质禀相对弱薄。徐灵胎说：“人禀天地之气以生，故其气体随地不同。西方之人气深而厚……东南之人气浮而薄。”

8）其他疾病

中医认识到肥胖可以是单独的一种病，也可以是继发于其他疾病之后的一种疾病。

总体而言，肥胖与脾胃虚损、脾肾阳虚有关，从而导致运化失职，水谷不能转化为气血精微，而成为痰浊（痰湿瘀浊）凝聚于体内，进而化为气滞血瘀、湿热等虚实夹杂的多种肥胖变症，有人提出中医治疗肥胖的八个原则：化湿、祛痰、利水、通腑、消导、疏肝利胆、健脾、温阳。

2. 肥胖的病机

中医学认为肥胖的病机主要是脾运失常、多痰和气少。

主因脾运失常，与脾之健运有关。脾主运化水谷，输布精微，运行水液，直接与摄食后的消化吸收有关。李东垣《脾胃论》谈及“脾为后天之本”，脾属中焦，其将饮食中营养水谷化生为精微输送全身，充养四肢，故“脾胃旺，能食而肥”，脾气旺盛，则气血生化有存，脏腑得养。脾脏运化功能的正常与否，直接影响形体的肥胖。

次因多痰，有痰湿体质和久作痰涎两个方面，与肾、肺、脾关系密切。因为肾、肺、脾阳气不足，气血津液不能布化，容易蕴湿生痰，《丹溪心法》曰：“肥白人多湿”“肥白人必多痰”。另《王氏医存》言：“肥人酗酒之湿热，久作痰涎。”陈修园也说：“大抵素禀之盛，从无所苦，惟是痰湿颇多。”也是因为与脾运有关，脾恶湿喜燥，脾阳不振，运化失司，气化不利，则水湿凝聚不化，留中滞膈，化而生痰，脾为湿困，水谷不化，水液不行，水谷精微无所生，则脏腑无所养，百病由生。若素体湿盛，又嗜食肥甘油腻，过度饮酒，更伤脾胃，困阻气化，水湿内停，酒及水谷之物，其性温燥厚升，易与内湿相合，津血不化输布，聚为痰饮。肥人沉困怠惰是因气虚，肥人多活动不利，活动过少易致气虚，“膏脂内聚，转输失调，气血津液不能布化”，正如“肥人多痰而络阻，气不运也，浊气上升，滞留膏脂而肥”。

总之，肥胖的产生病机为肾、肺、脾阳气不足，气血津液不能布化，而蕴湿生痰生瘀。其气虚是本是因，多痰瘀血是标是果，属于本实标虚之证。

二、单纯性肥胖的辨证分型与保健原则

1. 脾虚湿阻型

症状：形体肥胖，肢体困重，倦怠乏力，脘腹胀满，纳差食少，大便溏薄，舌质淡，苔薄腻，脉缓或濡细。

证候分析：脾主运化，脾虚运化功能减退，水湿与精微凝聚为湿浊，流于孔窍、肌肤，化为膏脂、湿邪，使人臃肿而虚劳困倦，四肢沉重，腹胀纳呆。由于湿浊凝聚，不能化生津液则口渴多饮。

此型临床上最为多见。多见于中老年肥胖患者，尤以妇女为多。

保健原则：健脾化湿。

2. 脾肾两虚型

症状：形体肥胖，虚浮肿胀，疲乏无力，少气懒言，动而喘息，间晕畏寒，食少纳差，腰膝冷痛，大便溏薄或五更泄泻，男性阳痿，舌质淡，苔薄白，脉沉细。

证候分析：肾为先天之本，脾为后天之本，均与人体水湿气化及运化有密切关系。脾肾两虚，水谷精微运化失调，不能荣养周身而溢于肌肤，则形盛体胖，颜面浮肿。

重度肥胖患者多为此型。多见于年龄较高的肥胖患者或有冠心病、糖尿病等合并症的肥胖患者。

保健原则：温阳化气利水。

3. 胃热湿阻型

症状：形体肥胖，恣食肥甘或消谷善饥，口臭口干，大便秘结，舌质红，舌苔黄腻，脉滑数。

证候分析：胃热炽盛而消谷善饥。热灼津液故口干思饮，大便有时秘结。由于所食之水谷化生精微过多，脾的运化功能负荷过重，常会引起湿阻而四肢困倦乏力。过剩的水谷精微在体内瘀积成为膏脂而迅速发胖。

此型多为体壮的中青年肥胖者。多见于青少年和产后妇女。

保健原则：清热化湿通腑。

4. 气滞血瘀型

症状：形体肥胖，两胁胀满，胃脘痞满，烦躁易怒，口干舌燥，头晕目眩，失眠多梦，月经不调或闭经，舌质暗有瘀斑，脉弦数或细弦。

证候分析：情志不遂，使肝气郁结，疏泄失调，肝木侮土，肝胃不和，精微物质输布失常，成为膏脂，瘀积于体内而肥胖。气滞又可致血瘀。

肥胖日久者可见此型。多见于更年期肥胖患者，女性多于男性。

保健原则：疏肝理气，活血化瘀。

5. 肾阴虚热型

症状：形体肥胖，头昏头痛，五心烦热，腰膝酸软，舌红少苦，脉细数或细弦。

证候分析：肾阴不足，肝阳上亢化火，肝木侮土，出现下虚上盛、消谷善饥、烦热之症。

此型临床上比较少见。多见于肥胖合并高血压、糖尿病患者。

保健原则：滋阴补肾。

注意：由于肥胖病机复杂，临床保健上常补泻同用，数法并施。

第五节　减 肥 方 法

一、我国目前肥胖的发生率

因缺乏营养知识，肥胖在我国的发生率普遍增加。

近年来，我国患 2 型糖尿病的老年人数量明显增多，调查资料显示，约 3/4 的糖尿病患者在患病时体重过重。肥胖者长期贪食，可引起胰岛素分泌增加，这将会导致遗传上已有缺陷的胰腺过度劳损，长此以往，胰岛素不敷身体需要而引起糖尿病。

北京大学儿童青少年卫生研究所自 1985 年起按国家计划，每隔 5 年对我国 18 岁以下的儿童和青少年健康卫生状况进行一次大规模调查。目前最新的结果显示，肥胖问题已经取代了供给不足导致的营养不良问题，成为目前危害我国儿童健康较为突出的问题之一。在 6~18 岁的中小学生当中，超重的发生率是 10%~13%，肥胖的发生率是 9%~10%。北京差不多每 5 个男性小学生当中就有 1 个为肥胖，这个水平已经达到甚至超过部分发达国家。

世界上发达国家儿童超重和肥胖率一般在 20%以上，我国儿童整体超重和肥胖率在 10%左右，虽然目前超重和肥胖的发生率只有发达国家一半，但是，我国肥胖儿童总数超过了 2000 万人，而且呈现出越来越快的增长趋势。

2018 年《中国儿童肥胖报告》指出，我国儿童肥胖率不断攀升，目前主要大城市 0~7 岁儿童肥胖率约为 4.3%，7 岁以上学龄儿童肥胖率约为 7.3%。报告还指出，儿童肥胖的发生和流行受遗传、环境和社会文化等多种因素的共同影响，出生前的母亲体型及营养代谢状况和儿童期环境因素，也将会影响儿童期甚至成年期肥胖相关慢性疾病的发生风险。而膳食结构的改变，身体活动的减少及不健康饮食的行为都会增加肥胖的风险。

二、健康减肥方法

健康减肥就是一种健康、安全的减肥方法。想要健康减肥的肥胖者或是希望保持苗条体形的人，一定要根据自己的体质、肥胖原因、生活习惯等，选择属于自己的健康减肥方式。健康减肥有多项评价指标（表 5-4），一般而言，同时做到营养均衡、低能量、不降低人体的新陈代谢和一周体重下降不超过 2000g 这四项，就是健康减肥了。

表 5-4　健康减肥的指标

序号	指标	判断标准
1	体重	每周减重一般不超过 2000g（也可因人适应能力而异），最多不超过 3000g
2	身体围度	在体重和体脂下降的同时，身体围度（WHR\BMI 指数）也下降了
3	摄入的能量	保证摄入的能量能提供每天身体的最低能量需求
4	饮食结构	保证饮食营养均衡，满足身体及运动的营养需求
5	饮食规律	要有健康的饮食规律，少吃油炸食品，多吃蔬菜水果，多吃粗（杂）粮
6	运动	适量的运动，既不过少（没有效果），也不过多（对身体造成负担）。建议每天跑步，最好在下午进行
7	睡眠	要有早睡早起的习惯；要有良好的睡眠质量（不是大睡特睡）
8	精神状态	能够保持良好的精神状态，放松的心情

单纯性肥胖的根本原因在于脂肪代谢能力的降低，因此，健康减肥的基本原理：提高脂肪代谢水平和代谢能力，使摄入体内的能量低于消耗的能量。健康减肥的方法主要有饮食减肥和运动减肥两种。其中，饮食减肥是指有节制地、科学均衡地摄入营养素，目的是通过节食减少能量的摄入，切不要进入禁食的误区。运动减肥是指用持之以恒的运动增大能量消耗，偶尔的剧烈运动只会加重心脏负担和使肌肉及软组织受损，并且存在停止运动体重剧烈反弹的问题。科学研究表明：在人类消耗能量中，基础代谢约占 70%，运动代谢约占 30%，所以饮食减肥比运动减肥更为容易。

（一）饮食减肥

饮食减肥是通过减少摄入的总能量，使身体能量呈负平衡状态，体内储存的脂肪优先被分解，从而降低体重。但饮食减肥切忌体重降得过快，若以近乎绝食的状态来减肥，身体会选择在脂肪细胞尚未分解完毕的情况下，提前分解肌肉细胞，造成肌肉减少。肌肉是人体消耗能量、促进新陈代谢的关键。

1. 饮食减肥的作用

（1）摄入合适的总能量。

（2）保持适当的营养素分配比例和供给。

（3）纠正不良的饮食习惯。

2. 饮食减肥的原则

1）控制饮食

（1）轻度肥胖者：仅需限制脂肪、糖、糕点、啤酒等，使每日总能量低于消耗量，多进行体力劳动和体育锻炼，如能使体重每月减轻 500~1000g，即可渐渐达到标准体重。

（2）中度和重度肥胖者：必须严格控制饮食，按标准体重与活动情况计算每日所需总能量。每日进食总能量应控制在 5023kJ（1200kcal）之内，体重下降应以每周 500~1000g 为好。

总之，减轻体重无须放弃喜爱的食物，重要的是要加以控制。如果偏爱某种食物且食用量大，那就要注意减少每次的量，不要让身体觉得处于饥荒环境中，甚至达到濒死状态，最终寻找到适合自己的饮食结构。

2）合理调配

一年四季的冷暖寒凉不同，组成饮食的各种食物也应有所不同。四时八节，饮食应有别，对肥胖者的饮食减肥来说，更应注意这一点，我国古代即有“五谷为养，五果为助，五畜为益，五菜为充”的饮食调配原则，从现代营养学的观点来说，这种组成是非常合理的，已得到中外很多营养学家的肯定。

3）饮食有节

饮食要定时有节，不偏食，饥饱得度，不暴饮暴食，是减肥的关键之一。

3. 饮食减肥的具体要求

（1）合理减少总能量的摄入。

（2）营养平衡：在限制总能量的前提下，合理安排蛋白质、脂肪、碳水化合物的进量，供给充足的无机盐和维生素。具体要求如下。

①供给充足的蛋白质：蛋白质供能占总能量比值的15%~20%，其中瘦肉、蛋类、乳类等优质蛋白至少占50%；但过多的蛋白质亦不适宜，摄入含蛋白质的物质过多，使总能量摄入增加，不利于健康。

②减少碳水化合物进量：过多食用的碳水化合物可转化为脂肪，所以要控制碳水化合物的进量。一般认为，碳水化合物提供的能量为总能量的45%~60%。碳水化合物促进脂肪氧化成二氧化碳和水，如果进量过低，脂肪不能彻底转化为酮体，不利于身体健康。

③降低脂肪的比例：每1g脂肪可产生37.67kJ（9kcal）能量，为碳水化合物的2倍多。

④无机盐、维生素丰富多样。

⑤充足的膳食纤维。

（二）运动减肥

1. 运动减肥的机制

（1）通过肌肉运动调节代谢功能，促进脂肪分解消耗。肌肉运动需要大量能量，短时间的运动由糖燃烧来提供能量，较长时间运动由脂肪燃烧来提供能量。所以减肥要运动，且要大量地运动，才能促进脂肪代谢，减少体内脂肪储存量，从而减轻体重。

（2）在运动中肌肉加强对血液内游离脂肪酸的摄取及利用，促进脂肪细胞加快释放游离脂肪酸来补充血液中的游离脂肪酸，其结果使体内脂肪消耗，体重下降。

（3）肌肉运动还能增加血液内葡萄糖的利用率，防止多余的糖转化成脂肪，减少脂肪的形成。体内脂肪减少以后，脂肪在心脏、血管、肝脏等器官的沉积亦可减少，因而可避免因肥胖、脂肪过多沉积而引起这些器官的并发症。

（4）体力运动作用于神经和体液系统，肾上腺素、去甲肾上腺素增加，可提高脂蛋白脂酶（LPL）活力，促进脂肪分解利用，游离脂肪酸增加，降低胆固醇、甘油三酯等脂类物质，减少沉积在实质器官的脂肪。同时由于运动时胰岛素分泌下降，可防止糖向脂肪转化，减少了脂肪的形成。

（5）肥胖患者有相对心功能及肺功能不全，运动可加强心脏收缩力量，改善心功能，增加血管的弹性。肌肉运动还可以改善外周血液向心脏的回流，改善心脏对体力活动的适应能力。运动尤其是呼吸运动能增加胸廓及膈肌的活动度，加深呼吸，增加肺活量，改善呼吸功能。

2. 运动减肥的方法

运动减肥主要以耐力性锻炼项目为主，辅助体操运动、球类项目、健美运动、迪斯科、舞蹈等，均有很好的减肥作用。

耐力性锻炼是指在一定强度下，在相当时间内（不少于15~20min）重复同一运动周期的运动，是一种增强呼吸、心血管功能和改善新陈代谢的锻炼方法，一般属于中等强度的训练，采用大肌群训练，这种方法可取得较好的发展体力的效果。其对象主要为一般健康人。近20年来被广泛用于增进健康及预防慢性病，尤其是冠心病及过度肥胖。耐力性锻炼的方式有步行、健身跑、游泳、自行车、划船、登山及某些球类运动，也可因地制宜采用原地跑、跳绳、爬楼梯等方式。现将较常用的步行、健身跑及体操训练方法介绍如下。

（1）步行及医疗步行：步行是简便易行且有效的有氧训练法，适用于年龄较大、身体较差的肥胖者。根据锻炼者的病情和体力，规定一定距离、步行坡度、速度、中间休息的次数及时间。步行能有效地减少体内脂肪，且比剧烈运动消耗脂肪更为明显；步行不仅能减少脂肪，还能增强肌肉，故有人建议用步行代替节食，因节食使脂肪及肌肉都减少。

（2）健身跑：由于健身跑不需要特殊锻炼设备，很为中老年人所喜爱。现在，国内外广泛开展健身跑，一般属中等强度，适用于中老年健康者及有较好锻炼基础的肥胖者。运动强度大于步行，其运动量可由参加者身体适应状况来决定，速度可快可慢，距离可长可短。

健身跑运动量的大小由运动强度和时间的乘积所决定，一般而言，年龄较轻、体质较好者宜选择强度较大、持续时间较短的运动量，中老年及体质差者宜选用强度较小而持续时间较长的运动量。测量心率是衡量运动强度的最简便的方法。参加健身跑的人应学会自己测量脉搏的方法。通常测桡动脉的脉搏数。先数10s的脉搏数，乘以6，就是1min脉率。30~40岁的人，可以把脉率从110次/分逐步锻炼加快到150次/分；40~49岁的人，可从105次/分增加到145次/分；50~59岁的人，可从100次/分增加到140次/分；60岁以上可从100次/分增加到130次/分。脉率达不到标准，说明运动量太小，达不到锻炼的目的；若脉率超过标准，说明运动量太大，心脏负担太重，反而对身体有害。运动后脉率的恢复亦可提示运动量的大小，若运动后的脉率，在休息后5min内恢复到运动前脉率，说明运动量还可增加；若超过10min还不能恢复，则说明运动量过大，应予以减少。

（3）体操：主要是进行躯干和四肢大肌群的运动，重点是腹肌锻炼。

对轻度肥胖者，不一定要过分严格限制饮食，只要适当增加体力运动，就可使体重每月减轻1~2kg，直至达到正常标准；中度以上肥胖者，由于食欲亢进，不大容易自行控制饮食，体力活动又比正常人少，所以必须将控制饮食减肥与运动减肥结合应用，并长期坚持才有效果。

运动不可避免会引起食欲增加，使消化功能增强，有人担心运动后吃得多了反而会增加体重，但如运动减肥和限制饮食相结合则可以更灵活地达到能量负平衡，减重效果更为持久。运动减肥效果如表 5-5 所示。

表 5-5　运动减肥

周目标（kg）	每天运动时间（h）	消耗能量（kJ）	运动天数（d）	消耗能量（kJ）	需减少摄食（kJ）
0.45	0.5	1465	3	4395	10 045
0.45	0.5	1465	5	7325	7325

依此类推，有的运动量增加，如把运动时间延长，运动次数增加，可以不需要太限制能量摄入，即可达到减肥目的，这种方法肥胖者容易接受。

运动减重时，往往被认为运动量越大越好，其实只有适当运动才能使肥胖者接受。只有根据肥胖程度、并发症的情况选择适当运动量才能产生较好效果。一般可分强、弱两组。前者适用于心血管无器质性病变、心功能良好的青壮年肥胖者，后者适用于有并发症及老年肥胖者。强组运动量：运动强度由中等开始、逐渐增加到较大强度，运动初期心率控制在 110~120 次/分,以后逐渐增加到 130~140 次/分。运动时间可由开始的 15min 逐渐增加至 1h。弱组运动量：运动强度由小逐渐达到中等强度，运动初期心率应控制在 90 次/分，以后逐渐到 120 次/分。运动时间由 15min 开始，逐渐增加至 30min。

三、对减肥应有的科学态度

首先，要了解减肥的艰巨性和复杂性，减肥的科学态度应该是长期的、持续的与少量的体重减轻。不要认为每周体重丢失 2~3kg 是理想的减肥方法与效果，一般地，如果肥胖者能长期维持比自己原来体重低 5%~10%，就能有效缓解因肥胖带来的各种疾病。科学研究表明：1g 脂肪能产生 37.67kJ 能量。1kg 脂肪组织，减去不发生能量的水分与细胞壁能产生 33440kJ 能量。如果每人每天只摄入 4180kJ 能量（正常人一天食用约 10032kJ 能量的食物），日常活动消耗 8360kJ 的话，即负 4180kJ，这样需要 8 天才能减去 1kg 脂肪组织。严重的肥胖，也可用中药或手术治疗。

其次，不能盲目使用减肥产品，最好不要服用减肥药，这样不但容易损害身体及导致反弹，严重的还有可能减少寿命或者危及生命。

第六节　减肥保健食品举例

一、减肥的功能原料

减肥效果明显的中草药有决明子、炒山楂（药房所售的炒山楂，非山楂干）、大黄、火麻仁、莱菔子、陈皮、何首乌、芦荟、菊花、枸杞、苦瓜、海带、荷叶等。

二、减肥保健食品研发原理

（一）魔芋胶囊

1. 原料与配方

（1）配方：魔芋粒 10kg、大米 1.5kg、纯碱 0.3kg、食盐 0.2kg、水 40kg。

（2）功能原料：魔芋又称蒟蒻、鬼芋、鬼头、花莲杆、花伞把、蛇六谷、雷星、独叶一枝花、花梗天南星、天六谷等，为天南星科植物魔芋的块茎，是一种生长在海拔250~2500m 的山间多年生草本植物，主要分布在中国、日本、缅甸、越南、印度尼西亚等国，在我国分布在东南至西南一带。

2. 配方原理分析

1）中医

魔芋性温，味甘辛，入心、脾经，活血化瘀，解毒消肿，宽肠通便，化痰软坚。《本草纲目》："主治痈肿风毒，摩敷肿上。捣碎，以灰汁煮成饼，五味调食，主消渴。"

2）现代医学

魔芋主要含有被人们称为"食用纤维"的葡甘露聚糖，能抑制人体吸收膳食中胆固醇，还能降低血压及减少心血管患者的潜在危险，并延缓葡萄糖的吸收，有效地降低餐后血糖水平，长期食用能保持大便湿润，可改善便秘、结肠炎、胆石症、痔疮、静脉硬化。

3）营养学

魔芋营养丰富，含有 20%左右的淀粉、2%~10%粗蛋白、40%~60%的葡甘露聚糖，还含有 17 种氨基酸和铁、钙、磷、镁、锶、钾等矿物质。

（二）仙人掌罐头

1. 原料与配方

（1）配方：仙人掌、桂圆、莲子、枸杞、红枣等。

（2）功能原料：仙人掌，别名仙巴掌、观音掌等，多年生常绿肉质草本植物。仙人掌不仅是一种观赏植物，还是具有滋补强壮作用的保健食品，对改善动脉硬化、糖尿病和肥胖等疾病有一定的疗效。

2. 配方原理分析

1）中医

仙人掌味苦性寒，入心、肺、胃三经。据各书记载均以行气活血，清热解毒见长，主要用于心胃气痛、痞块、痢疾、咳嗽、喉痛、乳痈、肺痈、肠痔出血等症。本品为健胃滋养强化剂，又可补脾、镇咳、安神，用于心胃气痛、蛇伤、浮肿。

2）现代医学

现代药理已探明仙人掌所含主要成分为四氢异喹啉和苯基链烃胺类，其中包括有致幻作用的麦司卡林和有麻醉作用的佩络碱（pellotine）。此外，还含有苹果酸、琥珀酸、黏液质、三萜皂苷，茎含槲皮素-3-葡萄苷、树脂、蛋白质等。从多年的临床用药和炮制经验分析：仙人掌的上述成分除具有消炎、清热解毒的作用外，更具有其独特的作用，即能降脂减肥降压。仙人掌是非常耐旱的，是它所含的特殊物质——黏液质在起作用。黏液质性寒味淡，能行气活血，消诸痞。苹果酸是消食健胃的，并能促进胃肠蠕动，这样就起到了润肠通便的功能。把仙人掌外皮割破，溢出的浆液凝结后名玉鞭蓉，是配制化妆品的天然原料，它可补中气、治怔忡，并且有渗透组织的作用，使人们使用后显得更加年轻。其三萜皂苷是人体所必需的物质，它们能直接调节人体分泌功能和调节脂肪酶的活性，促进多余脂肪迅速分解，并能有效地防止脂肪在肠道吸收，抑制脂肪在肝内合成，对抗胆固醇在血管内壁的沉积，循序渐进地减轻体重。不但不损伤元气，反而补充营养，增加人体精力。

3）营养学

仙人掌含有多种类营养素，特别是含有较多的氨基酸、维生素和微量元素，营养比较丰富而全面，且大部分都处于适宜范围之内。同时，仙人掌还具有低脂肪、低热量（每100g 仙人掌仅产生热量 25~30kcal，即 104.65~125.58kJ）、粗纤维丰富和不含草酸等特点，从营养学角度来看，仙人掌对人体特别是对广大青少年的身体和智力发育及对中老年人的身体健康都十分有益。因而是一个较为理想的绿色保健植物食品。

思考题

1. 试述单纯性肥胖的概念、分类及危害。
2. 肥胖的病因和临床表现如何？
3. 如何诊断肥胖？
4. 如何健康减肥？
5. 中医学认为肥胖的病因和病机是什么？
6. 试以目前市售的某一减肥保健食品为例，分析其配方研发原理。

第六章　辅助降血脂保健食品的研发应用

【学海导航】

了解血脂、脂蛋白和载脂蛋白，理解高脂血症或高脂蛋白血症的成因及与某些疾病的关系，理解中医学对高脂血症的认识及保健原则和饮食与高脂血症的关系，掌握辅助降血脂保健食品的配方设计原理及其在实际生产中的应用。

重点：高脂血症或高脂蛋白血症的成因及与某些疾病的关系、中医学对高脂血症的认识及保健原则和饮食与高脂血症的关系、辅助降血脂保健食品的配方设计原理及其在实际生产中的应用。

难点：辅助降血脂功能保健食品的配方设计原理及其在实际生产中的应用。

第一节　血脂、脂蛋白和载脂蛋白

一、血脂的概念和化学组成

1. 血脂概念

血液（血浆或血清）中的脂质成分称为血脂，仅占全身脂质的一小部分，广泛存在于人体中。血脂是生命细胞的基础代谢必需物质，随血流循环全身，对人体具有重要的生理功能。

2. 血脂化学组成

血脂的化学成分较复杂，主要有如下几种。

（1）胆固醇（total cholesterol，TCH 或 TC）：约占血浆总脂的 1/3，有游离胆固醇和胆固醇酯两种形式，其中游离胆固醇约占 1/3，其余的 2/3 和长链脂肪酸酯化为胆固醇酯。

（2）甘油三酯：又称中性脂肪（triglyceride，TG），约占血浆总脂的 1/4。

（3）磷脂（phospholipid，PL）：约占血浆总脂的 1/3，主要有卵磷脂、脑磷脂、丝氨酸磷脂、神经鞘磷脂等，其中 70%~80%是卵磷脂。

（4）游离脂肪酸（free fatty acid，FFA）：又称非酯化脂肪酸，占血浆总脂的 5%~10%，它是机体能量的主要来源。

（5）脂溶性维生素。

（6）固醇类激素等。

二、脂蛋白的分类、特点与功能

1. 脂蛋白概念

脂类难溶于水，不能直接在血液中被转运，也不能直接进入组织细胞中。它们必须与血液中的特殊蛋白质和极性类脂（如磷脂）组成亲水性的球状巨分子，才能被血液运输，并进入组织细胞，这种球状巨分子复合物就称作脂蛋白。

2. 脂蛋白分类

由于技术手段的限制，直到20世纪50年代初才开始认识脂蛋白。脂蛋白有许多种类，但其结构有共同之处。一般以不溶于水的甘油三酯和胆固醇酯作为核心，其表面则是少量蛋白质、极性磷脂和游离胆固醇，它们的亲水基团突入周围水相中，从而使脂蛋白分子能够稳定并溶于水相。血浆脂蛋白的组成、颗粒大小、分子量大小、水合密度及荷电强度不均，利用不同的方法可将脂蛋白分为若干类。常用于血浆脂蛋白分类的方法有电泳法和超速离心法，目前以后一种方法更常用。

（1）超速离心法：是根据脂蛋白在一定密度的介质中进行超速离心时漂浮速率不同而进行分离的方法（图6-1）。由于蛋白质的比重较脂类大，因而脂蛋白中的蛋白质含量越高，脂类含量越低，其密度则越大；反之，则密度低。应用超速离心方法，可将血浆脂蛋白分为六大类：①乳糜微粒（chylomicron，CM）；②极低密度脂蛋白（very low density lipoprotein，VLDL），即前β-脂蛋白（preβ-LP）；③中间密度脂蛋白（intermediate density lipoprotein，IDL）；④低密度脂蛋白（low density lipoprotein，LDL）；⑤脂蛋白（a）[lipoprotein（a），Lp（a）]；⑥高密度脂蛋白（high density lipoprotein，HDL），即α-脂蛋白（α-LP）。这些脂蛋白的密度依次增加，而颗粒则依次变小。

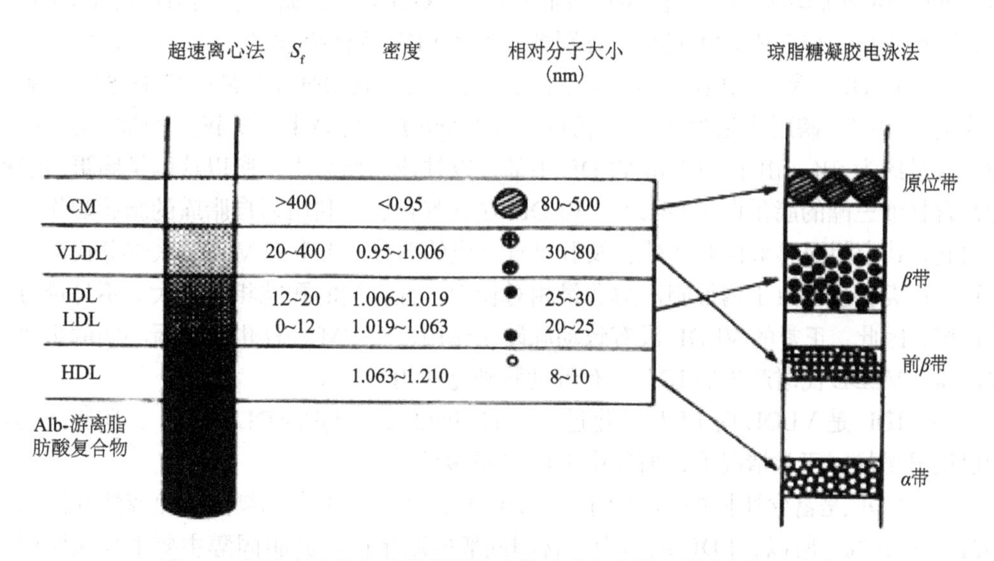

图6-1　超速离心法与琼脂糖凝胶电泳法分离血浆脂蛋白的相应名称

（2）电泳法：电泳法是指带电荷的供试品（蛋白质、核苷酸等）在惰性支持介质（如纸、乙酸纤维素、琼脂糖凝胶、聚丙烯酰胺凝胶等）中，在电场的作用下，向其对应的电极方向按各自的速度进行泳动，使组分分离成狭窄的区带，用适宜的检测方法记录其电泳区带图谱或计算其百分含量的方法。应用电泳法，可得原位、前β、β和α四条脂蛋白区带（图6-1）。

3. 特点与功能

超速离心法与电泳法分离血浆脂蛋白物理和化学特性如表 6-1 所示。

表 6-1　人血浆脂蛋白物理和化学特性

脂蛋白	蛋白区带	密度（kg/L）	S_f值	相对分子大小（nm）	化学组成（%）				
					游离胆固醇	磷脂	蛋白质	甘油三酯	胆固醇酯
CM	原位带	＜0.95	＞400	80~500	2	5	2	88	3
VLDL	前β带	0.95~1.006	20~400	30~80	7	18	9	54	12
IDL	β带	1.006~1.019	12~20	25~30	9	19	17	22	33
LDL	β带	1.019~1.063	0~12	20~25	9	22	22	6	41
Lp（a）	前β带	1.050~1.082	0~2	26	9	18	34	3	36
HDL2	α带	1.063~1.125	0~3.5	10	6	28	44	4	18
HDL3	α带	1.125~1.210	3.5~9	8	3	25	55	3	14

（1）CM：是血浆中颗粒最大的脂蛋白，含甘油三酯 88%，因而其密度也最低。它是在小肠上皮细胞合成的，经过乳糜管、胸导管进入血液。CM 的主要成分来自食物脂肪，功能是从小肠转运甘油三酯至肝及肝外组织。CM 表面的磷脂和载脂蛋白往 HDL 移行，颗粒变小，转变成 CM 残粒，分别被肝脏和 LDL 受体摄取。

（2）VLDL：是运输内源性甘油三酯的主要形式。其中甘油三酯含量为 54%，胆固醇含量为 19%，磷脂含量为 18%，载脂蛋白（Apo）分为 AⅠ、AⅣ、B100、C、E 等类，含量约为 9%。由于 CM 和 VLDL 中都是以甘油三酯为主，所以这两类脂蛋白统称为富含甘油三酯的脂蛋白（TRL）。VLDL 在肝脏合成，利用来自脂库的脂肪酸作为合成材料，其中胆固醇来自 CM 残粒及肝自身合成的部分。正常人 VLDL 大部分代谢变成 LDL。这类脂蛋白由于携带胆固醇数量相对较少，且它们的颗粒相对较大，不易透过血管内膜，因此，正常的 VLDL 没有致动脉硬化作用，像 CM 一样也不是冠心病的主要危险因素，VLDL 代谢产生的 IDL 具有致动脉硬化作用。

（3）IDL 是 VLDL 向 LDL 转化过程中的中间产物，与 VLDL 相比，其胆固醇的含量已明显增加。正常情况下，血浆中 IDL 含量很低。

（4）LDL 是富含胆固醇的脂蛋白，LDL 中胆固醇的含量（包括胆固醇酯和游离胆固醇）占 50%。所以，LDL 被称为富含胆固醇的脂蛋白。其胆固醇主要来自从胆固醇酯转运的 HDL 中的胆固醇。目前认为血浆中 LDL 的来源有两条途径：①主要途径是由 VLDL 异化代谢转变而来；②次要途径是肝合成后直接分泌到血液中。当 LDL 过量时，它携带的胆固醇便积存在动脉壁上，长时间容易引起动脉硬化。因此 LDL 被称为“坏的胆固醇”。

（5）HDL：亦称为 α_1-脂蛋白，含磷脂、蛋白质较多，在血清中的含量约为 300mg/dL。HDL 颗粒最小，其结构特点是脂质和蛋白质部分几乎各占一半。HDL 主要在肝和小肠合成。肝合成的新生 HDL 以磷脂和 ApoAⅠ为主。HDL 将胆固醇从周围组织（包括动脉粥样斑块）转运到肝脏进行再循环或以胆酸的形式排泄，这一过程称作胆固醇逆转运（RCT）。这一过程至少包括三个步骤：①细胞内游离胆固醇外流进入 HDL；②HDL 中游离胆固醇的酯化；③HDL 中胆固醇清除。HDL 可将蓄积于末梢组织的游离胆固醇与血液循环中脂蛋白或与某些大分子结合而运送到各组织细胞，主要是肝脏，实际上是胆固醇逆转运。胆固醇逆转运促进组织细胞内胆固醇的清除，维持细胞内胆固醇量的相对恒定，起到抗动脉粥样硬化作用，HDL 是一种抗动脉粥样硬化的血浆脂蛋白，是冠心病的保护因子，因此俗称“血管清道夫”。

（6）Lp（a）：是 1963 年由 Berg（北欧的一位遗传学家）利用免疫方法发现的一类特殊的脂蛋白。Lp（a）是血液中脂蛋白的成分之一，结构复杂，是一种与血纤维蛋白溶解酶原有相同性质的糖蛋白。正常范围为 10~140mmol/L（0~300mg/L）。Lp（a）与 LDL 在结构上的主要区别是多含有独特的 Apo（a），后者在其他任何脂蛋白中都不存在。由于 Apo（a）的存在，使得 Lp（a）具有独特性。已证实 Apo（a）的 cDNA 序列与纤维蛋白溶解酶原的高度同源性（约 80%同源）。目前有关 Lp（a）的合成场所和代谢途径尚不清楚。

Lp（a）在心脑血管血栓性疾病中起重要作用，会导致心血管类的疾病如高脂血症、心绞痛、高血压等。

各种脂蛋白的特点与功能见表 6-2。

表 6-2 各种脂蛋白的特点与功能

分类	主要脂质	主要 Apo	来源	功能
CM	甘油三酯	B48、AⅠ、AⅡ	小肠合成	将食物中的甘油三酯从小肠转运至其他组织
CM 残粒	甘油三酯 胆固醇	B48、E	CM 中甘油三酯经脂酶水解后形成	将胆固醇释放至肝脏；可能有致动脉粥样硬化作用
VLDL	甘油三酯	AⅠ、AⅣ、B100、E、C	肝脏合成	转运甘油三酯至外周组织，经脂酶水解后释放游离脂肪酸
IDL	甘油三酯 胆固醇	B100、E	VLDL 中甘油三酯经脂酶水解后形成	属 LDL 前体，部分经肝脏摄取；具有致动脉粥样硬化作用
LDL	胆固醇	B100	VLDL 和 IDL 中甘油三酯经脂酶水解后形成	胆固醇的主要载体，经 LDL 受体介导摄取而被组织利用，致动脉粥样硬化作用最强，与冠心病直接相关
HDL	磷脂 蛋白质	AⅠ、AⅡ、C	肝脏和小肠合成，CM 和 VLDL 脂解后表面物衍生	促进胆固醇从外周组织移去，转运胆固醇至肝脏或其他组织再分布，具有抗动脉粥样硬化作用，HDL-C 与冠心病负相关

三、Apo 及其功能

脂蛋白中与血脂相结合的蛋白质部分称载脂蛋白（Apo），在体内 Apo 具有许多重要的生理功能，如作为配基与脂蛋白受体结合、激活多种脂蛋白代谢酶等。现已发现并将结构弄清楚的有 A、B、C、D、E、F、G、H、J 及（a）等十几大类。各种 Apo 又可分为若干亚型（如 ApoA 可分为 ApoAⅠ、ApoAⅡ等，ApoB 可分为 ApoB100 和 ApoB48 等，ApoC 有 ApoCⅠ、ApoCⅡ、ApoCⅢ等），Apo 不仅对血浆脂蛋白的代谢起着决定性的作用，而且对动脉粥样硬化的发生和发展有很大的影响。

1. ApoAⅠ

ApoAⅠ主要分布于血浆HDL中，ApoAⅠ的主要生理功能：①HDL的结构蛋白；②作为一种辅助因子，参与激活LCAT，使游离胆固醇酯化；③参与胆固醇的逆转运过程。

2. ApoAⅡ

ApoAⅡ是人HDL颗粒中第二种主要的Apo，ApoAⅡ的生理功能尚不十分清楚，除了作为HDL的结构成分外，可能还具有抑制LCAT活性的作用。亦有人认为ApoAⅡ是肝脂酶的激活因子。

3. ApoB

ApoB是一类在分子量、免疫性和代谢上具有多态性的蛋白质，ApoB100主要分布于血浆VLDL、IDL和LDL中，ApoB具有如下功能：①参与VLDL的合成、装配和分泌；②与肝素及不同的糖蛋白结合，可能参与LDL与动脉粥样斑块结合；③是VLDL、IDL和LDL的结构蛋白，参与脂质转运；④是介导LDL与相应受体结合必不可少的配体。

4. ApoCⅡ

ApoCⅡ是CM、VLDL和HDL的结构蛋白之一，ApoCⅡ具有下列生理功能：①是LPL不可缺少的激活剂，ApoCⅡ缺乏时，LPL活性极低，甘油三酯水解障碍，血浆甘油三酯水平明显升高；②具有抑制肝脏对CM和VLDL摄取的作用。

5. ApoE

ApoE是一个含有299个氨基酸残基的糖蛋白。ApoE可以在各种组织中合成，但以肝脏为主。ApoE的浓度与血浆甘油三酯含量呈正相关。ApoE的生理功能：①组成脂蛋白，是CM、VLDL、IDL和部分HDL的结构蛋白；②作为配体与LDL受体和ApoE受体结合；③具有某种免疫调节作用；④参与神经细胞的修复。

1）*ApoE*基因型与ApoE结构

*ApoE*基因由3个等位基因（e2、e3和e4）相互组合形成6种基因型（*ApoE2/2*、*ApoE2/3*、*ApoE3/3*、*ApoE2/4*、*ApoE3/4*和*ApoE4/4*），3种蛋白表型（ApoE2、ApoE3和ApoE4）。ApoE主要由肝脏合成，其次为脑，主要由胶质细胞合成，神经元不合成ApoE，其他如肾上腺、肾等器官也合成少量ApoE。ApoE构成血浆脂蛋白的外层，主要分布于VLDL、HDL、CM及CM残粒中，正常人血浆ApoE浓度为0.03~0.05mg/mL。ApoE分子可分为有不同功能的两个结构区：N端片段结构稳定、紧密，能与受体结合。C端片段结构松散、伸展，稳定性较低，能与脂蛋白结合。两片段结构由松散的铰链区连接。

2）*ApoE*基因与疾病的关系

（1）*ApoE*基因与阿尔茨海默病（Alzheimer's disease，AD）：研究表明，ApoE可在AD患者的病理特征（淀粉样沉积、神经纤维缠结等）中被高度表达，并在脑血管壁大量沉积，因此ApoE一度被认为是AD的一种"病理性伴侣蛋白"（pathological chaperon protein）。ApoE在AD病理中的作用可能通过三种机制进行：或与β淀粉样物质Aβ肽作用，影响AD患者中淀粉样沉积的形成；或与tau蛋白结合，通过影响微管的结构，调节tau蛋白的磷酸化，继而影响双螺旋纤维丝的形成；或参与受损神经纤维的恢复、突触的生成及神经再生过程中的营养作用。

（2）*ApoE* 基因与抑郁症：抑郁症也是老年人中常见的一种精神障碍，但其遗传学病因仍未被阐明。由于抑郁症患者可出现认知功能的缺陷，并向老年期痴呆过渡，而老年期痴呆患者也可并发老年期抑郁症状，故而借助于老年期痴呆的遗传学研究也许会开拓抑郁症遗传学研究的新领域。部分学者认为，*ApoE4* 等位基因可能是老年期抑郁症的风险因子，但大多数研究结果不能支持这一观点。由于不同 *ApoE* 基因型的痴呆人群中均可出现抑郁症的过度表达，因此老年期的抑郁症状可能与 AD 存在不同的遗传学病因。但 ApoE4 仍可能是伴精神病性症状的抑郁症患者发生 AD 的风险因子。

（3）*ApoE* 基因与帕金森病（Parkinson disease，PD）：PD 也是老年期常见的神经变性疾病。合并有老年期痴呆症状的 PD（PPD）与 AD 在临床表现、胆碱能和多巴胺能神经递质的变化及病理学改变等方面都具有很多相似之处。据此，与 AD 神经病理相关的致病基因也被用于 PD、PPD 的研究。虽然 PPD 患者中的 *ApoE4* 基因出现频率与 AD 患者存在显著差异，但接近于 PD 患者，故 ApoE4 可能并不是 PD 患者中 AD 症状出现的风险因子。神经病理学研究证实，ApoE4 的剂量不仅与 AD 的淀粉样沉积的数量相关，还与 AD 患者中 PD 的病理变化相关，尤其是与伴 PD 症状的 AD 患者的海马 CA2/3 区域的泛素（ubiquitin）阳性的神经纤维病变程度相关。因此 ApoE4 虽不构成与 PD、PDD 有关的发病因子，但可能与 AD 患者的 PD 病变相关。

（4）*ApoE* 基因与原发进行性失语症（PPA）：PPA 是一种特殊类型的痴呆，表现为进行性神经减退障碍，语言功能的逐渐分解和丧失，如语言的流畅性下降，语法结构错误及语音紊乱等，但缺乏 AD 的严重症状（如记忆功能障碍）。而 AD 的主要临床症状以记忆丧失及某一认知功能减退为特征，有时虽然也出现失语等症状，却有别于 PPA 患者的语言障碍。由于 PPA 患者常出现 AD 患者的一些病理特征，如脑代谢水平的降低、脑电图（EEG）节律减缓和脑萎缩等，AD 的高危因子 ApoE4 也可能构成 PPA 的风险因子。

（5）*ApoE* 基因与路易（Lewy）小体型痴呆（LBD）：神经病理研究证实，有 15%~25% 的老年期痴呆患者的脑干和皮质中存在 Lewy 小体（LB），LBD 相应地被认为是仅次于单纯型 AD 的第二大类老年期痴呆。由于 LBD 的临床和病理特征与 AD 也非常相似，*ApoE* 基因是否也参与了 LBD 的病理过程引起人们的关注。研究者首先提出 ApoE4 可能是 LBD、AD 共同的主要致病因子，进一步证实，LBD 患者中 *ApoE4* 等位基因频率显著升高，而且 ApoE2 和 ApoE4 型患者脑中老年斑和 LB 的数量增多，ApoE4 型患者海马区域的 CA2~3 区轴突降解程度最强，提示 *ApoE* 基因可能直接影响了 LBD 的病理发生。

（6）*ApoE* 基因与轻度认知功能损伤：轻度认知功能损伤患者病情发展的最终结果目前还不清楚。通过前瞻性随访研究发现，有轻度认知功能损伤的老年人中 18 个月、36 个月、54 个月 AD 的发生率分别为 24%、44%和 55%，且 *ApoE4* 基因可能是轻度认知功能损伤患者发展为痴呆的一个强有力的预测指标。虽然含 *ApoE4* 等位基因或有痴呆家族史的老年人中认知功能减退发生率较无痴呆家族史和不含 *ApoE4* 等位基因的老年人提前，发病风险性也显著升高，但 *ApoE* 基因型与认知功能减退的发生率无关，而仅与其发病年龄相关。其中 ApoE4 型老年人的发病年龄最早，

ApoE3/ApoE3 型其次，ApoE2 型最晚。

（7）*ApoE* 基因多态与颅内肿瘤：人类 ApoE 主要在肝脏和脑组织中合成，在其他组织包括单核细胞（含巨噬细胞）、肾上腺、卵巢颗粒细胞中也能合成 ApoE。脑中 ApoE 的 mRNA 表达总量是肝脏的 1/3，星形细胞是其主要合成部位。脑中生成的 ApoE 的作用可能是使细胞内的脂类重新分配而保持脑环境中的胆固醇平衡。脑肿瘤中发现有高浓度的 ApoE，推断它可能作为神经胶质细胞瘤的标志物。研究表明，ApoE 对抑制肿瘤细胞增殖亦有影响，体外细胞培养显示肿瘤细胞分泌 ApoE 的量与肿瘤细胞未分化程度成反比，应用免疫组织化学分析法显示 ApoE 见于星形细胞瘤和恶性胶质细胞瘤的瘤细胞中，而其他颅内肿瘤如神经鞘瘤、少突胶质细胞瘤、脉络丛乳头状瘤等肿瘤细胞中无 ApoE，且其免疫反应强度与肿瘤病变程度成反比，提示应用 ApoE 免疫反应将有助于胶质细胞瘤的诊断与分期。但胶质细胞瘤的生物学特征不能以单一某种蛋白质或少数几种蛋白质来预测，而要依赖许多种蛋白质综合起来分析。其基因多态性与颅内肿瘤之间的关系仍有待于进一步研究。

ApoE 是迄今所知的唯一一种与神经系统关系密切的 Apo。它所涉及的神经系统疾病不止以上几种。综上所述，在分子及细胞水平研究 ApoE 结构及其作用机制，对探索由此引起的相关疾病至关重要。目前的研究出现不同的结果，可能与人群选择、疾病诊断及种族和地区差异有关。随着 *ApoE* 基因研究的不断深入，ApoE 疾病的相关性将进一步得到阐明，并对其基因组学作出更加科学合理的解释，相信它会在神经系统疾病的诊治及预防、提高人们生活质量等方面起到越来越大的作用。

四、血脂检查主要指标

血脂含量可以反映体内脂类代谢的情况。食用高脂肪膳食后，血浆脂类含量大幅度上升，但只是暂时的，通常在 3~6h 后可逐渐趋于正常。测定血脂时，常在饭后 12~14h 采血，这样才能较为可靠地反映血脂水平的真实情况。由于血浆胆固醇和甘油三酯水平的升高与动脉粥样硬化的发生有关，因此这两项成为血脂测定时的重点项目。

健康体检时，血脂检查是常规检查中的常见项目。血脂全套检查一般有血脂七项和血脂四项，血脂四项是简易的血脂检查，包括总胆固醇、甘油三酯、HDL-C 和 LDC-C；血脂七项是在血脂四项的基础上增加了 ApoA、ApoB 及 Lp（a）。这些指标中，尤其是血脂四项，只要超出正常水平（或合适范围），即为血脂异常。

第二节　高脂血症或高脂蛋白血症

一、血脂代谢异常与高脂血症

血脂代谢就是脂蛋白代谢，大多数脂蛋白是在肝脏和小肠组织中合成，并主要经肝脏进行分解代谢。人体内血脂代谢不平衡，胆固醇和甘油三酯的进入大于排出，导致血脂代谢异常。血脂代谢异常是指血液中的总胆固醇、LDL-C、LP（a）和甘油三酯等升高及 HDL-C 降低。

高脂血症是常说的“高血脂”，医学上的定义是指由于脂肪代谢异常使血浆中一种或多种脂质高于正常的疾病，具体是指血中胆固醇＞5.72mmol/L 和（或）甘油三酯＞1.70mmol/L 或 HDL-C＜0.91mmol/L 或 LDL-C＞3.64mmol/L。因为血液中的脂质是以脂蛋白的形式存在而运转全身，所以高脂血症又称为高脂蛋白血症。值得注意的是血液中脂蛋白的升高必然引起血脂增高，但并不是所有脂蛋白的升高都是有害的，如 HDL-C 降低反而是引起高脂血症的因素。

二、高脂血症类型

1. 按血脂成分

（1）高胆固醇血症：血清总胆固醇含量增高，超过 5.72mmol/L，而甘油三酯含量正常，即甘油三酯浓度＜1.70mmol/L。

（2）高甘油三酯血症：血清甘油三酯含量增高，超过 1.70mmol/L，而总胆固醇含量正常，即总胆固醇浓度＜5.72mmol/L。

（3）低高密度脂蛋白血症：血清 HDL-C 含量降低，即 HDL-C 浓度＜0.91mmol/L。

（4）混合型高脂血症：血清总胆固醇和甘油三酯含量均增高，即总胆固醇浓度超过 5.72mmol/L，甘油三酯浓度超过 1.70mmol/L。

2. 按脂蛋白类型

1967 年 Fredrickson 等首先提出按脂蛋白类型分类法。他们基于各种血浆脂蛋白升高的程度不同而进行分型，将高脂血症分为五型（Ⅰ、Ⅱ、Ⅲ、Ⅳ和Ⅴ型）。这种按脂蛋白类型分类法不但促进了人们对高脂血症的了解，并且有利于临床上对高脂血症的诊断和治疗，所以逐渐被广泛采用。1970 年 WHO 对 Fredrickson 等提出的按脂蛋白类型分类法进行了部分修改，将其中的Ⅱ型分为两型即Ⅱa 型和Ⅱb 型。

3. 按病因

（1）原发性高脂血症：原发性高脂血症罕见，属遗传性脂代谢异常疾病，指由于先天遗传基因缺陷或后天的饮食习惯及生活方式和其他环境因素等所引起的血脂异常。

（2）继发性高脂血症：指由某些疾病引起的血脂代谢异常，治疗和控制这些疾病后可使异常的血脂得以纠正。常见的疾病包括糖尿病、胰腺炎、酒精中毒、多发性骨髓瘤、巨球蛋白血症、慢性肾病和肾病综合征、阻塞性肝胆疾病、肝糖原贮积症、特发性高钙血症、系统性红斑狼疮等。

继发性高脂血症包括糖尿病高脂血症、甲状腺功能减低高脂血症、肾病综合征高脂血症、慢性肾衰竭高脂血症、急性肾衰竭高脂血症、药物性高脂血症。

三、血脂代谢异常的诊断

1. 实验室检查

实验室检查是诊断血脂代谢异常的主要依据。

（1）于 4℃放置过夜的血清外观：当血清中富含甘油三酯的 CM 或 VLDL 含量增多

时，由于它们颗粒直径较大，折光性强，在光线照射下血清呈均匀浑浊；当血清上部出现“奶油层”时，说明比重较轻的 CM 或 VLDL 含量多，上浮于表面所致。若血清中的 CM 和 VLDL 含量正常，则血清是澄清的。

（2）测定血清总胆固醇和甘油三酯浓度：也可同时测定血清 HDL-C 及其亚型、LDL-C、Apo 等，其中血清 LDL-C 也可用下面公式计算：LDL-C=TC−HDL-C−TG/5（mg/dL）或 TC−HDL-C−TG/2.2（mmol/L）。

根据以上检测可将高脂蛋白血症简单分型，只有Ⅱb 和Ⅲ型尚无法鉴别。

（3）脂蛋白经琼脂糖凝胶电泳后，距原点由远至近依次分为 α 带（即 HDL）、前 β 带（即 VLDL）、β 带（即 LDL）、原位带（即 CM）。血清中某些脂蛋白含量增多时，电泳板上相应区带深染。

（4）注射肝素后激活 LPL 活性：若注射肝素后 LPL 活性增强，则血清中含 CM 的“奶油层”消失，否则说明 LPL 活性缺乏或减低。

（5）其他检查：当血清甘油三酯升高伴肥胖者有体内胰岛素抵抗和高胰岛素血症，应做葡萄糖耐量试验，排除糖尿病。

2. 临床表现

血脂代谢异常早期不一定出现临床症状，但时间长久临床可出现一些表现，主要包括两大方面：脂质在真皮内沉积所引起的黄色瘤；脂质在血管内皮沉积所引起的动脉粥样硬化，产生冠心病和周围血管病等。

（1）各种皮肤黄色瘤：黄色瘤是一种异常的局限性皮肤隆凸，其颜色可为黄色、橘黄色或棕红色，多呈结节、斑块或丘疹形状，质地一般柔软。主要是由于真皮内集聚了吞噬脂质的巨噬细胞（泡沫细胞，又名黄色瘤细胞）所致。

（2）老年环：又称角膜环、角膜弓，若见于 40 岁以下者，则该患者多伴有高脂血症，以家族性高胆固醇血症为多见，但特异性并不很强。

（3）高脂血症眼底（retinal lipemia）：常是严重的高甘油三酯血症并伴有高乳糜微粒血症的特征表现。由富含甘油三酯的大颗粒脂蛋白沉积在眼底小动脉上引起光散射所致。

（4）其他表现：血清 CM 或甘油三酯升高可有腹痛及胰腺炎的反复发作，肝脾大。长期血清甘油三酯升高患者常伴有肥胖尤其是向心性肥胖。脂质在血管内皮沉积引起动脉粥样硬化，发生冠心病和周围血管病等。

此外，严重高乳糜微粒血症患者的血清甘油三酯可高达 1000~2000mg/dL，可出现脂性视网膜病变，眼底检查可见视网膜动脉与静脉呈鲑鱼网样粉红色或称“番茄酱”样改变。严重的高胆固醇血症尤其是纯家族性高胆固醇血症可出现游走性多关节炎，不过这种情况较为罕见，且关节炎多为自限性。明显的高甘油三酯血症还可引起急性胰腺炎，应该引起注意。

3. 诊断标准

（1）有继发性高脂血症相关疾病，如糖尿病、甲状腺功能减退、肾病综合征、肥胖、皮质醇增多症、痛风，包括不良的个人生活饮食习惯及服用可引起高脂血症的药物，如雌激素避孕药、噻嗪类利尿药等。

（2）有明显高脂血症或高脂蛋白血症家族史。

（3）有冠心病、脑卒中、周围血管疾病史者。

（4）体检有特征性黄色瘤、结节性黄瘤、幼年角膜环等高血脂表现。

（5）实验室检查有胆固醇、甘油三酯、脂蛋白异常增高，超过实验室检查各项指标。

第三节　高脂血症的成因及与某些疾病的关系

一、高脂血症的成因

血脂有外源和内源之分。外源性血脂来自食物，特别是动物性食物；内源性血脂主要由肝脏、小肠黏膜等组织合成。近年来，我国高血压、高脂血症、冠心病、糖尿病、肥胖等富裕性疾病的发病率明显上升，已经引起全社会的关注。这类疾病是威胁中老年人健康的第一大杀手，高脂血症、糖尿病、肥胖等相关性十分密切的病症，其相加总发病率为10%，严重威胁人体健康。

西医认为，高脂血症的病因，基本上可分为两大类，即原发性高脂血症和继发性高脂血症。

1. 原发性高脂血症

原发性高脂血症由脂质和脂蛋白代谢先天性缺陷（家族性）及某些环境因素通过各种机制引起。这些环境因素包括饮食和药物等，现概述如下。

（1）遗传因素：遗传可通过多种机制引起高脂血症，某些可能发生在细胞水平上，主要表现为细胞表面脂蛋白受体缺陷及细胞内某些酶的缺陷（如LPL的缺陷或缺乏），也可发生在脂蛋白或Apo的分子上，多由基因缺陷引起。

（2）饮食、药物等环境因素：主要是造成脂质代谢紊乱。其中，饮食因素作用比较复杂，高脂血症患者中有相当大的比例是与饮食因素密切相关的。糖类摄入过多，可影响胰岛素分泌，加速肝脏VLDL的合成，易引起高甘油三酯血症。胆固醇和动物脂肪摄入过多与高胆固醇血症形成有关，其他膳食成分（如长期摄入过量的蛋白质、脂肪、碳水化合物及膳食纤维摄入过少等）也与本病发生有关。

2. 继发性高脂血症

继发性高脂血症由其他原发疾病所引起，这些疾病包括糖尿病、肾病、胰腺炎、糖原贮积症、巨球蛋白血症等。继发性高脂血症在临床上多见，如不详细检查，则其原发疾病常可被忽略，治标而未治其本，不能从根本上解决问题，于治疗不利。

二、高脂血症与某些疾病的关系

1. 高脂血症与冠心病

冠心病是冠状动脉粥样硬化性心脏病的简称。临床主要表现为心绞痛、心肌梗死。其病因尚未完全阐明，但脂质代谢紊乱被视为重要原因之一，表现为冠心病患者血脂（胆固醇、甘油三酯）增多，动脉粥样硬化的斑块上有胆固醇沉积。

2. 高脂血症与糖尿病

人体内糖代谢与脂肪代谢之间有着密切的联系，临床研究发现，约40%的糖尿病患者可继发引起高脂血症。

3. 高脂血症与肝病

肝脏在脂肪代谢中起着重要作用。许多物质包括脂质和脂蛋白等是在肝脏进行加工、生产和分解、排泄的。肝脏也是脂肪酸氧化和团体形成的主要场所，并能将多余的胆固醇分解。一旦肝脏病变，则脂质代谢也随之发生障碍，引起脂肪肝、急性病毒性肝炎、慢性肝炎、肝硬化、肝癌等。

4. 高脂血症与肥胖

临床医学研究资料表明，肥胖常继发血甘油三酯含量增高，部分患者血清总胆固醇含量也可能增高，主要表现为Ⅳ型高脂血症，其次为Ⅱb型高脂血症。

5. 高脂血症与痛风

痛风引起的较大问题是高脂血症，约50%以上的痛风患者会出现血液中的脂肪浓度偏高，即患有高脂血症。

第四节　中医学对高脂血症的认识及保健原则

一、中医学对高脂血症的认识

1. 古中医学对高脂血症的认识

中医古文献中虽无“血脂”之名称，但在《黄帝内经》中已有“脂者”“油脂”“脂膜”等记载。如《灵枢·卫气失常》说：“脂者，其血清，气滑少。”这是最早论及脂者的记载。在历代医籍中，对类似高脂血症及由此引起的动脉粥样硬化等并发症的临床表现和治法，都有较详细的论述，分别见于痰饮、心悸、眩晕、胸痹、卒中、真心痛等病症中。

古中医学认为嗜食肥甘厚味，饮食不节制为高脂血症的主要原因，中年以上者好坐、好静、活动少、消耗少也为原因之一。因为脏腑之气虚衰，素体脾气不足，运化功能失常，易致湿浊内生，化为痰浊阻遏经络；情志影响使肝气郁结，肝阳上亢，木旺克土，脾胃功能受损，湿浊不能运化，化痰蕴热；嗜食肥甘，醇酒乳酪，湿从内受，生湿、生痰、生热、生风、化瘀。因此，本病主要与肝、脾、肾三脏关系密切，乃肝、脾、肾三脏之虚为本，痰浊、瘀血为标的病证。应以调理脾胃、补益肝肾、祛痰除浊、活血化瘀为法进行综合治疗。

2. 现代中医学对高脂血症的认识

现代中医学对本病的研究是从20世纪70年代开始的，中医中药治疗本病的报道首见于1973年，此后，在单味中药治疗本病的文章不断发表的同时，亦开展了中医辨证分型的探讨。80年代以来，中医对本病的研究已进入到一个新的阶段，主要表现在以下几个方面：

1）在病因病理方面

突破了古人以“痰”立论的认识，进一步观察到机体阴阳失衡对本病的影响。现代中医学认为，膏脂虽为人体的营养物质，但过多则形成高脂血症为患。凡导致人体摄入膏脂过多，以及膏脂转输、利用、排泄失常的因素均可使血脂升高，其病因有以下几种：

（1）饮食失当：饮食不节，摄食过度，或恣食肥腻甘甜厚味，过多膏脂随饮食进入人体，输布、转化不及，滞留血中，因而血脂升高。长期饮食失当，或酗酒过度，损及脾胃，健运失司，致使饮食不归正化，不能化精微以营养全身，反而变生脂浊，混入血中，引起血脂升高。前者为实证，后者为虚中夹实证，这是二者不同之处。

（2）喜静少动：生性喜静，贪睡少动；或因职业工作所限，终日伏案，多坐少走，人体气机失于疏畅，气郁则津液输布不利。膏脂转化利用不及，以致生多用少，沉积体内，浸淫血中，故血脂升高。

（3）情志刺激：思虑伤脾，脾失健运，或郁怒伤肝，肝失条达，气机不畅，膏脂运化输布失常，血脂升高。

（4）年老体衰：人老则五脏六腑皆衰，以肾为主。肾主五液，肾虚则津液失其主宰；脾主运化，脾虚则饮食不归正化；肝主疏泄，肝弱则津液输布不利，三者皆使膏脂代谢失常，引起血脂升高。若房劳过度，辛劳忧愁，亦可使人未老而先衰。

（5）体质禀赋：父母肥胖，自幼多脂，成年以后，形体更加丰腴，而阳气常多不足，津液膏脂输化迟缓，血中膏脂过多。或素体阴虚阳亢，脂化为膏，溶入血中，血脂升高。

（6）消渴、水肿、胁痛、黄疸、癥积等证不愈：消渴基本病机属阴虚燥热，由于虚火内扰，胃热杀谷，患者常多饮多食，但饮食精微不能变脂而储藏，人体之脂反尽溶为膏，混入血中，导致血脂升高。水肿日久，损及脾肾，肾虚不能主液，脾虚失于健运，以致膏脂代谢失常。胁痛、黄疸、癥积三者皆属肝胆之病，肝病气机失于疏泄，影响膏脂的敷布转化，胆病不能净浊化脂，引起血脂升高。

2）在辨证分型方面

经过长期的摸索研究及临床经验的累积，高脂血症的中医辨证分型亦渐趋于一致。

3）在治疗方面

大量的临床实践表明，单味中药或复方有显著的降脂疗效。据初步统计，目前经过临床验证已经筛选出具有确凿降脂作用的中药50余种，有效降脂方剂达40个。此外，运用中医非药物疗法，如针刺、推拿、气功等，亦收到较好的降脂效果，充分显示了中医治疗本病的广阔前景。

二、高脂血症的辨证分型与保健原则

1. 脾虚痰积型

症状：体胖虚松、倦怠乏力，胸脘痞满，头晕目眩，肢重或肿，纳差或伴便溏，舌胖，苔白厚，脉濡。

证候分析：脾虚湿盛痰积，则体胖虚松，倦怠乏力；痰湿中阻，则胸脘痞满；痰浊上扰，则头目晕眩；水湿流于四肢，则肢体沉重或浮肿；痰湿内盛，胃弱脾虚，则纳差便溏；舌胖苔白厚，脉濡，均为脾虚痰积之征。

保健原则：健脾利湿。

2. 胃热腑实型

症状：形体肥硕，烦热纳亢，口渴便秘，舌苔黄腻或薄黄，脉滑或滑数。

证候分析：恣食肥甘厚腻，痰热壅积，则形体肥硕；阳旺之体，胃热炽盛则烦热纳亢；胃火伤津，则口渴便秘；舌苔黄腻或薄黄，脉滑或滑数，均为胃热腑实，痰热壅积之征。

保健原则：清胃泻热，通腑导滞。

3. 痰瘀滞留型

症状：眼睑处或有黄色瘤，胸闷时痛，头晕胀痛，肢麻或偏瘫，舌暗或有瘀斑，苔白腻或浊腻，脉沉滑。

证候分析：久有痰积，入络致瘀，痰瘀滞留，可见眼睑处有黄色瘤；痰瘀痹阻胸脉，则胸闷时痛；入于脑络，则头晕胀痛；滞于经脉，则肢麻或偏瘫；舌暗或有瘀斑，苔白腻或浊腻，脉沉滑，均为痰瘀滞留之征。

保健原则：理气解郁，活血化瘀。

4. 肝肾阴虚型

症状：体瘦而血脂高，头晕眼花，健忘，腰酸膝软，失眠，五心烦热，舌红，苔薄或少，脉细或细数。

证候分析：年高体弱，肝肾不足，阴不化精，反酿痰浊，留滞体内，则体瘦而血脂高；阴虚于上，清阳不升，脑失充养，则头晕眼花，健忘；阴虚于下，肾府失养则腰膝酸软；肾阴亏虚，不能上济于心，心火独亢，心神受扰而失眠；阴虚火旺，则五心烦热；舌红，苔薄或少，脉细或细数，均为肝肾阴虚，或阴虚火旺之征。

保健原则：滋补肝肾，平肝潜阳。

综上所述，高脂血症的实质是本虚标实，保健原则为扶正祛邪。具体可灵活选用补肝益肾或健脾益气或活血化瘀或利湿化浊等保健食品，并参考现代研究结果进行综合调理，宏观和微观相结合，辨病和辨证相结合。

第五节 饮食与高脂血症

一、营养素与高脂血症

1. 能量

总能量的摄入原则上应以维持正常体重为宜。一般能量供给量为每人每日在1600~3000kcal。能量摄入的限制要根据患者的年龄、工作性质、活动能力和伴随疾病等几个方面综合考虑，一般低于40岁者2500~3000kcal/d，40~60岁者2000~2500kcal/d，高于60岁者1600~2000kcal/d。

2. 脂肪

每日膳食中脂肪不超过50g（包括食物中所含脂肪）。膳食脂肪控制在30%以下较好。多吃植物油，少吃动物油。理想的脂肪摄入比例为饱和脂肪酸：多不饱和脂肪酸：单不饱和脂肪酸=1：1：1。坚持低胆固醇饮食，每日饮食中胆固醇含量不超过300mL。少食用含胆固醇高的食物，如动物内脏、蛋黄、鱼子、鱿鱼等食物。多采用蒸、煮、炖、熬的烹调方法。

3. 蛋白质

适当摄入蛋白质，膳食蛋白质含量以 20%左右较好，而且植物蛋白质和动物蛋白质比例要适宜（氨基酸平衡）。每天每公斤体重供给蛋白质以 1~1.2g 为宜。多食大豆、豆制品。

4. 膳食纤维

膳食纤维供给要充足，多食用新鲜水果和蔬菜，还可适当选食香菇、木耳、海带等蕈藻类食物，可使甘油三酯降低，促进胆固醇排除，对血管有保护作用。

5. 维生素

维生素供给宜数量充足，种类丰富。

6. 矿物质和微量元素

选食富含镁的食物，如小米、燕麦、豆类等。镁参与心肌酶系统的代谢，并具有降低胆固醇的作用。坚持少盐饮食：每日摄入食盐应在 6g 以下。多食含钙、铬、铜、镁、锰、钒、硒、碘产品，还要注意各元素间的适宜比例。

二、一些有辅助降血脂作用的食物

1. 香菇

香菇有助于降低胆固醇、降血压。香菇含有一种一般蔬菜缺乏的麦甾醇，它可转化为维生素 D，促进体内钙的吸收，并可增强人体抵抗疾病的能力。

2. 木耳

木耳是一种营养丰富的著名食用菌，富含多糖胶体，有良好的润滑作用，是矿山工人、纺织工人的重要保健食品。其可降低血中胆固醇含量，还有抗血小板凝聚作用，另外还有提高免疫力的作用。

3. 大蒜

大蒜有抗菌、降血脂、抑制血小板凝聚、延长凝血时间等作用。

大蒜可防止心脑血管中的脂肪沉积，从而抑制血栓的形成。

大蒜可促进胰岛素的分泌，增加组织细胞对葡萄糖的吸收，提高人体葡萄糖耐量，迅速降低体内血糖水平，并可杀死因感染诱发糖尿病的各种病菌。

大蒜可有效抑制引起肠胃疾病的幽门螺杆菌等细菌病毒，刺激胃肠黏膜，促进食欲，加速消化。

大蒜中含硫化合物具有抗菌消炎作用，对多种球菌、杆菌、真菌和病毒等均有抑制和杀灭作用。

大蒜中含有一种叫“硫化丙烯”的辣素，对病原菌和寄生虫都有良好的杀灭作用，可减轻发热、咳嗽、喉痛及鼻塞等感冒症状。

4. 茶

茶具有防止人体内胆固醇升高，降低心肌梗死风险的作用，茶多酚还能清除机体过量的自由基，抑制和杀死病原菌。此外，茶还有提神、消除疲劳、抗菌等作用。茶可延缓和防止血管内膜脂质斑块形成，降低动脉硬化、高血压和脑血栓发生风险。茶能消除疲劳，促进新陈代谢，并有维持心脏、血管、胃肠等正常功能的作用。饮茶宜淡饮，不宜浓饮。

5. 燕麦

燕麦富含大量可溶性纤维，其中所含 β-葡萄糖有降胆固醇作用。燕麦中可溶性纤维进入大肠形成胶态似海绵样物质，能大量吸附胆汁酸，迫使肝脏从血中摄取胆固醇并转变为胆汁酸，从而降低血清总胆固醇水平。

6. 大豆

大豆不含胆固醇，含 10%亚油酸及大豆蛋白肽、卵磷脂、豆固醇、维生素、食物纤维等有降脂效果的物质。美国学者发现每天食用 115g 大豆，可使血清总胆固醇降低 20%，而且能改善人体的健康状态。

7. 鱼类

鱼类，尤其沙丁鱼、金枪鱼、鲭鱼、鲑鱼等鱼油鱼肉中含 EPA 及 DHA，有良好祛脂抗凝作用。专家指出每周食用两三次鱼有降脂及降低动脉硬化风险的效果。

8. 苹果

法国学者发现每天食用两三个苹果，一个月后可使 80%的人高胆固醇水平降低，使大多数人血中有害的 LDL-C 降低，有益的 HDL-C 升高。此与苹果含大量果胶、维生素 C 及微量元素镁有关。

有同样功能的还有洋葱、玉米、杏仁、牛乳、海生植物等。

9. 红曲

红曲又称红曲米、丹曲，是以大米为原料，经红曲霉发酵而成的一种紫红色米曲，自古就具有药用和食用价值。《本草纲目》中记载"消食活血，健脾燥胃，治赤白痢下水谷，酿酒，破血行药势……及产后恶血不尽"等。利用它来烹调、酿酒、酿醋、制作腐乳更是历史悠久。1979 年，日本学者远藤章首次从泰国出产的红曲中分离筛选得到一种可抑制体内胆固醇合成的活性物质，命名为莫纳可林 K（Monacolin K），后来证明它就是洛伐他汀。

10. 植物甾醇

植物甾醇作为植物细胞的重要组分，在根、茎、叶、果实中均有存在。已发现甾醇在植物中主要有两种存在形式，即游离甾醇、甾醇酯，在小麦胚芽油、玉米胚芽油、米糠油等植物油脂中含量最高。植物甾醇与胆固醇有着相似的化学结构，被誉为"生命的钥匙"，具有十分重要的生理功能，如保持生物内环境稳定，控制糖原和矿物质的代谢，调节应激反应等。植物甾醇在拮抗胆固醇、调节心血管疾病等方面表现出的效果已引起人们的重视。

三、高脂血症的调节

1. 饮食调节

高脂血症的饮食疗法是在保证机体需要、维持正常营养的基础上，通过减少脂肪，尤其是胆固醇和饱和脂肪酸的摄入量，控制总能量，配以合理、均衡营养的饮食，以达到降低血脂的目的。

2. 运动调节

生命在于运动。饱食终日很少运动的人，其机体功能必将逐渐衰退，加速各脏器的衰老。如果再不能合理地节制饮食，造成体重超重甚至肥胖，将会导致高脂血症乃至心脑血管疾病。体育锻炼是控制体重、减轻肥胖、防止高血脂或降低血脂的有效途径，同时可降低血压和减少患糖尿病的危险性。

运动时应注意：根据体质状况进行锻炼，锻炼时应循序渐进，适时活动，每日坚持运动1h左右，以在活动中不感到疲劳、身体轻微出汗、活动后感觉很轻松、食欲良好为宜，活动一定要持之以恒。

3. 药物调节和保健食品辅助调节

当血脂达到药物治疗范围时应在医师指导下进行药物治疗。

但血脂偏高又未达到药物治疗标准者，则可选择具有降脂作用的保健食品以辅助调节血脂。对于长期服用降脂药物的患者，为防止药物的副作用也要补充适量的辅助降血脂保健食品。

4. 术后保健食品辅助调节

纯家族性高胆固醇血症的调节目前尚无特效药物，可先施行门-腔静脉吻合术或血浆净化疗法或基因转移治疗后，再服用以降低胆固醇为主的药物，可降低血清总胆固醇水平。为防止药物的副作用也要补充适量的辅助降血脂保健食品。

第六节　辅助降血脂保健食品举例

一、降血脂的功能原料

1. 决明子

决明子又称草决明，有降低血清总胆固醇与降血压的功效，对防治血管硬化与高血压有一定疗效。决明子主要含有植物固醇及蒽醌类物质，具有抑制血清总胆固醇升高和动脉粥样硬化斑块形成的作用，降血脂效果显著。

2. 何首乌

何首乌含有大黄酸、大黄素、大黄酚、芦荟大黄素等蒽醌类物质，能促进肠道蠕动，减少胆固醇吸收，加快胆固醇排泄，从而起到降低血脂、抗动脉粥样硬化的作用。

3. 泽泻

泽泻含有三萜类化合物，能影响脂肪分解，使合成胆固醇的原料减少，从而具有降血脂，防治动脉粥样硬化和脂肪肝的功效。

4. 蒲黄

蒲黄含有谷甾醇、豆甾醇、菜油甾醇等植物甾醇，能抑制肠道吸收外源性胆固醇，从而起到降低血脂的作用。

5. 山楂

山楂含山楂酸、酒石酸、柠檬酸等类物质，有扩张血管，降低血压，降低胆固醇，增加胃液消化酶等作用。

6. 大黄

大黄含大黄素、大黄酸、大黄酚、大黄素甲醚等蒽醌衍生物，具有降低血压和胆固醇等作用。

7. 红花

红花含有红花苷、红花油、红花黄色素、亚油酸等，具有软化血管、扩张冠状动脉、降低血压、降低血清总胆固醇和甘油三酯及调节内分泌的作用。

8. 银杏叶

银杏叶含莽草酸、银杏双黄酮、异银杏双黄酮、甾醇等成分，有降低血清总胆固醇、扩张冠状动脉的作用，对高血压、高脂血症及冠心病心绞痛有一定作用。

9. 蜂胶

蜂胶是蜜蜂将从植物芽苞或树干上采集的树脂混入其上颚腺、蜡腺的分泌物加工而成的一种黄褐色或黑褐色的具有芳香气味的胶状固体物，可入药。《中华人民共和国药典》记载蜂胶苦、辛、寒。归脾、胃经。用于补虚弱，化浊脂，止消渴；外用解毒消肿，收敛生肌。用于体虚早衰，高脂血症，消渴。服用量：每日0.2~0.6g。

蜂胶是一种极为稀少的天然资源，素有“紫色黄金”之称，内含20大类共300余种营养成分。蜂胶的成分中，具代表性的活性物质是黄酮类化合物中的槲皮素、萜类及有机酸中的咖啡酸苯乙酯，有扩张冠状血管、降低血脂、抗血小板凝聚等作用。蜂胶还含有芳香挥发油，烯萜类化合物，黄烷醇类，醇、酚、醛、酮、酯、醚类化合物，酶及无机盐，多种氨基酸、脂肪酸、维生素，多种微量元素等，犹如一个天然的“药库”。

二、辅助降血脂保健食品研发原理

（一）山楂降脂饮料

1. 原料与配方

（1）配方：山楂、胡萝卜、维生素C、葡萄糖酸锌等营养素。

（2）主要功能原料：山楂，又名山里红、红果、胭脂果，有很高的营养和医疗价值。因老年人常吃山楂制品能增强食欲，改善睡眠，保持骨和血中钙的恒定，降低动脉粥样硬化的风险。值得提醒的是，山楂虽好，但妊娠期妇女及消化性溃疡患者不宜多食。

2. 配方原理分析

1）中医

山楂，酸甘微温，具有健胃消食、降压降脂之功效，是保健食疗的佳品。长期服用可改善消化不良、冠心病、高血压、高脂血症、肥胖、脂肪肝、便秘，可去瘀活血，用于调节妇女闭经、下腹坠胀。

2）现代医学

（1）山楂含有黄酮、三萜、黄烷聚合物及芦丁等保健作用的功效成分，能降低心血管疾病，有扩张血管、增加冠脉流量、减少心肌耗氧量、改善心脏活力、兴奋中枢神经系统、降低血压和血清总胆固醇浓度、软化血管及利尿和镇静等良好作用。山楂酸还有强心作用，对老年性心脏病也有益处。山楂能开胃消食，特别对消肉食积滞作用更好，很多助消化的药中都采用了山楂。山楂有活血化瘀的功效，有助于解除局部瘀血状态，对跌打损伤有辅助疗效。山楂所含的黄酮类和维生素C、胡萝卜素等物质能阻断并减少自由基的生成，能增强机体的免疫力；山楂中有平喘化痰、抑制细菌、缓解腹痛腹泻的成分。山楂对 12 种药物的部分不良反应均有明显的拮抗作用。接受化疗的肿瘤患者及健康人群适量吃些鲜山楂将有益于身体健康。

（2）胡萝卜属芹科植物，有“小人参”之美称。含有丰富的具有较高营养价值和疗效的胡萝卜素，在人体内可转化为维生素 A，有助于增强机体的免疫能力。

（3）锌是人体多种酶的活性中心，近代科学研究表明，缺锌儿童智力发育不良。锌还可提高人体免疫功能、改善饮食及消化功能。锌与生长发育密切相关，与创伤修复至关重要，在维持性器官和性功能的正常发育中至关重要。锌影响味觉及食欲，有助于维持视力，可提高免疫功能。锌在维护细胞膜的结构和功能中起重要作用。

3）营养学

（1）山楂含有较高的热量，含有大量的胡萝卜素、钙质、碳水化合物、山楂酸、果胶等。山楂中维生素的含量极高，仅次于红枣和猕猴桃；胡萝卜素和钙的含量较高。

（2）每 100g 胡萝卜中，约含蛋白质 0.6g，脂肪 0.3g，糖类 7.6~8.3g，铁 0.6mg，维生素 A 原（胡萝卜素）1.35~17.25mg，维生素 B_1 0.02~0.04mg，维生素 B_2 0.04~0.05mg，维生素 C 12mg，另含果胶、淀粉、无机盐和多种氨基酸。

（二）苦荞麦速食面

1. 原料与配方

（1）配方：苦荞麦粉 30kg，小麦粉 60kg，葛根 5kg，褐藻胶 1.2kg，食盐 2.0kg，谷朊粉 2.0kg，鸡蛋 2.0kg。

（2）主要功能原料：苦荞麦和葛根。

2. 配方原理分析

1）中医

（1）苦荞麦性味甘平，有理气止痛、健脾益气、消食化滞的功效。用于开胃宽肠，下气消积。有益于治绞肠痧，肠胃积滞，慢性泄泻，噤口痢疾，赤游丹毒，痈疽发背，瘰疬，汤火灼伤。

（2）葛根味甘、辛，性凉。有解肌退热，透疹，生津止渴，升阳止泻的功效。用于表证发热，项背强痛，麻疹不透，热病口渴，阴虚消渴，热泻热痢，脾虚泄泻。

2）现代医学

（1）荞麦含有烟酸和芦丁，芦丁有降低人体血脂和胆固醇、软化血管、保护视力和降低脑血管出血的作用；烟酸成分能促进机体的新陈代谢，增强解毒能力，还具有扩张小血管和降低血清总胆固醇的作用。荞麦含有丰富的镁，能促进人体纤维蛋白溶解，使血管扩张，抑制凝血块的形成，具有抗栓塞的作用，也有利于降低血清总胆固醇。荞麦中的某些黄酮类成分还具有抗菌、消炎、止咳、平喘、祛痰的作用。因此，荞麦还有“消炎粮食”的美称。另外，这些成分还具有降低血糖的功效。

（2）葛根含有葛根素、葛根苷、大豆黄酮及大豆黄酮苷等黄酮类化合物，具有扩张冠状动脉血管和脑血管、降血脂、降血压、降血糖的作用。葛根黄酮有明显的提高 NK 细胞、SOD 及细胞色素 P450 酶的活性作用。在食管癌高发地区进行的人群干预试验结果证明，葛根总黄酮对基底细胞增生的患者有明显阻断其癌变的作用。葛根粉中的大豆苷，可以分解乙醇（酒的主要成分），减少乙醇对大脑的伤害，减轻乙醇对肠胃的刺激，促进新陈代谢，促使乙醇从血液中排出。

3）营养学

（1）荞麦有4种，甜荞、苦荞、翅荞和米荞。甜荞和苦荞是2种主要的栽培种，尤以苦荞最具营养保健价值。苦荞即苦荞麦，别名菠麦、乌麦、花荞等，一年生草本植物，是自然界中甚少的药食两用作物。苦荞将七大营养素完全集于一身，是能当主食吃的食品，因为其特殊的生长环境，苦荞富含硒，可以对人体起到自然补充硒的作用，有营养保健价值。荞麦含蛋白质9.3%~14.9%，脂肪1.7%~2.8%，淀粉63.6%~73.1%。荞麦含有的蛋白质中含有丰富的赖氨酸成分，荞麦的碳水化合物主要是淀粉，因为颗粒较细小，所以和其他谷类相比，具有容易煮熟、容易消化、容易加工的特点。荞麦含有1.3%的膳食纤维，是一般精制大米的10倍，其铁、锰、锌等微量元素也比一般谷物丰富。

（2）野生葛根内含12%的黄酮类化合物，如葛根素、大豆黄酮苷、花生素等营养成分，还有蛋白质、氨基酸、糖和人体必需的铁、钙、铜、硒等矿物质，是老少皆宜的名贵滋补品，有"千年人参"之美誉。其中，火山粉葛淀粉含量多，无渣、质鲜、肉嫩，富含蛋白质、氨基酸及多种微量元素。

（三）发酵纳豆

1. 原料与配方

纳豆是由黄豆通过纳豆菌（枯草杆菌）发酵制成，具有黏性，不仅保有黄豆的营养价值，还富含维生素K_2，可提高蛋白质的消化吸收率，更重要的是发酵过程产生了多种生理活性物质，具有溶解体内纤维蛋白及其他调节生理功能的保健作用。纳豆源于中国，初始于中国的豆豉，类似中国的发酵豆、怪味豆，传入日本后，根据日本的风土发展为纳豆。纳豆系禅僧从中国传播到日本寺庙，所以首先在寺庙得到发展，如大龙寺纳豆、大德寺纳豆、一休纳豆、大福寺的滨名纳豆、悟真寺的八桥纳豆等，均成为地方上寺庙的有名特产。

纳豆虽然有很高的药用价值，但因它特有的臭味及黏丝，使一部分人对它敬而远之。当然，这种食品的药用程度不像某些商业宣传那样神奇。纳豆的保健作用无须其他现代手段即可实现，专家强调传统的民间百姓家庭酿造的就是最终的形态，应当原原本本传承。

2. 配方原理分析

1）中医

中医认为纳豆性味甘温，无毒，益肝脏健脾胃，治饮食积滞、脘腹胀满，归肠经，可用于高脂血症和糖尿病辅助治疗。

2）现代医学

大豆所含的蛋白质具有不溶解性，而做成纳豆后，变得可溶并产生氨基酸，而且纳豆菌及关联细菌产生的原料中不存在的各种酵素，可帮助肠胃消化吸收。纳豆的保健功能主要与其中的纳豆激酶、纳豆异黄酮、皂青素、维生素K_2等多种功能因子有关。纳豆中富含皂青素，能改善便秘，降低血脂，软化血管，改善高血压和动脉硬化，具有抑制艾滋病病毒等功能；纳豆中含有游离的异黄酮类物质及多种对人体有益的酶类，如过氧化物歧化酶、CAT、蛋白酶、淀粉酶、脂酶等，可清除体内致癌物质，对提高记忆力等有明显效果，并可提高食物的消化率；摄入活纳豆菌可以调节肠道菌群平衡，改善痢疾、肠炎和便秘，其效果在某些方面优于现在常用的乳酸菌微生态制剂；纳豆发酵产生的黏性物质，被覆于胃肠道黏膜表面，可保护胃肠，饮酒时可缓解醉酒。纳豆中含有的酵素，食用后有助于排除体内胆固醇、分解体内酸化型脂质，使异常血压恢复正常。此外，被誉为“纳豆博士”的日本宫崎医科大学须见洋行教授的实验室结果表明，纳豆对引起大规模食物中毒的“罪魁祸首”——病原性大肠杆菌 O157 的发育具有很强的抑制作用。

3）营养学

纳豆是一种植物性高蛋白滋养食品，含粗蛋白 19.26%、粗脂肪 8.17%、碳水化合物 6.09%、粗纤维 2.2%、灰分 1.86%。

思　考　题

1. 什么是血脂蛋白？各种血脂蛋白有何特点和功能？
2. 什么是血脂代谢异常、高脂血症？
3. 高脂血症有哪些类型？划分的依据各是什么？
4. 高脂血症形成的原因是什么？
5. 如何防治高脂血症？
6. 相对古中医学而言，现代中医学对高脂血症有哪些新的认识？
7. 试以目前市售的某一辅助降血脂保健食品为例，分析其配方研发原理。

第七章　辅助降血糖保健食品的研发应用

【学海导航】

了解糖尿病的成因及病理生理，理解糖尿病的诊断及鉴别诊断、中医学对糖尿病的认识及保健原则、糖尿病的治疗和营养措施，掌握辅助降血糖保健食品的配方设计原理及其在实际生产中的应用。

重点：糖尿病的诊断及鉴别诊断、中医学对糖尿病的认识及保健原则、糖尿病的治疗和营养措施、辅助降血糖保健食品的配方设计原理及其在实际生产中的应用。

难点：辅助降血糖保健食品的配方设计原理及其在实际生产中的应用。

糖尿病是由胰岛素分泌不足或其细胞代谢作用缺陷所引起的以葡萄糖代谢紊乱为主的一种疾病，其特征为血液循环及尿液中葡萄糖浓度异常升高。胰岛素是由胰岛 B 细胞产生的一种具有降血糖作用的小分子蛋白质，分泌不足或功能受损时，引发糖尿病。

血糖：血液中所含的葡萄糖称为血糖，在胰岛素作用下为我们的日常活动提供能量。

葡萄糖耐量：即为人体对葡萄糖的耐受能力。

正常糖耐量（NGT）：进食后最高血糖总是稳定在 10.0mmol/L（180mg/dL）以下，2h 后则恢复到 7.8mmol/L（140mg/dL）以下。

糖耐量减低：当口服或静脉注射一定量葡萄糖，糖尿病患者（或有关疾病患者）血糖不能被有效利用，表现在服糖后 2h，血糖超过了 7.8mmol/L（140mg/dL），血中葡萄糖升高，糖耐量曲线异常，这种状态称为糖耐量减低。

糖耐量异常：指某些人空腹血糖虽未达到诊断糖尿病所需浓度，但在口服葡萄糖耐量试验中，血糖浓度处于正常人与糖尿病患者之间。糖耐量异常并非一定患有糖尿病，但以后发生糖尿病的危险性，以及动脉粥样硬化、心电图异常发生率及病死率均较一般人群高。

糖化血红蛋白（HbA1c）：糖化血红蛋白是已糖（主要是葡萄糖）与血红蛋白结合形成的非酶催化的稳定糖基化产物。糖化血红蛋白与血糖浓度成正比，可保持 120 天左右。因此，糖化血红蛋白反映的是检测前 120 天内的平均血糖水平，而与抽血时间，患者是否空腹、是否使用胰岛素等因素无关，因此被认为是判定糖尿病长期控制的良好指标，美国糖尿病协会明确建议糖尿病患者应定期检测糖化血红蛋白。

第一节　糖尿病的成因

糖尿病是一组综合征，可分为原发性糖尿病和继发性糖尿病两大类。其中继发性糖尿病仅占少数。原发性糖尿病又可分为 1 型糖尿病和 2 型糖尿病，此两型糖尿病由不同病因所致。

糖尿病病因及发病机制十分复杂，目前尚未完全阐明，传统学说认为可能与以下因素有关。

一、原发性糖尿病

大部分糖尿病为原发性糖尿病，其发病原因尚不明确，又称特发性糖尿病或原因不明糖尿病。它是由遗传背景及环境因素所导致的胰岛 B 细胞功能减退，胰岛素分泌不足，存在代谢异常及微血管病变的一种疾病。根据是否依赖胰岛素，原发性糖尿病分为 2 种类型：①胰岛素依赖型（简称 IDDM 或 1 型糖尿病），此型患者大多始于幼年，也可见于成年，如停用胰岛素即发生酮症酸中毒而威胁生命；②非胰岛素依赖型（简称 NIDDM 或 2 型糖尿病），此型患者大多数为成年，但也可见于青少年，患者大多肥胖，血浆胰岛素分泌高峰延迟且偏高，胰岛素受体不敏感。一般认为引起原发性糖尿病的因素有如下几点。

（1）遗传因素：遗传因素决定着原发性糖尿病患病率高低。如果一个家族直系三代内大多数人患上了原发性糖尿病，那么他们的后代患原发性糖尿病的概率要比普通人高出很多倍。

（2）自身免疫：身体的免疫系统攻击胰腺中的胰岛 B 细胞，并最终破坏它们分泌胰岛素的能力，导致葡萄糖不能被充分利用血糖升高。

（3）感染因素：多种病毒感染后可发生糖尿病，在青少年中多见。对 2 型糖尿病，感染提高了炎症水平，加剧了胰岛素抵抗，使隐性糖尿病得以外显，化学性糖尿病转化为临床糖尿病，并使原有症状加重，病情恶化。所以，感染因素可起到诱发和加重糖尿病的作用。

（4）肥胖因素：糖尿病发病率与肥胖成正比，据统计，身体肥胖者的糖尿病患病率为 28.2%，非肥胖者仅为 2.6%。

（5）精神神经因素：精神创伤和持久性神经紧张可诱发或加重糖尿病。

（6）应激反应：如多种感染、心肌梗死、外伤等皆可使糖耐量减低，血糖增高，甚至发生酮症酸中毒。

（7）妊娠因素：育龄妇女多次妊娠后有时可诱发糖尿病，尤其中年以上妇女多次妊娠后进食多，活动少，身体肥胖，更易诱发糖尿病。

（8）基因因素：目前科学界有人认为糖尿病是由几种基因受损所导致的。1 型糖尿病——人类第 6 对染色体短臂上的 *HLA-D* 基因损伤；2 型糖尿病——胰岛素基因、胰岛素受体基因、葡萄糖溶酶基因和线粒体基因损伤。

二、继发性糖尿病

少数的糖尿病患者属于继发性糖尿病。

1. 胰源性糖尿病

由于胰腺炎、胰腺肿瘤、胰腺切除、血色病等造成胰腺组织的广泛破坏，胰岛功能受损，胰岛素分泌不足引起糖尿病。

2. 内分泌性糖尿病

由于影响胰岛素功能的内分泌激素增多，如引起肢端肥大症、巨人症等的生长激素分泌过多，引起库欣综合征的皮质醇类激素分泌过多，嗜铬细胞瘤引起的肾上腺素、去甲肾上腺素分泌过多等，均可引起糖尿病。

3. 医源性糖尿病

长期服用肾上腺糖皮质激素及某些药物，如女性口服避孕药、阿司匹林等，均可引起糖尿病。

4. 胰岛素受体异常

胰岛素受体异常包括：①受体本身缺陷所致的先天性脂肪分布异常症（congenital lipodystrophy）及黑棘皮病伴女性男性化；②受体抗体所致的胰岛素耐药性糖尿病。

5. 遗传性综合征伴糖尿病

遗传性综合征伴糖尿病包括：①代谢紊乱如肝糖原贮积症Ⅰ型、急性间歇性血卟啉病、高脂血症等；②遗传性神经肌肉病如糖尿病引发的视神经萎缩伴尿崩症与耳聋等；③早老综合征；④继发于肥胖的葡萄糖不耐受性综合征，如普拉德-威利综合征。

虽然糖尿病的病因十分复杂，但归根到底则是由于：①胰岛素绝对缺乏；②胰岛素相对缺乏；③胰岛素效应不足（即胰岛素抵抗：胰岛素促进血糖摄取和利用的效率降低，机体代偿性分泌过多胰岛素，产生高胰岛素血症，以维持血糖稳定）。因此，在B细胞产生胰岛素、血液循环系统运送胰岛素及靶细胞接受胰岛素并发挥生理作用这三个步骤中任何一个发生问题，均可引起糖尿病。

第二节　糖尿病的病理生理

一、正常糖代谢及血糖调节

1. 正常糖代谢

食物中的碳水化合物经胃肠道内多种消化酶分解成各种小分子糖类，被小肠吸收至血液。机体内糖的代谢途径主要有葡萄糖的无氧酵解、有氧氧化、磷酸戊糖途径、糖原合成与糖原分解、糖异生及其他己糖代谢等。

2. 血糖调节

（1）正常人空腹血糖浓度比较恒定。正常为70~110mg/dL（3.9~6.1mmol/L），两种单位的换算方法：1mg/dL＝0.0557mmol/L。

（2）血糖来源：①各种食物经正常糖代谢成为血糖；②肝糖原和肌糖原分解成葡萄糖入血；③非糖物质即饮食中蛋白质、脂肪分解成氨基酸、乳酸、甘油等通过糖异生作用而转化成葡萄糖。

（3）血糖去路：①在各组织中氧化分解提供能量，这是血糖的主要去路；②在肝脏、肌肉等组织进行糖原合成；③转变为其他糖及其衍生物，如核糖、氨基糖和糖醛酸等；④转变为非糖物质，如脂肪、非必需氨基酸等；⑤血糖浓度过高时，由尿液排出。血糖浓度大于 8.88~9.99mmol/L，超过肾小管重吸收能力，出现糖尿，此时血糖浓度称为肾糖阈。糖尿在病理情况下出现，常见于糖尿病患者。

（4）血糖调节：人体血糖浓度维持在一个相对恒定的水平，这对保证人体各组织器官的利用非常重要，特别是脑组织，几乎完全依靠葡萄糖供能进行神经活动，血糖供应不足会使神经功能受损，因此血糖浓度维持在相对稳定的正常水平是极为重要的。

肝脏是调节血糖浓度的最主要器官。各组织细胞膜上葡萄糖转运体（glucose transporter）是器官水平调节血糖的主要影响因素，此时细胞膜上葡萄糖转运体家族有GLUT1~GLUT5，是双向转运体。在正常血糖浓度情况下，各组织细胞通过细胞膜上GLUT1 和 GLUT3 摄取葡萄糖作为能量来源；当血糖浓度过高时，肝细胞膜上的 GLUT2 快速摄取过多的葡萄糖进入肝细胞，通过肝糖原合成来降低血糖浓度；血糖浓度过高会刺激胰岛素分泌，导致肌肉和脂肪组织细胞膜上 GLUT4 的量迅速增加，加快对血液中葡萄糖的吸收，将其合成为肌糖原或转变成脂肪储存起来。当血糖浓度偏低时，肝脏通过糖原分解及糖异生升高血糖浓度。

人体内有多种激素能够调节血糖的含量，但以胰岛素和胰高血糖素的作用为主。胰岛素是机体内唯一能够降低血糖含量的激素，其降血糖机制如图 7-1 所示。胰岛素一方面能促进血液中的葡萄糖进入肝脏、肌肉和脂肪等组织细胞，并在这些细胞内合成糖原，氧化分解或转变成其他物质（如脂肪）；另一方面又能抑制肝糖原分解和糖异生作用。胰岛素通过这两方面的作用，使血糖降低。胰岛素分泌不足会使血糖明显升高；胰岛素能促进进入脂肪细胞的葡萄糖转变成中性脂肪，并储存起来，同时还能抑制储存的脂肪分解，使血中游离脂肪酸减少，胰岛素还能抑制脂肪酸的氧化分解，当胰岛素分泌不足时，脂肪分解加强，可出现高脂血症。

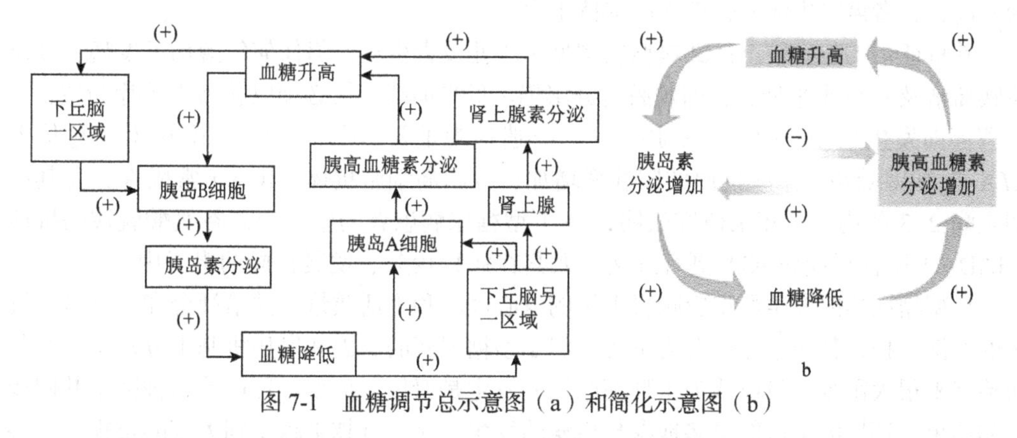

图 7-1　血糖调节总示意图（a）和简化示意图（b）

胰高血糖素促进肝脏糖原分解和糖异生作用，使血糖明显升高。它还能促进脂肪分解，使酮体增多。支配胰岛的迷走神经和交感神经对胰高血糖素分泌的作用与对胰岛素分泌的作用完全相反，即迷走神经兴奋抑制胰高血糖素的分泌；而交感神经兴奋则促进其分泌。

糖皮质激素是由肾上腺皮质分泌的一类甾体激素，具有调节糖、脂肪和蛋白质的生物合成及代谢的作用，还具有抗炎作用，称其为“糖皮质激素”是因为其调节糖类代谢的活性最早为人们所认识。肾上腺素和胰高血糖素协同作用升高血糖。

二、患糖尿病时的物质代谢

1. 糖代谢紊乱

糖尿病患者体内胰岛素分泌不足或胰岛素抵抗是造成代谢紊乱的根本原因，高血糖是糖代谢紊乱的结果，其机制一是葡萄糖的利用减少；二是肝糖原输出增多。

2. 脂肪代谢紊乱

脂肪代谢紊乱会导致高脂血症、高甘油三酯血症、高游离脂肪酸血症、高酮血症，甚者发生酮症酸中毒。

3. 蛋白质代谢紊乱

胰岛素的一个极其重要的作用是促进蛋白质合成，抑制蛋白质分解。胰岛素能使氨基酸进入细胞的速度加快，并促进细胞内蛋白质的合成和储存，抑制蛋白质分解，当胰岛素分泌不足时，蛋白质分解增加，合成被抑制，体内蛋白质储存总量减少，出现负平衡。

4. 糖基化血红蛋白异常升高

糖基化血红蛋白异常升高可致微循环中血小板功能及体内抗凝血机制异常，导致糖尿病中典型的微血管病变，从而发展为多种脏器的慢性病变。

三、糖尿病各型特点

1. 1 型糖尿病

1 型糖尿病是一种器官特异性的自身免疫疾病，由于体内胰岛素分泌不足，引起血糖升高，患者需终生注射胰岛素以维持生命。

其特征：①起病较急；②典型病例见于小儿及青少年，但任何年龄均可发病；③血浆胰岛素及 C 肽水平低，服糖刺激后分泌仍呈低平曲线；④必须以胰岛素治疗为主，一旦骤停即发生酮症酸中毒，威胁生命；⑤遗传为重要诱因，表现于第 6 对染色体上 *HLA-D* 基因受伤，某些抗原的阳性率增加；⑥胰岛细胞抗体（ICA）常阳性，尤其在初发病 2~3 年内。近年来研究表明，在 1 型糖尿病患者的鉴定中，谷氨酸脱羧酶抗体（GADA）阳性反应较 ICA 更有意义，尤其在病程较久、发展较慢的患者中。

1 型糖尿病的发生严重影响青少年的身心健康和生活质量，并给社会和家庭带来沉重的经济负担，其防治显得尤为重要。但 1 型糖尿病的病因和发病机制十分复杂，给其防治带来很大困难。目前认为 1 型糖尿病的发生是遗传、免疫、环境等多种因素共同作用的结果，环境因素可能更多地参与疾病的发生，这一点越来越受到大家的重视。一些环境因素，如饮食、气候、病毒感染等原因可能通过诱发机体的自身免疫反应，特异性破坏胰岛细胞，在 1 型糖尿病的发生中起重要作用。

2. 2 型糖尿病

2 型糖尿病多在复杂的遗传背景基础上由各种环境因素诱导而产生，其中胰岛素信号转导障碍是导致糖尿病形成的重要环节。其病理缺陷表现为胰岛素抵抗和胰岛素分泌相对不足，而胰岛素抵抗是其主要始发因素。

其特征：①起病较慢；②典型病例见于成人、中老年人，偶见于幼儿；③血浆胰岛素水平仅相对性降低，在糖刺激后呈延迟释放，有时肥胖患者空腹血浆胰岛素基值可偏高，糖刺激后胰岛素亦高于正常人，但比相同体重的非糖尿病肥胖者为低；④遗传因素亦为重要诱因，但 HLA 属阴性；⑤ICA 呈阴性；⑥胰岛素效应往往较差；⑦单用口服抗糖尿病药物，一般可以控制血糖。

2 型糖尿病的自然病程因类型而异。起病可急可缓，进展快慢不一，但一般将 2 型糖尿病的自然病程分为糖尿病前期-血糖调节受损、糖尿病早期-血糖调节受损和糖尿病-糖尿病伴并发症 3 个阶段。

第一阶段，糖尿病前期-血糖调节受损：此阶段指个体由血糖调节正常发展为血糖调节受损，血糖升高但尚未达到或超过诊断分割点的时期，表现为空腹血糖受损（IFG）或糖耐量异常。对 2 型糖尿病而言，此阶段的患者存在导致糖尿病的遗传缺陷，而赋予患者发生糖尿病的遗传易感性，致使 2 型糖尿病患者早期即有胰岛素分泌和胰岛素的作用缺陷，加诸不利环境因素的长期诱导，如嗜好富含糖和淀粉的食品或长期暴饮暴食，进一步加速了糖尿病的进程。

第二阶段，糖尿病早期-血糖调节受损：此阶段患者表现为高胰岛素血症和高血糖，多伴有胰岛素抵抗和肥胖。嗜好富含糖和淀粉的食品或暴饮暴食导致血糖迅速升高，刺激胰岛素大量分泌，使血糖很快下降。糖的燃烧和转化使体内营养素减少。血糖下降和营养素减少引发的饥饿感增加了下一轮的进食。如此恶性循环，导致胰岛素分泌重复过多，机体细胞对胰岛素的反应敏感度下降，血糖被细胞摄取（燃烧产生能量）的效率下降，更多的血糖转化为脂肪储存起来，脂肪细胞数量增多、体积变大，单位面积上的胰岛素受体减少，因此细胞对胰岛素的敏感度继续下降，出现胰岛素抵抗。胰岛素利用葡萄糖的效应降低，为了恢复正常血糖水平，胰腺需要分泌成倍的胰岛素，形成高胰岛素血症。胰岛素利用血糖的效应持续降低，就会出现高血糖，进入糖尿病早期。

第三阶段，糖尿病-糖尿病伴并发症：处于糖尿病早期的患者血糖水平已超过糖尿病诊断的分割点。胰腺因长期大量分泌胰岛素而损坏，最终失去分泌胰岛素的能力，进入糖尿病晚期。这时糖不能被转化为能量和脂肪，身体只能靠燃烧蛋白质和脂肪提供能量，出现多饮、多食、多尿和体重减轻等“三多一少”症状。最终，长时期血液中高浓度的糖和胰岛素，造成“蛋白糖（基）化”（糖附在蛋白分子上），使蛋白分子相互“交联”，胶原蛋白失去弹性，出现大小血管病变和神经病变等并发症。

第三节　糖尿病的诊断及鉴别诊断

一、临床表现及并发症

1. 临床表现

糖尿病的临床表现一是典型的“三多一少”症状，即多饮、多食、多尿及体重减轻，且伴有疲乏无力。严重者可发生酮症酸中毒及高渗性昏迷，且易合并多种感染；二是产生各种并发症。随着病程的延长，其代谢紊乱可导致眼、肾、神经、血管及心脏等组织器官的慢性并发症。

2. 并发症

糖尿病的危害主要来自并发症。糖尿病的高并发症发生率，导致了高致死率和高致残率。糖尿病发病后10年有30%~40%的患者至少会发生一种并发症。

（1）心血管病变：糖尿病患者心血管病发生的危险较一般人群增加2~4倍。

（2）眼睛病变：在糖尿病病程为10年和15年后，眼睛病变率分别达40%~50%和70%~80%。

（3）神经系统病变：在糖尿病病程为5年、10年、20年后，神经系统病变率分别可达到30%~40%、60%~70%和90%。

（4）肾脏病变：微量蛋白尿是糖尿病肾病的先兆。微量蛋白尿的出现率在病程10年和20年后可达到10%~30%和40%，且20年后有5%~10%的患者恶化成终末期肾病。

二、糖尿病诊断标准

1. 糖尿病诊断标准是一个发展的标准

最早的糖尿病诊断标准是1985年由WHO糖尿病专家委员会提出的。1997年美国糖尿病协会（American Diabetes Association，ADA）重新修改了糖尿病诊断标准，1999年WHO与国际糖尿病联盟（International Diabetes Federation，IDF）公布了新的糖尿病诊断标准，同年得到中华医学会糖尿病学会等认同，并建议在中国执行。这些糖尿病诊断标准制定的诊断依据主要是血糖和临床症状。如果造成糖尿病特异并发症的慢性高血糖是糖尿病的显著特点，那么反映长期高血糖的指标应当比单次血糖浓度检测可提供更准确的信息。研究证实糖化血红蛋白和糖尿病并发症之间有很强的相关性，2009年，ADA、欧洲糖尿病研究协会（European Association for the Study of Diabetes，EASD）和国际糖尿病联盟（IDF）共同组织了国际专家委员会对糖化血红蛋白是否可以被用作诊断糖尿病的方法进行了系统的证据回顾和讨论。最后，国际专家委员会一致同意推荐使用糖化血红蛋白诊断糖尿病。

2. 1999年WHO与IDF公布的糖尿病诊断标准

1）确诊为糖尿病

（1）具有典型症状，空腹血糖（fasting blood glucose）≥7.0mmol/L或餐后血糖（postprandial blood glucose）≥11.1mmol/L可以确诊为糖尿病。

（2）没有典型症状，仅空腹血糖≥7.0mmol/L或餐后血糖≥11.1mmol/L，应再重复一次，仍达以上值者，可以确诊为糖尿病。

（3）没有典型症状，仅空腹血糖≥7.0mmol/L或餐后血糖≥11.1mmol/L，糖耐量试验2h血糖≥11.1mmol/L者可以确诊为糖尿病。

2）可排除糖尿病

（1）如口服葡萄糖耐量试验2h血糖在7.8~11.1mmol/L，为糖耐量减低；如空腹血糖在 6.1~7.0mmol/L 为空腹血糖受损，均不诊断为糖尿病。

（2）若餐后血糖＜7.8mmol/ L 及空腹血糖＜5.6mmol/L 可以排除糖尿病。

3. 2009 年 ADA、EASD 和 IDF 糖尿病诊断标准

（1）糖化血红蛋白水平≥6.5%。

（2）空腹血糖≥125.67mg/dL（7.0mmol/L）。空腹定义为至少 8h 内无能量摄入。

（3）口服葡萄糖耐量试验 2h 血糖≥200mg/dL（11.1mmol/L）。

（4）在伴有典型的高血糖或高血糖危象症状的患者，随机血糖≥200mg/dL（11.1mmol/L）。

注意：在无明确高血糖时，应通过重复检测来证实本标准（1）~（3）。

三、我国糖尿病患病及治疗情况

2015 年北京糖尿病防治协会主办的新闻发布会提到，至 2013 年我国糖尿病患者人数已达 1.14 亿人，约占全球总数的 1/3。估计到 2030 年我国糖尿病患者人数将达 1.54 亿，平均每年的医疗费用将达 280 亿美元。在我国糖尿病患者中，主动就诊的只占 1/3，而且整体血糖达标率很低。我国多数糖尿病患者不了解自己的病情。治疗糖尿病的关键是早发现、早治疗，严格控制血糖，以减少并发症的出现。但是，由于公众认知度较低，再加上饮食结构不合理，近年来我国糖尿病患者迅速增加。

近年进行的调查显示，目前我国糖尿病患者中没有及时就医诊断者高达 60%；在接受治疗的糖尿病患者中，有 2/3 的人没有达到治疗目标；住院治疗的糖尿病患者合并多种并发症。据对 30 个省份 24 996 例住院糖尿病患者并发症情况调查，其中罹患高血压、冠心病、糖尿病肾病、神经病变、视网膜病变者，分别达 31.9%、14.9%、33.6%、60.3% 和 24.3%；罹患脑卒中、心肌梗死、心绞痛、坏疽者分别达 8.0%、1.6%、3.6%和 3.0%。中老年人糖尿病诊断率还不到 1/4，大多数患者得了糖尿病却浑然不知，而在就诊患者中，治疗达标的仅占 1/3，多数患者只在出现并发症时才匆忙就医，由于认识上的误区，我国胰岛素的使用率也低于世界平均水平。

四、如何早期发现糖尿病

出现以下情况应怀疑有糖尿病：有糖尿病家族史；有异常分娩史；反复感染；阳痿；有多尿、口渴、多饮，或有近期不明原因的体重减轻；偶有尿糖阳性而空腹血糖正常者也要怀疑是否有糖尿病，应做进一步检查；反应性低血糖，多发生于餐后 3h 或 3h 以上，表现为心慌、饥饿、出汗、颤抖等；血糖可在正常低值或低于正常，在某些肥胖患者的 2 型糖尿病早期可有此表现；年轻患者发生动脉硬化、冠心病、眼底病变等应怀疑有无糖尿病；视力突然减退；身体多处出现顽固性疖肿，虽经积极治疗却不容易好转或反复发作；下肢、足部各关节经常疼痛，而排除骨质增生、风湿及类风湿性疾病；上下肢体出现麻木、针刺样疼痛，有时伴有烧灼感；经常出现行路后下肢痛、脚趾痛，必须休息一会儿才能缓解，这种现象在医学上称为间歇性跛行；高血压及冠心病的患者未曾查过血糖、尿糖，面孔色泽发红。

第四节　中医学对糖尿病的认识及保健原则

一、中医学对糖尿病的认识

1. 糖尿病的病因

传统中医认为，糖尿病属“消渴”病的范畴。中医于公元前2世纪即有对它的认识和记载。如《黄帝内经》曰：“此肥美之所发也，此人必数食甘美而多肥也，肥者令人内热，甘者令人中满，故其气上溢，转为消渴。”《景岳全书》曰：“消渴病，其为病之肇端，皆膏粱肥甘之变，酒色劳伤之过，皆富贵人病之，而贫贱者少有也。”指出肥胖者、生活富裕者多患此病，说明我国古代医家对消渴早有较深刻的认识，并与现代医学对糖尿病的病因认识相一致。

1）素体阴虚，五脏虚弱

这是消渴发病的内在因素。素体阴虚是指机体阴液亏虚及阴液中某些成分缺乏，特别是肾脾两脏的亏虚在消渴病的发病中起决定作用。

2）饮食不节，形体肥胖

长期过食肥甘，醇酒厚味，损伤脾胃，积热内蕴，消谷耗液，损耗阴津，易发生消渴病。目前已公认肥胖是2型糖尿病发生的一个重要环境因素。近年国内外大量流行病学的调查资料表明，随着经济的发展，生活水平的提高，由于长期摄取高热量饮食，或进过多膳食，加之体力活动的减少，身体肥胖，糖尿病的发病率也逐渐增高。这与传统医学的认识是完全一致的。

3）精神刺激，情志失调

长期过度的精神刺激，情志不舒，或郁怒伤肝，肝失疏泄，气郁化火，上灼肺胃阴津，下灼肾阴，或思虑过度，心气郁结，郁而化火，心火亢盛，损耗心脾精血，灼伤胃肾阴液，均可导致消渴病的发生。精神神经因素在糖尿病发生及发展中的重要作用，近数十年来已被公认。现代医学认为精神紧张、情绪激动、心理压力及突然创伤等，可引起生长激素、去甲肾上腺素、胰高血糖素、肾上腺素、肾上腺皮质激素等拮抗胰岛素的激素分泌增加，而使血糖升高。

4）长期饮酒，房劳过度

中国历代医籍十分强调消渴与嗜酒及房劳过度有关。认为长期嗜酒，损伤脾胃，积热内蕴，化燥伤津；或房室不节，劳伤过度，肾精亏损，虚火内生，灼伤阴津，均可发生消渴病。

5）外感六淫，毒邪侵害

外感六淫，燥火风热毒邪内侵散膏（胰腺），旁及脏腑，化燥伤津，亦可发生消渴病。如秦景明在《症因脉治》中将消渴病根据病因不同分为外感三消（燥火三消、湿火三消）和内伤三消（积热三消、精虚三消）。外感三消即外感六淫，毒邪侵害所引起的消渴病。

6）久服丹药，化燥伤津

自隋唐以后，常有人为了壮阳纵欲或养生延寿而服用矿石类药物炼制的丹药，致使燥热内生，阴津耗损而发生消渴病。许多古医籍中都有嗜服丹药发生消渴病的记载。现代医学认为，确有一些化学毒物如四氧嘧啶、链脲菌素、吡甲硝苯脲，以及某些药物如口服类固醇避孕药、肾上腺皮质激素均可导致糖尿病的发生。

2. 糖尿病的病机

1）病变早期，阴津亏耗，燥热偏盛

中国历代医学文献在论述消渴病发病机理时大多以阴虚燥热立论。消渴病早期，基本病机为阴津亏耗，燥热偏盛，阴虚为本，燥热为标。燥热愈甚阴津愈虚，阴津愈虚燥热愈盛，二者相互影响，互为因果。消渴病的病变部位虽与五脏有关，但主要在肺、脾（胃）、肾三脏。

2）病程迁延，气阴两伤，脉络瘀阻

若消渴病早期得不到及时恰当的治疗，则病程迁延，阴损耗气，燥热伤阴耗气而致气阴两虚，同时脏腑功能失调，津液代谢障碍，气血运行受阻，痰浊瘀血内生，全身脉络瘀阻，相应的脏腑器官失去气血的濡养而发生诸多并发症。

3）病变后期，阴损及阳，阴阳俱虚

人之阴阳互根，互相依存。消渴病之本在于阴虚，若病程迁延日久，阴损及阳，或因治疗失当，过用苦寒伤阳之品，终致阴阳俱虚。另有少数消渴病患者发病急骤，病情严重。迅速导致阴津极度损耗，阴不敛阳，虚阳浮越而出现面赤烦躁，头痛呕吐，皮肤干燥，目眶下陷，唇舌干红，呼吸深长，有烂苹果样气味。若不及时抢救，则真阴耗竭，阴绝阳亡，昏迷死亡。

二、糖尿病的辨证分型与保健原则

糖尿病属中医学“消渴”病范畴。消渴是以多饮、多食、多尿、消瘦或尿有甜味为特征的病症。消渴之名源于《黄帝内经》。根据发病机理和临床表现的不同，又有“消瘅”“膈消”“肺消”等不同病名。宋代医家又把口渴多饮的称为“上消”，消谷善饥的称为“中消”，口渴多尿，甚至小便混浊如脂膏的称为“下消”。对于消渴及其继发病症的辨证方法，汉唐主要采取方剂辨证方法，即“辨方证”，如张仲景《金匮要略》、孙思邈《千金方》、王焘《外台秘要》，均强调消渴病见什么证，什么方药主之，即“有是证用是方”。宋代《太平圣惠方》和金元刘河间《三消论》之后，三消辨证方法盛行，主张分上、中、下三消辨证用药，多数医家认为上消属肺，中消属胃，下消属肾，一直影响到明清以至近代、现代。

1. 上消（肺热津伤）

症状：烦渴多饮，口舌干燥，消谷善饥，形体消瘦，尿频量多，烦热多汗，大便干结，舌边尖红，苔薄黄，脉洪数。

证候分析：肺热炽盛，耗液伤津，故烦渴多饮，口干舌燥。胃火炽盛，水谷腐熟过度，故消谷善饥，形体消瘦。肺主治节，燥热伤肺，治节失职，水不化津，直趋于下，故尿频量多，烦热多汗。因肺与大肠相表里，燥热下移大肠，故见大便干结。舌边尖红，苔薄黄，脉洪数，是肺热炽盛之象。

保健原则：清热润肺，生津止渴。

2. 中消

1）胃燥津伤

症状：消谷善饥，形体消瘦，口干欲饮，大便秘结，舌红，苔黄，脉滑有力。

证候分析：胃火炽盛，腐熟水谷过度，故消谷善饥。阳明热盛，耗伤津血，无以充养肌肉，故形体消瘦。胃津不足，故口干欲饮。大肠失其濡润，故大便秘结。舌红，苔黄，脉滑有力，为胃热炽盛之象。

保健原则：清胃泻火，调中养阴。

2）气阴亏虚

症状：口渴引饮，能食与便溏并见，或饮食减少，精神不振，四肢乏力，消瘦，气短懒言，舌质淡红，苔白而干，脉弱。

证候分析：气阴不足，脾失健运。

保健原则：益气健脾，生津止渴。

3. 下消

1）肾阴亏虚

症状：尿频量多，混浊如脂膏，或尿甜，腰膝酸软，乏力，头晕目眩、耳鸣、视物模糊，失眠心烦，口干唇燥，皮肤干燥，瘙痒，舌红少苔，脉沉细数。

证候分析：肾阴亏虚，失于固摄，肾虚无以约束小便，故尿频量多。肾失固摄，水谷精微下注，故小便混浊如脂膏，有甜味。肝肾精血不足，故头晕目眩、耳鸣、视物模糊。心肾不交，故见心烦失眠，口干唇燥，五心烦热，舌红无苔，脉沉细数，为肾阴亏虚，虚火妄动之象。

保健原则：滋阴固肾。

2）阴阳两虚

症状：小便频数、混浊如膏，甚至饮一溲一，面容憔悴、耳轮干枯，腰膝酸软，四肢欠温，畏寒肢冷、阳痿或月经不调，舌苔淡白而干，脉沉细无力。

证候分析：肾虚不得固藏，故小便频数，混浊如膏，甚至饮一溲一。精微随尿而下，阴津无以熏肤充身，故面容憔悴，耳轮干枯。肾虚而腰失所养，则腰膝酸软。命门火衰，不能温煦，宗筋弛缓，故四肢欠温，畏寒肢冷，阳痿或月经不调。舌苔淡白，脉沉细为阴阳两虚之象。

保健原则：温阳滋阴，补肾固摄。

我国吕仁和教授等提出了《消渴病中医分期辨证标准和疗效评定标准》，主张将糖尿病分为隐匿期、临床期、并发症期三个阶段进行分期分型辨证。此法已为中国中医药学会糖尿病学会采纳且在全国推广。临床可参考。

第五节　糖尿病的治疗和营养措施

一、糖尿病的治疗

糖尿病的治疗是一种综合治疗，包括糖尿病教育、心理治疗、饮食治疗、运动治疗、药物治疗（包括口服降糖药和注射胰岛素）及病情监测等多项治疗措施。糖尿病最好的医生就是患者自己，治疗糖尿病最好的药物就是生活（主要指合理营养，平衡膳食）：通过营养治疗实现能量及营养素摄入、锻炼水平和药物治疗三者的平衡，达到并维持接近正常的血糖水平，达到并维持理想的血脂和血压，达到并维持理想体重或合理体重。应预防并治疗各类急、慢性并发症，通过合理的营养干预，改善总体健康状况，并提高生活质量。

二、糖尿病的营养措施

1. 营养调节的目的

（1）减轻胰岛的负担。

（2）调节延续并发症的发生与发展。

（3）保证儿童及青少年正常的生长和发育。

2. 营养调节的原则

（1）合理控制总能量。

（2）碳水化合物与膳食纤维的供给：多数主张其供给的能量应占总能量的 60%左右，日进食量控制在 250~300g。对肥胖者可控制在 150~200g，相当于主食 150~250g。

（3）控制脂肪和胆固醇的供给：糖尿病患者脂肪供给的能量可占总能量的 25%~35%甚至再低些，按每公斤体重计算应低于 1g，并限制饱和脂肪酸的摄入。

（4）蛋白质的供给：目前主张蛋白质所供给的能量占总能量的 10%~20%为宜。

（5）维生素和矿物质：凡病情控制得不好的患者，易并发感染或酮症酸中毒，要注意维生素和无机盐的补充，因为这类患者的糖异生作用旺盛，B 族维生素消耗增多。补充维生素 B_{12} 可改善神经症状，补充维生素 C 可防止微血管病变。酮症酸中毒时要注意钠、钾、镁、锌的补充以纠正电解质的紊乱，年龄较大者还应补充钙和铁。

第六节　辅助降血糖保健食品举例

一、降血糖的功能原料

近来研究发现不少中草药具有良好的降低血糖的作用，应用得当对调节血糖很有帮助。

1. 丹参

丹参煎剂可明显降低实验动物的血糖，作用可持续 5h 之久，且可降低血脂及血黏稠度。临床应用：丹参、花粉、葛根各 15g，黄芪 20g，五味子 7g，忍冬藤、玄参各 10g，调节高血糖合并高凝血、高血脂有效。

2. 地黄（生地、熟地）

按 2g 每公斤体重计算，喂服实验动物，见血糖明显下降，也可抑制和预防肾上腺素所致的兔血糖上升，还可改善糖尿病合并高血脂、高血压病情。临床应用于糖尿病时，多以生地配天冬、枸杞子等，如生地、黄芪各 30g，怀山药、知母、葛根、石膏（先煎）、牡蛎各20g，元参、枸杞子、苍术、茯苓、党参各15g，麦冬、五味子各10g，黄连5g。

3. 玉米须

玉米须发酵剂对糖尿病动物有明显降血糖作用，且对糖尿病合并高血压、肾病有改善作用。临床用玉米须45g、黄芪30g、白术15g与猪胰1具炖，作1日食疗之用。

4. 知母

知母水提取物能降低实验动物血糖，对药物引起的血糖升高作用更明显。用知母、天花粉、麦冬各12g，黄连5g组方煎服，可改善糖尿病上消（如口渴、多饮等）症状。

5. 枸杞子

枸杞子提取物可促进糖尿病动物血糖持久下降，对糖尿病合并血脂升高、视力不佳有改善作用。每日用枸杞子、五味子、黄精、玄参各25g，煎汁当茶饮，可改善消渴症状。

6. 人参

人参可促进实验动物血糖降低，并可改善糖尿病合并血脂升高及改善无力症状。临床报道人参浸膏可用于早期轻症糖尿病，可使尿糖减少，血糖降低，停药后疗效仍可持续2周以上。对轻症糖尿病患者人参可与生地合用，对中、重症糖尿病患者宜与胰岛素合用，因二者有协同降血糖的作用。人参日用量3~9g。

此外，治疗糖尿病中药依次还有黄芪、怀山药、菟丝子、茯苓、黄连、石膏、乌梅、苍术、白术、玉竹、玄参、仙鹤草、地骨皮、苍耳子、麦芽、泽泻、桔梗、黄精、冬桑叶等。

二、辅助降血糖保健食品研发原理

（一）金花茶口服液

1. 原料与配方

（1）配方：金花茶浓缩液（固形物含量为8%）20%、β-环糊精0.32%、山梨糖醇11%、纯净水补足100%。

（2）功能原料：金花茶。金花茶花色金黄，特别的稀有和名贵，引起世界园艺家的重视，为我国最珍贵的八种国宝植物之一。金花茶有很高的观赏、科研和开发利用价值，被举世公誉为“世界珍品”、“中华国宝”、“茶族皇后”、植物界的“大熊猫”、花卉中的“超级明星”，国家一级重点保护珍稀植物，在国际上负有盛名。日本曾以2.5万美元从中国引进一棵金花茶而轰动世界，震惊世界花坛。金花茶除了具有普通茶的优点外，它的细胞还具有特殊的不易复制的色泽遗传基因DNA。它所含的有机化合物达到400多种。

2. 配方原理分析

1）中医

中医总结出茶的传统功效有少睡、安神、明目、清头目、止渴生津、清热、消暑、解毒、消食、醒酒、去肥腻、下气、利水、通便、治痢、去痰、祛风解表、坚齿、祛心痛、疗疮治瘘、疗饥、益气力等。

2）现代医学

茶叶的保健功效历来受到人们的关注，有报道指出茶叶对糖尿病具有一定的改善作用，其防治糖尿病的主要成分有茶多糖、茶多酚、茶色素等。其中，以儿茶素为主体的茶多酚在茶叶中含量高达18%~36%，历来是茶叶生物化学领域的研究热点。

金花茶含有丰富的多糖物质，可以活化胰岛细胞，促进胰岛素的分泌，加速血糖的分解和代谢。在某种程度上，有效地阻止了内源性血糖的来源，降低了人体的血糖含量。金花茶含有丰富的茶多酚。茶多酚可以清除自由基，能降低糖尿病患者血糖，从而改善其糖耐量，稳定血糖。金花茶含有锗、硒、锌、锰、钡等对人体有保健作用的天然微量元素，还含有茶多酚、维生素及几十种人体必需的氨基酸，金花茶富含的众多营养保健元素能使体液及血液呈弱碱性，从而激活免疫系统的淋巴细胞，提高和加强人体的免疫功能。金花茶富含的众多营养保健元素具有良好的吸附性和膨胀性，可在肠道内保持一定的容积，减少食物间的混合，延缓或减少食物中糖类的吸收，降低并延缓血糖峰值，吸附体内毒素排出体外，减少降糖药物的不良反应。

3）营养学

金花茶无毒，含有400多种营养素，富含茶多糖、茶多酚、总皂苷、总黄酮、茶色素、咖啡因、蛋白质、维生素B_1、维生素B_2、维生素C、维生素E、叶酸、脂肪酸、β-胡萝卜素等多种天然营养成分。金花茶含有茶氨酸、苏氨酸等几十种氨基酸，以及富含有多种对人体具有重要保健作用的天然有机锗（Ge）、硒（Se）、钼（Mo）、锌（Zn）、钒（V）等微量元素和钾（K）、钙（Ca）、镁（Mg）等宏量元素。

（二）苦瓜洋参软胶囊

1. 原料与配方

（1）配方：西洋参提取物、苦瓜提取物、吡啶甲酸铬、蜂蜡、大豆油等。

（2）主要功能原料：西洋参、苦瓜、吡啶甲酸铬等。

西洋参（*Panax quinquefolius* L.）是五加科人参属多年生草本植物，别名花旗参、洋参、西洋人参，原产于加拿大的大魁北克与美国的威斯康星州，中国北京怀柔与长白山等地也有种植。加拿大产称西洋参，美国产称花旗参。

2. 配方原理分析

1）中医

（1）西洋参性凉，味甘、微苦；能补气养阴，清热生津；用于气虚阴亏，内热，咳喘痰血，虚热烦倦，消渴，口燥喉干。

（2）苦瓜性味甘苦寒凉，能清热、除烦、止渴。中国自古以来，就将苦瓜入药使用，在《救荒本草》和《本草纲目》等古代医药文献里，都曾提到苦瓜。

（3）蜂蜡味甘、淡，性平，归肺、胃、大肠经；能解毒、生肌、止痢、止血、定痛。主痈疽发背，溃疡不敛；急心痛；下痢脓血；久泻不止；胎动下血；遗精；带下。我国使用蜂蜡的历史悠久，《神农本草经》还将蜜蜡列为医药上品。

2）现代医学

（1）西洋参皂苷是西洋参中最主要的有效成分之一，也是生理活性最显著的物质，可提高机体免疫力，有助于恢复胰岛功能，消除胰岛素抵抗，提高血清胰岛素含量，具有降低血糖、改善糖尿病症状的作用。

（2）苦瓜中所含的苦瓜苷、苦瓜多肽、苦瓜多糖，不仅有类似胰岛素的作用，还有刺激胰岛素释放及激活相关酶的功能，具有明显的降血糖作用。同时，苦瓜还具有调节血脂、降低血压等诸多功效。

（3）蜂蜡是一种复杂的有机化合物，富含高级脂肪酸、碳氢化合物等多种高活性成分，同时还含有少量矿物质和挥发油，具有抗菌消炎和去腐生肌等功效。蜂蜡富含的天然抗菌成分对多种致病菌有抑制和灭杀作用，同时蜂蜡含有的有机酸、维生素等成分能促进细胞分化和再生，因此常用于处理各种炎症、烧伤、烫伤等，临床上广泛应用于理疗、内科、外科疾病，效果显著。

（4）吡啶甲酸铬中的活性铬具有增强胰岛素活性、增加胰岛素受体数量和增强胰岛素受体磷酸化作用等功能，当体内活性铬含量不足时会导致胰岛素生物效能降低。吡啶甲酸铬可以提供作用更佳的有机铬，它可以顺利通过细胞膜直接作用于组织细胞，增强胰岛素活性，改善人体糖代谢，对糖尿病具有重要的改善作用。

3）营养学

（1）苦瓜营养丰富，所含蛋白质、脂肪、碳水化合物等在瓜类蔬菜中较高，特别是维生素 C 含量，每百克高达 84mg，约为冬瓜的 5 倍，黄瓜的 14 倍，南瓜的 21 倍，居瓜类之冠。苦瓜还含有粗纤维、胡萝卜素、苦瓜苷、磷、铁和多种矿物质、氨基酸等。

（2）蜂蜡是一种复杂的有机化合物。其主要成分是高级脂肪酸和一元醇所合成的酯类、脂肪酸和糖类，但因蜂种、蜜粉源植物、提炼方法等不同，其成分也有一定的差异。脂肪酸酯类包括单酯类和羟基酯类，含量为 70%~75%，游离脂肪酸含量为 10%~15%；饱和脂肪酸含量为 9%~11%，糖类含量为 10%~16%，蜂蜡中含有脂肪酸胆固醇酯、着色剂（主要为 1~3 双氢氧化物黄酮）、ω-肉豆蔻内酯、游离脂肪醇等。此外，蜂蜡还含有少量的水和矿物质。

（3）大豆油取自天然大豆种子，其人体消化吸收率高达 98%，含棕榈酸、硬脂酸、花生酸、油酸、亚油酸、亚麻酸等众多不饱和脂肪酸，具有良好的营养保健价值。大豆油里的脂肪酸构成较好，同时，大豆油中还含有较多维生素 E、维生素 D 及丰富的卵磷脂，对人体健康均有益。

思 考 题

1. 试述正常糖耐量、糖耐量异常和糖化血红蛋白与糖尿病的关系。
2. 诱发原发性糖尿病的因素有哪些？
3. 糖尿病诊断标准发展历程和最新的糖尿病诊断标准是什么？
4. 如何防治糖尿病？糖尿病有哪些营养调节原则？
5. 中医学认为糖尿病的病因和病机是什么？
6. 试以目前市售的某一降血糖保健食品为例，分析其配方研发原理。

第三部分 保健食品的生产与审批

第八章　保健食品的研发生产

【学海导航】

学习和理解保健食品研发生产的一般程序和方法，重点掌握保健食品开发原则，保健食品研发报告、质量标准、安全性毒理学评价和保健食品包装。

重点：保健食品的研发报告、质量标准、安全性毒理学评价和保健食品包装。

难点：保健食品的研发报告和安全性毒理学评价。

第一节　资 料 查 询

保健食品没有专门文献，主要散见于食品类文献中，由于其含有功效成分（标志性成分），具有机体调节功能，与人类健康密切相关，所以许多资料广泛分布于医学、生物化学、天然产物化学、生物工程、食品工程等文献中。

1. 检索方法

为了迅速而准确地获得研究中所需要的全部资料，掌握文献资料的检索方法是十分必要的，常用的检索方法如下。

（1）系统检索法：利用现有的各种检索工具查找所需文献资料，包括顺查法和逆查法。顺查法是指按照时间顺序从早期到近期查询，而逆查法是逆着时间顺序逐年查询。互联网收录的文献资料数量十分庞大，因此查询的关键是要选择好索引条目。条目不要笼统或太大，否则检索出的资料太多，而其中真正有用的太少，费时费力。此时可以在主条目下试着查分条目。此外，在检索时可能一个条目难以查全所需资料，有时需从不同索引条目查询同一内容的资料。

（2）追溯检索法：以文章末尾所附的参考文献为线索，步步深入地进行检索的方法就是追溯检索法。该方法是先找到近期文献，特别是综述性文章，再根据文章所列出的著者、题名、期刊名、卷次、期数、页码或出版社、出版时间找到所需要的文献资料。

（3）综合检索法：综合检索法既要利用检索工具进行常规检索，又要利用文献后所附参考文献进行追溯检索，分期分段地交替使用这两种方法。即先利用检索工具（系统）检索到一批文献，再以这些文献末尾的参考文献为线索进行查找，如此循环进行，直到满足需求时为止。

综合检索法兼有系统检索法和追溯检索法的优点，可以查到较为全面而准确的文献，是实际工作中采用较多的方法。对于查新工作中的文献检索，可以根据查新项目的性质和检索要求综合使用上述检索方法，灵活处理。

2. 资料查询的原则

查询保健食品资料时，一般的原则如下。

（1）先国内后国外，尤其是我国中药养生历史悠久，国内文献十分丰富。

（2）先查找容易找到的资料，如手头的、本单位或本地区的，然后再查找“奇缺”的资料。

（3）先查找文献综述或专著，再根据所列文献有重点地找寻原始文献。

3. 保健食品相关的文献资料

文献资料主要包括图书、期刊、报纸和专利等。保健食品相关文献资料分布广泛，没有专门文献，约一半分布于食品方面的期刊中。

1）期刊

（1）国内比较权威的文摘有《中国化学化工文摘》《食品文摘》《中国药学文摘》。

（2）国内资料比较集中的期刊：《营养学报》《食品科学》《食品工业科技》《食品科技》《食品与机械》《食品工业》《中国油脂》《食品与发酵工业》《工业微生物》《化学工程》《有机化学》《中草药》《林产化学与工业》《植物学报》《生物化学与生物物理进展》等。

2）中国医药专著

《神农本草经》《本草经集注》《新修本草》《随息居饮食谱》《神农本草经疏》《本草纲目》《证类本草》《中药大辞典》《全国中草药汇编》《中草药成分化学》等。

3）专利

中国专利局收藏了大量国内外有关保健食品的专利文献。这类文献对保健食品的研制开发有重要的参考价值。

4）其他

其他还有年鉴、手册、百科全书等。例如，年鉴主要介绍一些重大成果、统计数据和主要进展等；手册通常简明扼要地概述某一专业或某一方面的基本知识或基本公式、数据、规章条例等，实用性强，便于查阅；百科全书具有综合性，常分许多卷。其中比较重要的有《中国百科年鉴》《自然科学年鉴》《食品工业手册》等，英文版专业百科全书如《食品科学与营养百科全书》等。

第二节 保健食品研发原则

一、保健食品研发的指导原则

1. 发扬我国传统养生理论的特色

俗话说三分病，七分养、药补不如食补。甲骨文中已有“养生”的记载。《黄帝内经》指出，“上古之人，其知道者……饮食有节，起居有常……而尽终其天年，度百岁乃去”，历代更有发展，遂成传统养生学。

过去，中国的药膳与今天的保健食品一样风行于世，如《神农本草经》中有众多中药品种可食药兼用，《备急千金要方》中对食养（食疗、食治）做了专门论述，并将其作为养生保健的首选方法。

2. *现代科学技术是促进保健食品发展的条件*

应用现代科学技术，人们对传统食补的原料、配方、功能机制、功效/标志性成分有了新的认识。

3. *传统理论与现代研究相结合*

在中国传统养生理论，特别是食养理论指导下，逐渐形成了具有中国特色的保健食品。二者结合，可以充分利用我国大量的自然资源原料和民间食用验方，用现代的先进技术进行筛选、分析研究，以较少的资金、较短的时间，少走弯路，多创成果。

二、选题的基本原则

保健食品的选题，即研究开发的方向应具有先进性、创造性、科学性和实用性。

（1）考虑选择的产品，应在同类产品中具有较高起点，有较为先进的一面，可以在近期或近几年内有竞争能力，在原料、取材及配方、工艺中，都具备价廉质优的优势，使产品在进入营销市场时具有先进性、创新性，且易被市场所承认和接受。

（2）在选择某一项特定功能或某一种研究手段时，既要有超前意识又要有科学性。

（3）保健食品在选题及配方方面应遵循人与大自然的规律，尽量提高人类生存的质量。

第三节　保健食品研发报告

根据《中华人民共和国食品安全法》《保健食品注册与备案管理办法》等有关规定，国家食品药品监督管理总局组织制定了《保健食品注册申请服务指南（2016年版）》（简称“指南”），本指南适用于使用保健食品原料目录以外原料的保健食品和首次进口的保健食品（不包括补充维生素、矿物质等营养物质的保健食品）注册申请。指南中明确指出，国产新产品注册申请材料目录包括：①保健食品注册申请表，以及注册申请人对申请材料真实性负责的法律责任承诺书；②注册申请人主体登记证明文件复印件；③产品研发报告；④产品配方材料；⑤生产工艺材料；⑥安全性和保健功能评价材料；⑦直接接触保健食品的包装材料种类、名称、相关标准；⑧产品标签、说明书样稿；⑨产品名称中的通用名与注册的药品名称不重名的检索材料、产品名称与批准注册的保健食品名称不重名的检索材料；⑩3个最小销售包装的样品；⑪其他与产品注册审评相关的材料。对于进口新产品、延续注册、变更注册、转让技术申请，除应按国产产品提交相关材料外，还应提交其他相关材料。

产品研发报告作为保健食品注册申请必备材料之一，应包括产品的安全性论证报告、保健功能论证报告、生产工艺研究报告、产品技术要求研究报告等内容。各项要求如下所述。

一、产品的安全性论证报告

1. *原料和辅料的使用依据*

应按照普通食品（包括可用于普通食品的物品、食品添加剂，下同）、新食品原料、

“按照传统既是食品又是中药材的物质”、“拟纳入保健食品原料目录”以及保健食品新原料等类别，明确原辅料的使用依据。

使用保健食品新原料的，应参照新食品原料安全性审查的有关规定，提供保健食品新原料的研制报告、国内外的研究利用情况等安全性评估材料和毒理学试验报告、生产工艺、质量要求、检验报告。

2. 产品配方配伍及用量的安全性科学依据

应从传统配伍禁忌和现代医学药理学研究方面，提供产品配方配伍及用量理论依据、文献依据和试验数据等科学依据。提供配方原料的品种、等级、质量、用量及个数符合有关规定的依据。

3. 安全性评价试验材料的分析评价

应对涉及的保健食品新原料安全性评估材料和毒理学试验报告以及菌种鉴定报告和菌种毒力试验报告、产品的安全性评价试验等，进行综合分析，对产品安全性进行评价。

4. 配方以及适宜人群、不适宜人群、食用方法和食用量、注意事项等的综述

应根据原辅料的使用依据、产品配方配伍及用量的科学依据、安全性试验评价材料等，综述配方以及标签说明书拟定的适宜人群、不适宜人群、食用方法和食用量、注意事项等的合理性。

二、产品的保健功能论证报告

1. 配方主要原料具有功能作用的科学依据，其余原料的配伍必要性

产品配方原料应具有明确的使用目的。应提供配方主要原料具有功能作用的科学依据，并阐明其余原料的配伍必要性。

以经简单加工的普通食品为原料的，应提供充足的国内外实验性科学文献依据，重点明确所用原料的功效成分和含量以及量效关系。

2. 产品配方配伍及用量具有保健功能的科学依据

应提供产品组方原理、产品配方配伍及用量具有声称功能的理论依据及文献依据等。

3. 产品保健功能试验评价材料、人群食用评价材料等的分析评价

应对产品保健功能试验评价材料、人群食用评价材料等，进行综合分析，对产品保健功能进行评价。

4. 产品配方以及适宜人群、不适宜人群、食用方法和食用量等的综述

应根据产品配方配伍及用量具有申报功能的科学依据、保健功能评价试验材料、人群食用评价材料等，综述产品配方以及标签说明书样稿中原料、辅料、适宜人群、不适宜人群、保健功能、食用方法和食用量等的合理性。

三、生产工艺研究报告

生产工艺相关研究材料应完整、规范、可溯源。

生产工艺研究过程和结果应完整，应提供依据对各工序和使用技术的必要性、科学性、可行性进行充分论证。

国产产品应提供从小试工艺研究到中试工艺验证和工艺修正的研究过程。因未添加辅料或工艺简单成熟等原因，未开展小试规模的辅料筛选、工艺优选等研究的，应提供合理的相关说明。

首次进口产品应提供从小试工艺研究到规模化生产工艺的研究过程，小试、中试工艺研究资料缺失或不完整的,应提供国外生产厂商出具的10批次以上规模化产品生产验证报告及自检报告。

工艺研究主要包括以下内容:

（1）剂型选择和规格确定的依据。

应根据配方组成、食用方法、适宜人群等，对原辅料的理化性质、生物学特性、剂型选择的必要性和合理性等进行综合分析论证,充分阐述剂型选择和规格确定的科学性、合理性。崩解、溶散等物质释放方式异于一般片剂、胶囊、颗粒、粉剂、口服液等的特殊剂型，还应提供充足的剂型选择科学依据。

（2）辅料及用量选择的依据。

应充分考虑辅料的安全性、工艺必要性、保持产品稳定、与直接接触产品的包装材料不发生化学变化、不影响产品的检测、制剂成型性和稳定性等方面情况，提供辅料及用量的确定依据。

（3）影响产品安全性、保健功能等的主要生产工艺和关键工艺参数的研究报告。

关键工艺是指产品生产过程中，对产品质量安全或保健功能有直接影响，不随着工艺规模、生产设备等客观变化必须进行参数调整的工艺。

应根据产品具体情况，确定影响产品安全性、保健功能等的主要生产工序和关键工艺参数，并提供说明。

应详细说明主要生产工艺和关键工艺参数的优选过程，提供提取精制、制剂成型、灭菌方法等方面的工艺研究试验数据。

（4）中试以上生产规模的工艺验证报告及样品自检报告。

根据生产工艺研究结果，应开展不少于3批中试以上生产规模的生产工艺验证，以达到验证工艺稳定可行、对工艺过程及工艺参数进行修正的目的。应提供与产品剂型相一致的工艺验证车间生产许可证明文件、研究时间等相关材料，并详细说明中试生产工艺验证、中试生产工艺流程及工艺修正的研究过程和研究结果。

一般情况下，中试研究的投料量为配方量(以制成1000个制剂单位计算)的10倍以上。可根据剂型、配方组成、研发用样品需求等的具体情况，适当调整中试规模，但均要达到中试放大研究的目的。

国产产品应提供至少3批中试产品的生产验证数据及自检报告。中试生产验证数据应包括批号、原辅料投料量、半成品得量得率、理论产量、实际产量、成品率等。中试产品自检报告应包括产品技术要求全部技术指标。

首次进口产品应提供至少3批规模化产品生产验证数据及自检报告。生产验证报告及自检报告应不得低于国产产品的要求。小试、中试工艺研究资料缺失或不完整的，应提供国外生产厂商出具的10批次以上规模化产品生产验证报告及自检报告。

（5）无适用的国家标准、地方标准、行业标准的原料，应提供详细的制备工艺、工艺说明及工艺合理性依据。

（6）应详细列出产品及原料工艺过程中使用的全部加工助剂的名称、标准号及标准文本。

（7）应根据工艺研究及工艺材料相关内容，综述产品生产工艺材料、配方中辅料、标签说明书的辅料、剂型、规格、适宜人群、不适宜人群项以及产品技术要求的生产工艺、直接接触产品的包装材料、原辅料质量要求中涉及的工艺内容等的合理性。

四、产品技术要求研究报告

1. 鉴别方法研究

根据产品配方及相关研究结果等可以确定产品的鉴别方法的，应予以全面、准确地阐述。采用显微鉴别、色谱鉴别、颜色反应等的，提供的彩色照片、色谱图等，应能真实反映鉴别结果。未制定鉴别项的，应说明未制定的理由。

2. 理化指标研究

应详细说明产品理化指标的选择、指标值制定及其检测方法研究的过程和依据，理化指标应符合以下要求：

应符合现行规定、规范性文件、强制性标准、《保健食品检验与评价技术规范》、《中华人民共和国药典》（以下简称《中国药典》）“制剂通则”项等的有关规定。

主要包括一般质量控制指标（如水分、灰分、崩解时限等）、污染物指标（如铅、总砷、总汞等）、真菌毒素指标，以及法律法规、强制性国家标准有限量要求的合成色素、防腐剂、甜味剂、抗氧化剂、加工助剂残留等。

检测方法非国家标准、地方标准、行业标准或技术规范等的，注册申请人应对检测方法的适用性、重现性等进行研究，并提供方法学研究资料。

理化指标检测引用的国家标准、地方标准、行业标准或技术规范等检测方法中，样品前处理、检测条件等未明确的，应重点对未明确的内容进行研究后予以明确。

3. 功效成分或标志性成分指标研究

应详细说明产品功效成分或标志性成分指标选择、指标值制定及其检测方法研究的过程和依据，提供研究报告。

（1）指标的选择依据

应为主要原料含有的性质稳定、能够准确定量、与产品保健功能具有明确相关性的特征成分。应提供科学依据，从稳定性、定量检测、指标及指标值与产品保健功能的相关性等方面，详细叙述功效成分或标志性成分指标的确定依据。

多原料组方产品，应综合考虑配方各主要原料所含的活性成分、特征成分、提取工艺、组方特点等情况，选择制定多个指标。

（2）指标值的确定依据

与配方、原料质量要求、工艺等申请材料相关内容的相符性；产品生产过程中原料投入量、成分的转移率或损耗；多批次产品的检验结果及检验方法的精密度、重现性；成分含量与保健功能的相关性。

（3）检测方法研究

注册申请人应对功效成分或标志性成分检测方法的适用性、重现性等进行研究，并提供方法学研究资料和详细的检测方法。

4. 装量差异或重量差异（净含量及允许负偏差）

普通食品形态产品应检测并制定净含量及允许负偏差指标，指标应符合《定量包装商品净含量计量检验规则》（JJF 1070）规定；《中国药典》“制剂通则”项下有相应要求的产品剂型，应检测并制定装量差异或重量差异指标，指标应符合要求。

5. 原辅料质量要求

应提供全部原辅料的质量要求，说明质量要求的来源和依据；质量要求为国家标准、地方标准、行业标准的，应列出标准号和标准全文；质量要求为企业标准的，应列出标准全文。

质量要求内容一般包括原料名称（对品种有明确要求的，应明确其具体品种和拉丁学名）、制法（包括主要生产工序、关键工艺参数等）、组成、提取率（得率）、感官要求、一般质量控制指标（如水分、灰分、粒度等）、污染物（铅、总砷、总汞、溶剂残留等）、农药残留量、功效成分或标志性成分、微生物等。内容缺项，应说明原因。

6. 稳定性考察

注册申请人应按照现行规定，根据样品特性，合理选择和确定稳定性试验方法和考察指标的检测方法，开展稳定性试验。

稳定性试验应在稳定性试验条件下，对产品功效成分或标志性成分指标以及稳定性重点考察指标的变化情况进行研究，视情况可以同时选择其他非重点考察指标一并进行稳定性研究。

稳定性试验完成后，注册申请人应对稳定性试验结果进行系统分析和判断，并结合样品具体情况，对储藏方法、直接接触产品的包装材料、保质期等进行综合分析论证。

7. 根据研发结果，综合确定的产品技术要求

【原料】按配方材料列出全部功能相关原料。各原料顺序按其在产品中的用量，由大到小排列。经辐照的原料，应在原料名称后标注“（经辐照）”。

【辅料】按配方材料列出全部辅料。各辅料顺序按其在产品中的用量，由大到小排列。经辐照的辅料，应在辅料名称后标注“（经辐照）”。

【生产工艺】应以文字形式描述主要生产工艺，包括主要工序、关键工艺参数或参数合理范围等。

【直接接触产品包装材料的种类、名称及标准】应以文字形式描述经研发确定的直接接触产品包装材料的种类、名称及标准。

【感官要求】应以列表形式描述产品的外观（色泽、状态等）和内容物的色泽、滋味、气味、状态等项目。不对直接接触产品的包装材料的外观、硬胶囊剂的囊壳色泽等进行描述。

【鉴别】根据产品配方及相关研究结果等可以确定产品的鉴别方法的，应予以全面、准确地阐述。未制定鉴别项的，应标注“无”并说明未制定的理由。

【理化指标】应以列表形式标明理化指标名称、指标值、检测方法。检测方法为注册申请人研究制定的，应列出检测方法全文；检测方法为国家标准、地方标准或规范性

文件的，应列出标准号或规范性文件的标题文号；检测方法为对国家标准、地方标准进行修订的，应列出标准号或规范性文件的标题文号，同时详细列出修订内容。

【微生物指标】应以列表形式标明微生物指标名称、指标值、检测方法，应符合现行规定、技术规范、国家标准等的要求。

【功效成分或标志性成分指标】应以列表形式标明功效成分或标志性成分名称、指标值、检测方法。

指标名称应与现行规定、技术规范、国家标准等的要求一致，与检测方法相符。指标值应标示为每100g或100mL中功效成分或标志性成分指标的含量。检测方法为注册申请人研究制定的，应列出检测方法全文；检测方法为国家标准、地方标准或规范性文件的，应列出标准号或规范性文件的标题文号；检测方法为对国家标准、地方标准进行修订的，应列出标准号或规范性文件的标题文号，同时详细列出修订内容。

【装量或重量差异指标（净含量及允许负偏差指标）】应以文字形式描述装量或重量差异指标（净含量及允许负偏差指标）。

【原辅料质量要求】质量要求为国家标准、地方标准、行业标准的，应列出标准号；符合国家标准、地方标准、行业标准，且部分指标应同时符合企业标准的，应列出标准号或规范性文件的标题文号，同时以文字形式列出企业标准的指标项目及指标值；为企业标准的，应以列表形式列出指标项目及指标值。

第四节 保健食品质量标准

一、产品质量标准（企业标准）编写格式

保健食品质量标准需符合《标准化工作导则》（GB/T 1.1—2020）有关标准的结构和编写规则的规定。进口保健食品质量标准中文文本应按《标准化工作导则》（GB/T 1.1—2020）的要求编制。

二、产品质量标准内容

保健食品质量标准需包括资料性概述要素（封面、目次、前言）、规范性一般要素（产品名称、范围、规范性引用文件）、规范性要素（技术要求、试验方法、检验规则、标志、包装、运输、储存、规范性附录）及质量标准编写说明。

三、注意事项

1. 规范性引用文件的排列顺序

引用文件应按国家标准、地方标准、国内有关文件排序。

国家标准按标准顺序号大小排列，全文引用时不注年号；部分引用时，可注年号，引用年号应按最新版本标准。

2. 质量标准

一般卫生要求（理化指标及微生物指标），须按《食品安全国家标准 保健食品》

的规定加以确定，微生物指标中致病项目应分别列出。还应参照《保健食品理化及卫生指标检验与评价技术指导原则》（2020版）中产品指标检测项目附表的规定，质量标准中理化指标还应增加如下必要的项目。

（1）不同剂型的项目要求按《保健食品理化及卫生指标检验与评价技术指导原则》（2020版）执行。

（2）不同原料的项目要求。

（3）特殊工艺要求有机溶剂提取工艺中增加溶剂残留指标。

（4）使用食品添加剂须按照《食品安全国家标准食品添加剂使用标准》（GB 2760—2014）相应规定补充其用量或残留指标。

第五节　保健食品安全性毒理学检验与评价

为了确保食品的安全和健康，需要对其进行安全性毒理学检验与评价。食品安全性毒理学检验与评价主要是阐明某种食品是否可以安全食用，食品中有关危害成分或物质的毒性及其风险大小，利用足够的毒理学资料确认物质的安全剂量，通过风险评估进行风险控制。保健食品作为具有特定保健功能的食品，其本质上也是一种食品。根据《保健食品及其原料安全性毒理学检验与评价技术指导原则（2020年版）》对保健食品进行安全性毒理学检验与评价。

一、受试物的资料要求

受试物为保健食品或保健食品原料。受试物进行安全性毒理学的检验与评价时需要提供如下资料：

（1）应提供受试物的名称、性状、规格、批号、生产日期、保质期、保存条件、申请单位名称、生产企业名称、配方、生产工艺、质量标准、保健功能以及推荐摄入量等信息。

（2）受试物为保健食品原料时，应提供动物和植物类原料的产地和食用部位、微生物类原料的分类学地位和生物学特征、食用条件和方式、食用历史、食用人群等基本信息，以及其他有助于开展安全性评估的相关资料。

（3）原料为从动物、植物、微生物中分离的成分时，还需提供该成分的含量、理化特性和化学结构等资料。

（4）提供受试物的主要成分、功效成分/标志性成分及可能含有的有害成分的分析报告。

二、受试物的特殊要求

（1）保健食品应提供包装完整的定型产品。毒理学试验所用样品批号应与功能学试验所用样品批号一致，并且为卫生学试验所用三批样品之一（益生菌、奶制品等产品保质期短于整个试验周期的产品除外）。根据技术审评意见要求补做试验的，若原批号样品已过保质期，可使用新批号的样品开展试验，但应提供新批号样品按产品技术要求检验的全项目检验报告。

（2）由于推荐量较大等原因不适合直接以定型产品进行试验时，可以对送检样品适当处理，如浓缩等。为满足安全倍数要求，可去除部分至全部辅料，如去除辅料后仍未达到安全倍数要求，可部分去除已知安全的食品成分等。应提供受试样品处理过程的说明和相应的证明文件，处理过程应与原保健食品的主要生产工艺步骤保持一致。

三、安全性毒理学试验的主要项目

依据食品安全国家标准 GB 15193 的相关评价程序和方法开展下列试验。

（1）急性经口毒性试验。

（2）遗传毒性试验：细菌回复突变试验，哺乳动物红细胞微核试验，哺乳动物骨髓细胞染色体畸变试验，小鼠精原细胞或精母细胞染色体畸变试验，体外哺乳类细胞 HGPRT 基因突变试验，体外哺乳类细胞 TK 基因突变试验，体外哺乳类细胞染色体畸变试验，啮齿类动物显性致死试验，体外哺乳类细胞 DNA 损伤修复（非程序性 DNA 合成）试验，果蝇伴性隐性致死试验。

遗传毒性试验组合：一般应遵循原核细胞与真核细胞、体内试验与体外试验相结合的原则，并包括不同的终点（诱导基因突变、染色体结构和数量变化），推荐下列遗传毒性试验组合：

组合一：细菌回复突变试验；哺乳动物红细胞微核试验或哺乳动物骨髓细胞染色体畸变试验；小鼠精原细胞或精母细胞染色体畸变试验或啮齿类动物显性致死试验。

组合二：细菌回复突变试验；哺乳动物红细胞微核试验或哺乳动物骨髓细胞染色体畸变试验；体外哺乳类细胞染色体畸变试验或体外哺乳类细胞 TK 基因突变试验。

根据受试物的特点也可用其他体外或体内测试替代推荐组合中的一个或多个体外或体内测试。

（3）28 天经口毒性试验。

（4）致畸试验。

（5）90 天经口毒性试验。

（6）生殖毒性试验。

（7）毒物动力学试验。

（8）慢性毒性试验。

（9）致癌试验。

（10）慢性毒性和致癌合并试验。

四、安全性毒理学试验的选择

需要开展安全性毒理学检验与评价的保健食品原料，其试验的选择应参照新食品原料安全性毒理学检验与评价有关要求进行。

（1）保健食品一般应进行急性经口毒性试验、三项遗传毒性试验和 28 天经口毒性试验。根据试验结果和目标人群决定是否增加 90 天经口毒性试验、致畸试验和生殖毒性试验、慢性毒性和致癌试验及毒物动力学试验。

（2）以普通食品为原料，仅采用物理粉碎或水提等传统工艺生产、食用方法与传统食用方法相同，且原料推荐食用量为常规用量或符合国家相关食品用量规定的保健食品，原则上可不开展毒性试验。

（3）采用导致物质基础发生重大改变等非传统工艺生产的保健食品，应进行急性经口毒性试验、三项遗传毒性试验、90 天经口毒性试验和致畸试验，必要时开展其他毒性试验。

五、特定产品的安全性毒理学设计要求

1. 针对产品配方中含有人体必需营养素或已知存在安全问题的物质的产品

例如，某一过量摄入易产生安全性问题的人体必需营养素（如维生素 A、硒等）或已知存在安全问题物质（如咖啡因等），在按其推荐量设计试验剂量时，如该物质的剂量达到已知的毒性作用剂量，在原有剂量设计的基础上，应考虑增设去除该物质或降低该物质剂量（如降至未观察到有害作用剂量）的受试物剂量组，以便对受试物中其他成分的毒性作用及该物质与其他成分的联合毒性作用做出评价。

2. 推荐量较大的含乙醇的受试物

在按其推荐量设计试验剂量时，如超过动物最大灌胃容量，可以进行浓缩。乙醇浓度低于 15%（体积分数）的受试物，浓缩后应将乙醇恢复至受试物定型产品原来的浓度。乙醇浓度高于 15%的受试物，浓缩后应将乙醇浓度调整至 15%，并将各剂量组的乙醇浓度调整一致。不需要浓缩的受试物，其乙醇浓度高于 15%时，应将各剂量组的乙醇浓度调整至 15%。在调整受试物的乙醇浓度时，原则上应使用生产该受试物的酒基。

3. 针对适宜人群包括孕妇、乳母或儿童的产品

应特别关注是否存在生殖毒性和发育毒性，必要时还需检测某些神经毒性和免疫毒性指标。

4. 有特殊规定的保健食品

应按相关规定增加相应的试验，如含有益生菌、真菌等，应当按照《保健食品原料用菌种安全性检验与评价技术指导原则》开展相关试验。

六、动物试验设计共性问题

1. 受试物的前处理

（1）袋泡茶类受试物的提取方法应与产品推荐饮用的方法相同，可用该受试物的水提取物进行试验。

（2）液体受试物需要进行浓缩处理时，应采用不破坏其中有效成分的方法。

（3）不易粉碎的固体受试物（如蜜饯类和含胶基的受试物）可采用冷冻干燥后粉碎

的方式处理，并在试验报告中详细说明。

（4）含益生菌或其他微生物的受试物在进行细菌回复突变试验或体外细胞试验时，应将微生物灭活，并说明具体方法。

（5）对人体推荐量较大的受试物，在按其推荐量设计试验剂量时，如超过动物的最大灌胃容量或超过掺入饲料中的限量（10%（质量分数）），可允许去除无安全问题的部分至全部辅料或已知安全的食品成分进行试验，并在试验报告中详细说明。

（6）吸水膨胀率较高的受试物应考虑受试物吸水膨胀后对给予剂量和实验动物的影响，应选择合适的受试物给予方式（灌胃或掺入饲料）。如采用灌胃方式给予，应选择水为溶媒。

2. 受试物的给予方式

（1）受试物应经口给予。根据受试物的性质及人体推荐摄入量，选择掺入饲料或饮水、灌胃的方式给予受试物。应详细说明受试物配制方法、给予方法和时间。

（2）灌胃给予受试物时，应根据试验的特点和受试物的理化性质选择适合的溶媒（溶剂、助悬剂或乳化剂），将受试物溶解或悬浮于溶媒中。溶媒一般可选用蒸馏水、纯净水、食用植物油、食用淀粉、明胶、羧甲基纤维素、蔗糖脂肪酸酯等，如使用其他溶媒应说明理由。所选用的溶媒本身应不产生毒性作用；与受试物各成分之间不发生化学反应，且保持其稳定性；无特殊刺激性或气味。

（3）掺入饲料或饮水方式给予受试物时，应保证受试物的稳定性、均一性及适口性，以不影响动物摄食、饮水量和营养均衡为原则。当受试物在饲料中的加入量超过5%（质量分数）时，需考虑动物的营养需要，结合受试物的蛋白质含量将各组饲料蛋白质水平调整一致，并说明具体调整方法。饲料中添加受试物的比例最高不超过 10%（质量分数）。

3. 实验动物的选择

实验动物应符合相应国家标准的要求，同时结合保健功能（如辅助改善记忆、缓解体力疲劳等）的特点选择适当的实验动物的品系、性别和年龄等。

七、安全性毒理学试验结果的判定与应用

1. 急性毒性试验（图 8-1）

（1）受试物为原料

如 LD_{50} 小于人的推荐（可能）摄入量的 100 倍，则一般应放弃该受试物作为保健食品原料，不再继续进行其他安全性毒理学试验。反之，如 LD_{50} 大于或等于 100 倍者，则可考虑进入下一阶段安全性毒理学试验。

（2）受试物为保健食品

①如 LD_{50} 小于人的可能摄入量的 100 倍，则放弃该受试物作为保健食品。如 LD_{50} 大于或等于 100 倍者，则可考虑进入下一阶段安全性毒理学试验。

②如动物未出现死亡的剂量大于或等于 10g/kg·BW（涵盖人体推荐量的 100 倍），则可进入下一阶段安全性毒理学试验。

③对人的可能摄入量较大和其他一些特殊原料的保健食品，按最大耐受量法给予最大剂量动物未出现死亡，也可进入下一阶段安全性毒理学试验。

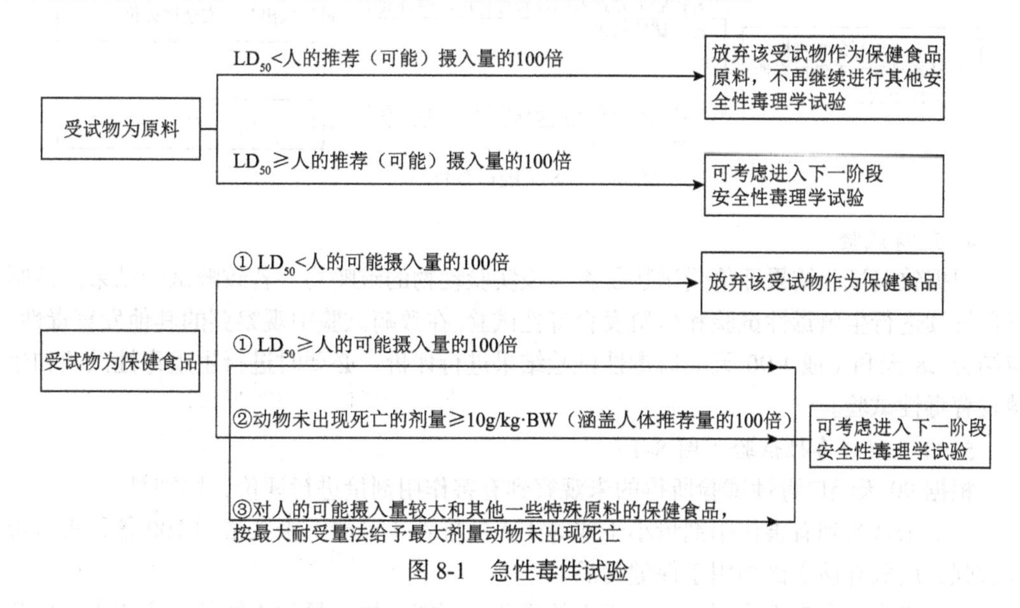

图 8-1　急性毒性试验

2. 遗传毒性试验（图 8-2）

（1）如遗传毒性试验组合中三项试验均为阴性，则可继续进行下一步的毒性试验。

（2）如遗传毒性试验组合中两项或以上试验阳性，则表示该受试物很可能具有遗传毒性和致癌作用，一般应放弃该受试物应用于保健食品。

（3）如遗传毒性试验组合中一项试验为阳性，根据其遗传毒性终点、结合受试物的结构分析、化学反应性、生物利用度、代谢动力学、靶器官等资料综合分析，再选两项备选试验（至少一项为体内试验）。如其中有一项试验阳性，则应放弃该受试物应用于保健食品；如再选的试验均为阴性，则可继续进行下一步的毒性试验。

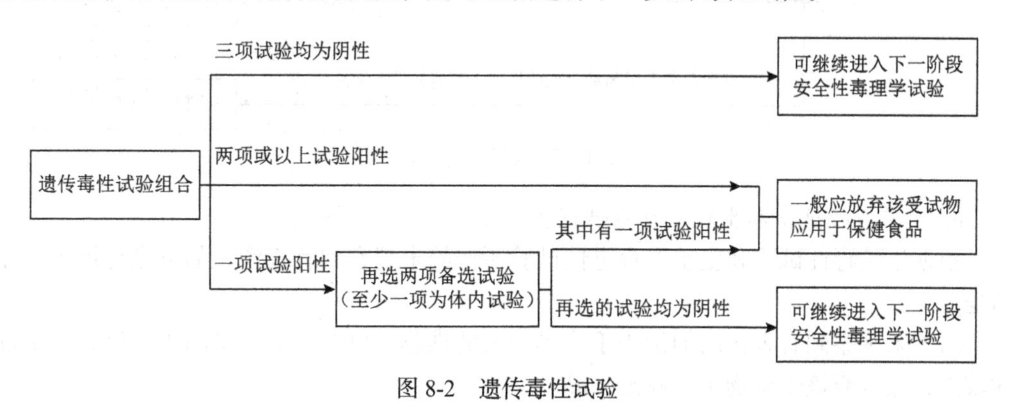

图 8-2　遗传毒性试验

3. 28 天经口毒性试验（图 8-3）

对只需要进行急性毒性、遗传毒性和 28 天经口毒性试验的受试物，若试验未发现有明显毒性作用，综合其他各项试验结果可做出初步安全性评价；若试验发现有明显毒性作用，尤其是存在剂量-反应关系时，应放弃该受试物用于保健食品。

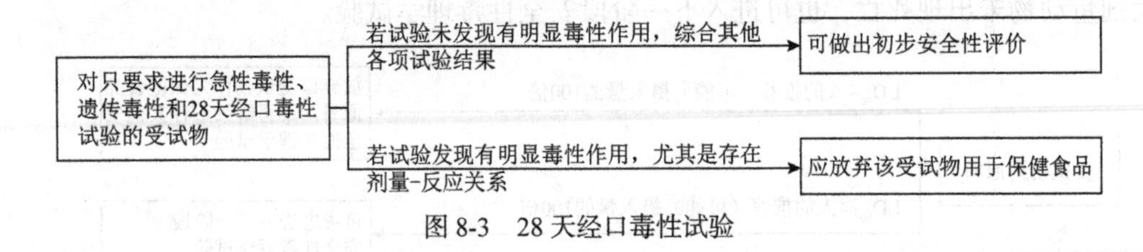

图 8-3　28 天经口毒性试验

4. 致畸试验

根据致畸试验结果评价受试物是否为该实验动物的致畸物。若致畸试验结果阳性则不再继续进行生殖毒性试验和生殖发育毒性试验。在致畸试验中观察到的其他发育毒性，应结合 28 天和（或）90 天经口毒性试验结果进行评价，必要时进行生殖毒性试验和生殖发育毒性试验。

5. 90 天经口毒性试验（图 8-4）

根据 90 天经口毒性试验所得的未观察到有害作用剂量进行评价，原则是：

（1）未观察到有害作用剂量小于或等于人的推荐（可能）摄入量的 100 倍，表示毒性较强，应放弃该受试物用于保健食品。

（2）未观察到有害作用剂量大于人的推荐（可能）摄入量的 100 倍而小于人的推荐（可能）摄入量的 300 倍者，应进行慢性毒性试验。

（3）未观察到有害作用剂量大于或等于人的推荐（可能）摄入量的 300 倍者，则不必进行慢性毒性试验，可进行安全性评价。

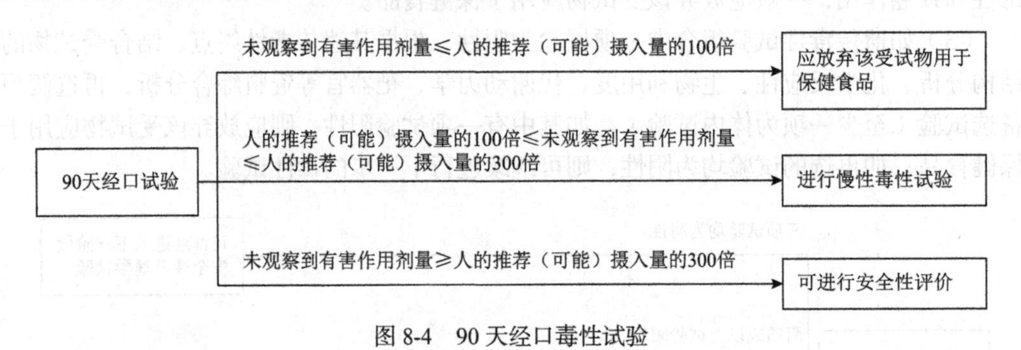

图 8-4　90 天经口毒性试验

6. 生殖毒性试验和生殖发育毒性试验（图 8-5）

根据生殖毒性试验和生殖发育毒性试验所得的未观察到有害作用剂量进行评价，原则是：

（1）未观察到有害作用剂量小于或等于人的推荐（可能）摄入量的 100 倍，表示毒性较强，应放弃该受试物用于保健食品。

（2）未观察到有害作用剂量大于人的推荐（可能）摄入量的 100 倍而小于人的推荐（可能）摄入量的 300 倍者，应进行慢性毒性试验。

（3）未观察到有害作用剂量大于或等于人的推荐（可能）摄入量的 300 倍者，则不必进行慢性毒性试验，可进行安全性评价。

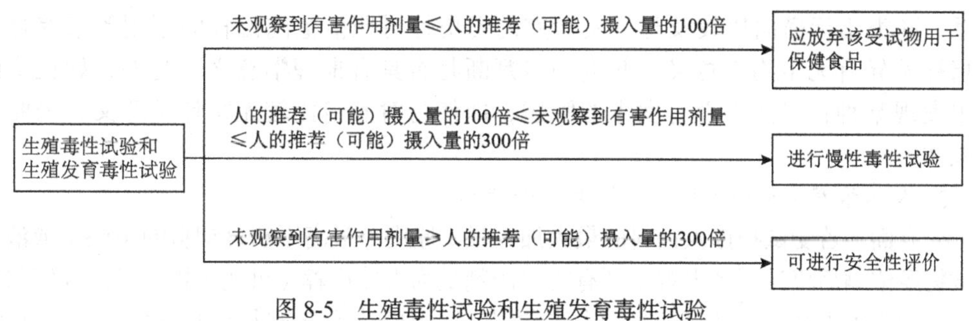

图 8-5　生殖毒性试验和生殖发育毒性试验

7. 慢性毒性试验（图 8-6）

根据慢性毒性试验所得的未观察到有害作用剂量进行评价，原则是：

（1）未观察到有害作用剂量小于或等于人的推荐（可能）摄入量的 50 倍，表示毒性较强，应放弃该受试物用于保健食品。

（2）未观察到有害作用剂量大于人的推荐（可能）摄入量的 50 倍而小于人的推荐（可能）摄入量的 100 倍者，经安全性评价后，决定该受试物可否用于保健食品。

（3）未观察到有害作用剂量大于或等于人的推荐（可能）摄入量的 100 倍者，则可考虑允许使用于保健食品。

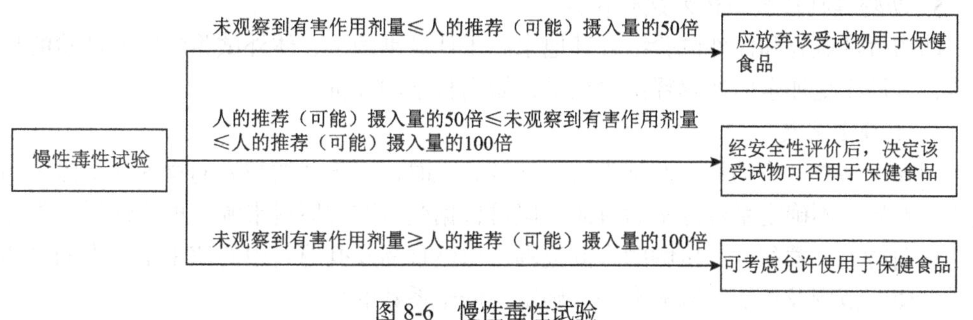

图 8-6　慢性毒性试验

8. 致癌试验

根据致癌试验所得的肿瘤发生率、潜伏期和多发性等进行致癌试验结果判定，原则是（凡符合下列情况之一，可认为致癌试验结果阳性。若存在剂量-反应关系，则判断阳性更可靠）：

（1）肿瘤只发生在试验组动物，对照组中无肿瘤发生。

（2）试验组与对照组动物均发生肿瘤，但试验组发生率高。

（3）试验组动物中多发性肿瘤明显，对照组中无多发性肿瘤，或只是少数动物有多发性肿瘤。

（4）试验组与对照组动物肿瘤发生率虽无明显差异，但试验组中发生时间较早。

若致癌试验结果阳性，应放弃将该受试物用于保健食品。

八、安全性综合评价时需要考虑的因素

1. 试验指标的统计学意义、生物学意义和毒理学意义

在分析试验组与对照组指标统计学上差异的显著性时，应根据其有无剂量-反应

关系、同类指标横向比较及与本实验室的历史性对照值范围比较的原则等来综合考虑指标差异有无生物学意义，并进一步判断是否具有毒理学意义。此外，如在受试物组发现某种在对照组没有发生的肿瘤，即使与对照组比较无统计学意义，仍要给予关注。

2. 人体推荐（可能）摄入量较大的受试物

一方面，若受试物掺入饲料的最大加入量（原则上最高不超过饲料的 10%）或液体受试物经浓缩后仍达不到未观察到有害作用剂量为人体推荐（可能）摄入量的规定倍数时，综合其他毒性试验结果和实际人体食用或饮用量进行安全性评价。另一方面，应考虑给予受试物量过大时，可能通过影响营养素摄入量及其生物利用率，从而导致某些与受试物无关的毒理学表现。

3. 时间-毒性效应关系

对由受试物引起实验动物的毒性效应进行分析评价时，要考虑在同一剂量水平下毒性效应随时间的变化情况。

4. 人群资料

应尽可能收集人群接触受试物后的反应资料。人体的毒物动力学或代谢资料对于将动物试验结果推论到人体具有很重要的参考意义。

5. 动物毒性试验和体外试验资料

动物毒性试验和体外试验结合其他来源于计算毒理学、体外试验或体内试验的相关资料，有助于更加全面地解释试验结果，做出科学的评价。

6. 不确定系数

即安全系数。将动物毒性试验结果外推到人时，鉴于动物与人的物种和个体之间的生物学差异，不确定系数通常为 100，但可根据受试物的原料来源、理化性质、毒性大小、代谢特点、蓄积性、接触的人群范围、保健食品及其原料中的使用量和人的可能摄入量、使用范围及功能等因素来综合确定其安全系数的大小。

7. 毒物动力学试验的资料

在毒性试验中，原则上应尽量使用与人具有相同毒物动力学或代谢模式的动物品系来进行试验。研究受试物在实验动物和人体内吸收、分布、排泄和生物转化方面的差别，对于将动物试验结果外推到人和降低不确定性具有重要意义。

8. 保健食品安全性的重新评价

随着情况的改变、科学技术的进步和研究的不断进展，有必要对已通过评价的受试物进行重新评价，做出新的科学结论。

第六节　保健食品功能学评价

保健食品功能学评价需由指定的检验机构进行。《保健食品功能检验与评价技术指导原则（2022 年版）》明确了保健食品功能学评价的基本原则。

一、保健食品功能评价的基本要求

1. 对受试样品的要求

（1）应提供受试物的名称、性状、规格、批号、生产日期、保质期、保存条件、申请单位名称、生产企业名称、配方、生产工艺、质量标准、保健功能以及推荐摄入量等信息。

（2）受试样品应是规格化的定型产品，即符合既定的配方、生产工艺及质量标准。

（3）提供受试样品的安全性毒理学评价的资料以及卫生学检验报告，受试样品必须是已经过食品安全性毒理学评价确认为安全的食品。

（4）应提供受试物的主要成分、功效成分/标志性成分及可能的有害成分的分析报告。

（5）如需提供受试样品兴奋剂、违禁药物等违禁物质检测报告时，应提交与功能学评价同一批次样品的兴奋剂、违禁药物等违禁物质检测报告。

2. 对受试样品处理的要求

（1）受试样品推荐量较大，超过实验动物的灌胃量、掺入饲料的承受量等情况时，可适当减少受试样品中的非功效成分的含量，对某些推荐用量极大（如饮料等）的受试样品，还可去除部分无安全问题的功效成分（如糖等），以满足保健食品功能评价的需要。以非定型产品进行试验时，应当说明理由，并提供受试样品处理过程的详细说明和相应的证明文件，处理过程应与原保健食品产品的主要生产工艺步骤保持一致。

（2）对于含乙醇的受试样品，原则上应使用其定型的产品进行功能试验，其三个剂量组的乙醇含量与定型产品相同。

（3）液体受试样品需要浓缩时，应尽可能选择不破坏其功效成分的方法。一般可选择60~70℃减压或常压蒸发浓缩、冷冻干燥等进行浓缩。浓缩的倍数依具体试验要求而定。

（4）对于以冲泡形式饮用的受试样品（如袋泡剂），可使用其水提取物进行功能试验，提取的方式应与产品推荐饮用的方式相同。

3. 对合理设置对照组的要求

保健食品功能评价的各种动物试验至少应设 3 个剂量组，另设阴性对照组，必要时可设阳性对照组或空白对照组。以载体和功效成分（或原料）组成的受试样品，当载体本身可能具有相同功能时，在动物试验中应将该载体作为对照。以酒为载体生产加工的保健食品，应当以酒基作为对照。保健食品人体试食对照物品可以用安慰剂，也可以用具有验证保健功能作用的阳性物。

4. 对给予受试样品时间的要求

动物试验给予受试样品以及人体试食的时间应根据具体实验而定，原则上为 1 ~ 3 个月，具体实验时间参照各功能的试验方法。如给予受试样品时间与推荐的时间不一致，需详细说明理由。

二、保健食品动物试验的基本要求

1. 对实验动物、饲料、试验环境的要求

（1）根据各项试验的具体要求，合理选择实验动物。常用大鼠和小鼠，品系不限，应使用适用于相应功能评价的动物品系，推荐使用近交系动物。

（2）动物的性别、周龄依试验需要进行选择。实验动物的数量要求为小鼠每组 10~15 只（单一性别），大鼠每组 8~12 只（单一性别）。

（3）动物及其试验环境应符合国家对实验动物及其试验环境的有关规定。

（4）动物饲料应提供饲料生产商等相关资料。如为定制饲料，应提供基础饲料配方、配制方法，并提供动物饲料检测报告。

2. 对给予受试样品剂量的要求

各种动物试验至少应设 3 个剂量组，剂量选择应合理，尽可能找出最低有效剂量。在 3 个剂量组中，其中一个剂量应相当于人体推荐摄入量（折算为每公斤体重的剂量）的 5 倍（大鼠）或 10 倍（小鼠），且最高剂量不得超过人体推荐摄入量的 30 倍（特殊情况除外），受试样品的功能试验剂量必须在毒理学评价确定的安全剂量范围之内。

3. 对受试样品给予方式的要求

必须经口给予受试样品，首选灌胃。灌胃给予受试物时，应根据试验的特点和受试物的理化性质选择适合的溶媒（溶剂、助悬剂或乳化剂），将受试物溶解或悬浮于溶媒中，一般可选用蒸馏水、纯净水、食用植物油、食用淀粉、明胶、羧甲基纤维素、蔗糖脂肪酸酯等，如使用其他溶媒应说明理由。所选用的溶媒本身应不产生毒性作用，与受试物各成分之间不发生化学反应，且保持其稳定性，无特殊刺激性味道或气味。如无法灌胃则可加入饮水或掺入饲料中给予，并计算受试样品的给予量。

应描述受试物配制方法、给予方式和时间。

三、保健食品人体试食试验的基本要求

1. 评价的基本原则

（1）原则上受试样品已经通过动物试验证实（没有适宜动物试验评价方法的除外），确定其具有需验证的某种特定的保健功能。

（2）原则上人体试食试验应在动物功能学实验有效的前提下进行。

（3）人体试食试验受试样品必须经过动物毒理学安全性评价，并确认为安全的食品。

2. 试验前的准备

（1）拟定计划方案及进度，组织有关专家进行论证，并经伦理委员会参照《保健食品人群食用试验伦理审查工作指导原则》的要求审核、批准后实施。

（2）根据试食试验设计要求、受试样品的性质、期限等，选择一定数量的受试者。试食试验报告中试食组和对照组的有效例数不少于 50 人，且试验的脱离率一般不得超过 20%。

（3）开始试食前要根据受试样品性质，估计试食后可能产生的反应，并提出相应的处理措施。

3. 对受试者的要求

（1）选择受试者必须严格遵照自愿的原则，根据所需判定功能的要求进行选择。

（2）确定受试对象后要进行谈话，使受试者充分了解试食试验的目的、内容、安排

及有关事项，解答受试者提出的与试验有关的问题，消除可能产生的疑虑。

（3）受试者应当符合纳入标准和排除标准要求，以排除可能干扰试验目的的各种因素。

（4）受试者应填写参加试验的知情同意书，并接受知情同意书上确定的陈述，受试者和主要研究者在知情同意书上签字。

4. 对试验实施者的要求

（1）以人道主义态度对待志愿受试者，以保障受试者的健康为前提。

（2）进行人体试食试验的单位应是具备资质的保健食品功能学检验机构。

（3）与试验负责人保持密切联系，指导受试者的日常活动，监督检查受试者遵守试验有关规定。

（4）在受试者身上采集各种生物样本应详细记录采集样本的种类、数量、次数、采集方法和采集日期。

（5）负责人体试食试验的主要研究者应具有副高级及以上职称。

5. 试验观察指标的确定

根据受试样品的性质和作用确定观察的指标，一般应包括：

（1）在被确定为受试者之前应进行系统的常规体检（进行心电图、胸片和腹部B超检查），试验结束后根据情况决定是否重复心电图、胸片和腹部B超检查。

（2）在受试期间应取得下列资料：

①主观感觉（包括体力和精神方面）。

②进食状况。

③生理指标（血压、心率等），症状和体征。

④常规的血液学指标（血红蛋白、红细胞和白细胞计数，必要时做白细胞分类），生化指标（转氨酶、血清总蛋白、白蛋白，尿素、肌酐、血脂、血糖等）。

⑤功效性指标，即与保健功能有关的指标，如有助于抗氧化功能等方面的指标。

6. 其他

受试者参加试食试验发生的交通、误工等费用应当纳入试验预算。

四、评价保健食品功能时需要考虑的因素

（1）人的可能摄入量：除一般人群的摄入量外，还应考虑特殊的和敏感的人群(如儿童、孕妇及高摄入量人群)。

（2）人体资料：由于存在着动物与人之间的种属差异，在将动物试验结果外推到人时，应尽可能收集人群服用受试样品后的效应资料，若体外或体内动物试验未观察到或不易观察到食品的保健作用或观察到不同效应，而有大量资料提示对人有保健作用时，在保证安全的前提下，应进行必要的人体试食试验。

（3）在将本程序所列实验的阳性结果用于评价食品的保健作用时，应考虑结果的重复性和剂量反应关系，并由此找出其最小有作用剂量。

（4）食品保健功能的检测及评价应由具备资质的检验机构承担。

第七节 保健食品标签、说明书和名称

保健食品具有不同于普通食品的包装要求，只有遵守国家法规和标准的保健食品包装描述，才能上市销售。

一、保健食品标签要求

《中华人民共和国食品安全法》规定，标签应当标明下列事项：①名称、规格、净含量、生产日期；②成分或者配料表；③生产者的名称、地址、联系方式；④保质期；⑤产品标准代号；⑥贮存条件；⑦所使用的食品添加剂在国家标准中的通用名称；⑧生产许可证编号；⑨法律、法规或者食品安全标准规定应当标明的其他事项。专供婴幼儿和其他特定人群的主辅食品，其标签还应当标明主要营养成分及其含量。食品安全国家标准对标签标注事项另有规定的，从其规定。

2019 年 1 月 29 日，市场监管总局办公厅发布了《市场监管总局关于保健食品标签管理相关规定的公告（征求意见稿）》。对保健食品的标签标识又有了新的要求。

1. 保健食品标签内容

保健食品的标签内容应当与保健食品注册证书或者备案凭证载明的相应内容一致。

2. 保健食品标签责任人

保健食品生产经营者对其生产经营保健食品标签的真实性、完整性、规范性负责，接受社会监督，承担食品安全责任。

3. 设置特别提醒区及特别提醒

保健食品标签上应当设置特别提醒区及特别提醒。特别提醒区应当位于最小销售包装包装物（容器）主要展示版面，所占面积不应小于其所在面的 30%。特别提醒区内文字与特别提醒区背景应当有明显色差。特别提醒应当使用黑体字印刷，包括以下内容：“保健食品不具有疾病预防、治疗功能。”和“本品不能代替药物。”

当主要展示版面的表面积大于或等于 $100cm^2$ 时，字体高度应当不小于 6.0mm。当主要展示版面的表面积小于 $100cm^2$ 时，警示语字体最小高度按照上述规定等比例变化。

4. 设置投诉服务电话信息区

保健食品标签应当设置投诉服务电话信息区，标注投诉服务电话、服务时段等信息。投诉服务电话字体不应小于“保健功能”的字体大小。注册或备案的同一保健食品的投诉服务电话应当唯一。

保健食品生产经营企业应当保证在承诺的服务时段内接听、处理消费者投诉、举报，并记录、保存相关服务信息至少两年。

二、保健食品标签和说明书格式

保健食品产品标签和说明书的各项内容应规范、完整，符合现行法规、技术规范、强制性标准等的规定，与产品安全性、保健功能研发报告相关内容相符，涉及产品技术

要求的内容应与产品技术要求或相符。包括以下内容：产品名称、原料、辅料、功效成分或者标志性成分及含量、适宜人群、不适宜人群、保健功能、食用量及食用方法、规格、贮藏方法、保质期、注意事项等内容及相关制定依据和说明等。

【产品名称】××××牌××××（中文名）

【原料】按配方材料列出全部原料。各原料顺序按其在产品中的用量，由大到小排列。经辐照的原料，应在原料名称后标注“（经辐照）”。

【辅料】按配方材料列出全部辅料。各辅料顺序按其在产品中的用量，由大到小排列。经辐照的辅料，应在辅料名称后标注“（经辐照）”。

【功效成分或标志性成分含量】应包括成分名称及含量。应与产品技术要求中功效成分或标志性成分指标名称一致，以产品技术要求中指标最低值为标签说明书标示值。

【适宜人群】应为与安全性、保健功能等科学依据相符的食用安全、有明确功能需求、适合本产品的特定人群。

【不适宜人群】应为适宜人群范围中应当除外的特定人群、现有科学依据不足以支持该产品适宜的婴幼儿、孕妇、乳母等特殊人群，以及现行规定明确应当标注的特定人群。暂无法确定不适宜人群的，应明确注明“限于目前科学研究水平，该产品暂未发现明确的不适宜人群，将根据收集到的食用安全信息，予以完善补充”。

【保健功能】应经研发综合确定，符合保健功能声称管理的相关要求。

【食用量及食用方法】应与产品配方配伍及用量的科学依据、安全性和保健功能试验评价材料等相符。

【规格】应为最小制剂单元的重量或者体积（不包括包装材料；胶囊剂指内容物；糖衣片或丸指包糖衣前的片芯或者丸芯），应与产品食用量及食用方法相匹配。酒类产品应注明酒精度。

【贮藏方法】应根据产品特性、稳定性试验等综合确定。贮藏方法为冷藏等特殊条件的，应列出具体贮藏条件。

【保质期】应经研发综合确定。以“××月”表示，不足月的以“××天”表示。

【注意事项】应注明“本品不能代替药物。适宜人群外的人群不推荐食用本产品”。必要时还应根据法规规定、研发情况、科学共识以及产品特性增加相应注意事项。

三、保健食品的名称

保健食品的名称由商标名、通用名和属性名组成。

商标名是指保健食品使用依法注册的商标名称或者符合《中华人民共和国商标法》规定的未注册的商标名称，用以表明其产品是独有的、区别于其他同类产品。通用名是指表明产品主要原料等特性的名称。属性名是指表明产品剂型或者食品分类属性等的名称。

保健食品名称不得含有下列内容：①虚假、夸大或者绝对化的词语；②明示或者暗示预防、治疗功能的词语；③庸俗或者带有封建迷信色彩的词语；④人体组织器官等词语；⑤除“”之外的符号；⑥其他误导消费者的词语。

保健食品名称不得含有人名、地名、汉语拼音、字母及数字等，但注册商标作为商标名、通用名中含有符合国家规定的含字母及数字的原料名除外。

通用名不得含有下列内容：①已经注册的药品通用名，但以原料名称命名或者保健食品注册批准在先的除外；②保健功能名称或者与表述产品保健功能相关的文字；③易产生误导的原料简写名称；④营养素补充剂产品配方中部分维生素或者矿物质；⑤法律法规规定禁止使用的其他词语。

备案保健食品通用名应当以规范的原料名称命名。

同一企业不得使用同一配方注册或者备案不同名称的保健食品；不得使用同一名称注册或者备案不同配方的保健食品。

思考题

1. 保健食品研发和选题的原则各是什么？
2. 保健食品研发报告的内容有哪些？
3. 保健食品安全性毒理学评价中对受试物处理的要求有哪些？
4. 保健食品安全性毒理学试验主要项目是什么？如何选择？
5. 保健食品功能学评价的要求是什么？应考虑哪些因素？
6. 保健食品包装有何意义？包括哪些内容？
7. 对保健食品标签有何内容和要求？
8. 对保健食品说明书有何内容和要求？
9. 对保健食品名称有何内容和要求？

第九章　保健食品的注册与备案

【学海导航】

了解和学习保健食品的注册与备案机构、保健食品注册与备案范围、保健食品申请注册与备案应提交的材料、保健食品注册与备案的申请与审批、保健食品的监督管理和法律责任等一系列保健食品注册与备案的基本要求，掌握保健食品注册与备案的申请与审批程序。

重点：保健食品注册与备案的申请与审批基本要求、保健食品注册与备案的申请与审批程序。

难点：保健食品注册与备案的申请与审批程序。

《保健食品注册与备案管理办法》（2020 年修订版）是根据 2020 年 10 月 3 日国家市场监督管理总局令第 31 号修订的。该办法自 2016 年 7 月 1 日起施行，《保健食品注册管理办法（试行）》（国家食品药品监督管理局令第 19 号）同时废止。保健食品注册与备案的主要区别列于表 9-1。

表 9-1　保健食品注册与备案的主要区别

区别项目	保健食品注册	保健食品备案
系统评价与审评	需要	不需要
监管机构	国家市场监督管理总局	国家市场监督管理总局：负责首次进口备案的保健食品；省级药品监督管理部门：负责其他相关保健食品备案
涵盖的产品范畴	1. 使用保健食品原料目录以外原料（以下简称目录外原料）的保健食品 2. 首次进口的保健食品（属于补充维生素、矿物质等营养素的保健食品除外）	1. 使用保健食品原料目录以外原料（以下简称目录外原料）的保健食品 2. 首次进口的保健食品（属于补充维生素、矿物质等营养素的保健食品除外）
提交的材料	需要提交产品研发报告	不需要提交产品研发报告
文号管理	1. 国产保健食品注册号格式：国食健注 G+4 位年代号+4 位顺序号 2. 进口保健食品注册号格式：国食健注 J+4 位年代号+4 位顺序号	1. 国产保健食品备案号格式：食健备 G+4 位年代号+2 位省级行政区域代码+6 位顺序编号 2. 进口保健食品备案号格式：食健备 J+4 位年代号+00+6 位顺序编号
有效期限	1. 保健食品注册证书有效期为 5 年 2. 已经生产销售的保健食品注册证书有效期届满需要延续的，保健食品注册人应当在有效期届满 6 个月前申请延续 3. 获得注册的保健食品原料已经列入保健食品原料目录，并符合相关技术要求，保健食品注册人申请变更注册，或者期满申请延续注册的，应当按照备案程序办理	目前未规定有效期

第一节 保健食品注册和备案机构

一、保健食品注册与备案的定义

保健食品注册是指市场监督管理部门根据注册申请人申请，依照法定程序、条件和要求，对申请注册的保健食品的安全性、保健功能和质量可控性等相关申请材料进行系统评价和审评，并决定是否准予其注册的审批过程。

保健食品备案是指保健食品生产企业依照法定程序、条件和要求，将表明产品安全性、保健功能和质量可控性的材料提交市场监督管理部门进行存档、公开、备查的过程。

二、保健食品注册与备案的监管机构

国家市场监督管理总局负责保健食品注册管理，以及首次进口的属于补充维生素、矿物质等营养素的保健食品备案管理，并指导监督省、自治区、直辖市市场监督管理部门承担的保健食品注册与备案相关工作。其中，首次进口的保健食品，是指非同一国家、同一企业、同一配方申请中国境内上市销售的保健食品。

省、自治区、直辖市市场监督管理部门负责本行政区域内保健食品备案管理，并配合国家市场监督管理总局开展保健食品注册现场核查等工作。

市、县级市场监督管理部门负责本行政区域内注册和备案保健食品的监督管理，承担上级市场监督管理部门委托的其他工作。

三、保健食品注册与备案的受理、评审和查验机构

国家市场监督管理总局行政受理机构（以下简称受理机构）负责受理保健食品注册和接收相关进口保健食品备案材料。

省、自治区、直辖市市场监督管理部门负责接收相关保健食品备案材料。

国家市场监督管理总局保健食品审评机构（以下简称审评机构）负责组织保健食品审评，管理审评专家，并依法承担相关保健食品备案工作。

国家市场监督管理总局审核查验机构（以下简称查验机构）负责保健食品注册现场核查工作。

省级以上市场监督管理部门应当加强信息化建设，提高保健食品注册与备案管理信息化水平，逐步实现电子化注册与备案。

第二节 保健食品注册和备案范围

一、保健食品的注册范围

生产和进口下列产品应当申请保健食品注册：

（1）使用保健食品原料目录以外原料（以下简称目录外原料）的保健食品。

（2）首次进口的保健食品（属于补充维生素、矿物质等营养素的保健食品除外）。

注意：①注册产品所声称的保健功能应当已经列入保健食品功能目录。②国产保健食品注册申请人应当是在中国境内登记的法人或者其他组织；进口保健食品注册申请人应当是上市保健食品的境外生产厂商。③申请进口保健食品注册的，应当由其常驻中国代表机构或者由其委托中国境内的代理机构办理。④境外生产厂商，是指产品符合所在国（地区）上市要求的法人或者其他组织。

二、保健食品的备案范围

生产和进口下列保健食品应当依法备案：

（1）使用的原料已经列入保健食品原料目录的保健食品。

（2）首次进口的属于补充维生素、矿物质等营养素的保健食品。

首次进口的属于补充维生素、矿物质等营养素的保健食品，其营养素应当是列入保健食品原料目录的物质。

注意：①国产保健食品的备案人应当是保健食品生产企业，原注册人可以作为备案人；进口保健食品的备案人，应当是上市保健食品境外生产厂商。②备案的产品配方、原辅料名称及用量、功效、生产工艺等应当符合法律、法规、规章、强制性标准及保健食品原料目录技术要求的规定。

第三节　申请保健食品注册和备案应提交的材料

一、申请国产保健食品注册应提交的材料

（1）保健食品注册申请表，以及申请人对申请材料真实性负责的法律责任承诺书。

（2）注册申请人主体登记证明文件复印件。

（3）产品研发报告，包括研发人、研发时间、研制过程、中试规模以上的验证数据，目录外原料及产品安全性、保健功能、质量可控性的论证报告和相关科学依据，以及根据研发结果综合确定的产品技术要求等。

（4）产品配方材料，包括原料和辅料的名称及用量、生产工艺、质量标准，必要时还应当按照规定提供原料使用依据、使用部位的说明、检验合格证明、品种鉴定报告等。

（5）产品生产工艺材料，包括生产工艺流程简图及说明，关键工艺控制点及说明。

（6）安全性和保健功能评价材料，包括目录外原料及产品的安全性、保健功能试验评价材料，人群食用评价材料；功效成分或者标志性成分、卫生学、稳定性、菌种鉴定、菌种毒力等试验报告，以及涉及兴奋剂、违禁药物成分等检测报告。

（7）直接接触保健食品的包装材料种类、名称、相关标准等。

（8）产品标签、说明书样稿。

（9）产品名称中的通用名与注册的药品名称不重名的检索材料。

对产品名称中的通用名与注册的药品名称不重名的检索材料、产品名称与批准注册的保健食品名称不重名的检索材料的要求是：①应从国家食品药品监督管理总局网站数据库中检索后打印。②以原料或原料简称以外的表明产品特性的文字，作为产品通用名的，还应提供命名说明。③使用注册商标的，应提供商标注册证明文件。

（10）3 个最小销售包装样品。

对 3 个最小销售包装样品的要求是：①样品包装应完整、无破损且距保质期届满不少于 3 个月。②标签主要内容应与注册申请材料中标签说明书内容一致，应标注样品的生产日期、生产单位。③进口注册样品应与生产国（地区）上市销售的产品一致。

（11）其他与产品注册审评相关的材料。

应当提供注明该项下各项文件的目录，使用明显的标志对各项文件进行区分。其中科学文献全文复印件还应按照涉及的安全性、保健功能、工艺、产品技术要求等类别，进行归类区分。具体要求是：①样品生产企业质量管理体系符合保健食品生产许可要求的证明文件复印件，或样品生产质量管理体系有效运行的文件。②样品为委托加工的，应提供委托加工协议原件。③载明来源、作者、年代、卷、期、页码等的科学文献全文复印件。

二、申请首次进口保健食品注册应提交的材料

申请首次进口保健食品注册，除提交本节“一、申请国产保健食品注册应提交的材料”外，还应当提交下列材料：

（1）产品生产国（地区）政府主管部门或者法律服务机构出具的注册申请人为上市保健食品境外生产厂商的资质证明文件。

（2）产品生产国（地区）政府主管部门或者法律服务机构出具的保健食品上市销售一年以上的证明文件，或者产品境外销售及人群食用情况的安全性报告。

（3）产品生产国（地区）或者国际组织与保健食品相关的技术法规和（或）标准原文。

（4）产品在生产国（地区）上市的包装、标签、说明书实样。

（5）由境外注册申请人常驻中国代表机构办理注册事务的，应当提交《外国企业常驻中国代表机构登记证》复印件；境外注册申请人委托境内的代理机构办理注册事项的，应当提交经过公证的委托书原件及受委托的代理机构营业执照复印件。

注意：申请首次进口保健食品注册的，应当提交中文材料，外文材料附后。中文译本应当由境内公证机构进行公证，确保与原文内容一致；申请注册的产品质量标准（中文本），必须符合中国保健食品质量标准的格式。境外机构出具的证明文件应当经生产国（地区）的公证机构公证和中国驻所在国使领馆确认。

三、申请保健食品技术转让产品注册应提交的材料

1. 注册申请材料目录

（1）保健食品转让技术注册申请表，以及注册申请人对申请材料真实性负责的法律

责任承诺书。

（2）受让方主体登记证明文件复印件。

（3）原注册证书及其附件复印件，经公证的转让合同以及转让方出具的注销原注册证书申请。

（4）产品配方材料。

（5）产品生产工艺材料。

（6）三批样品功效成分或标志性成分、卫生学、稳定性试验报告。

（7）直接接触保健食品的包装材料种类、名称和标准。

（8）产品标签、说明书样稿。

（9）3个最小销售包装样品。

（10）样品生产企业质量管理体系符合保健食品生产许可要求的证明文件复印件、委托加工协议原件等材料。

（11）样品试制场地和条件与原注册时是否发生变化的说明。

2. *注册申请材料要求*

（1）转让方申请改变产品名称的，应提交产品名称中的通用名与注册的药品名称不重名的检索材料、产品名称与批准注册的保健食品名称不重名的检索材料。以原料或原料简称以外的表明产品特性的文字，作为产品通用名的，还应提供命名说明。使用注册商标的，应提供商标注册证明文件。

（2）提交的产品配方、工艺、标签说明书样稿、产品技术要求等，应与原注册申请材料及注册证书的相关内容一致，并符合现行规定、技术规范、国家标准等的规定。

四、申请国产保健食品备案应提交的材料

申请国产保健食品备案，除提交本节“一、申请国产保健食品注册应提交的材料”中的第（4）~（8）条外，还应当提交下列材料：

（1）保健食品备案登记表，以及备案人对提交材料真实性负责的法律责任承诺书。

（2）备案人主体登记证明文件复印件。

（3）产品技术要求材料。

（4）具有合法资质的检验机构出具的符合产品技术要求全项目检验报告。

（5）其他表明产品安全性和保健功能的材料。

五、申请进口保健食品备案应提交的材料

申请进口保健食品备案的，除提交本节“四、申请国产保健食品备案应提交的材料”外，还应当提交本节“二、申请首次进口保健食品注册应提交的材料”中规定的全部相关材料。

注意：进口保健食品备案申请时，应当提交中文材料，外文材料附后。中文译本应当由境内公证机构进行公证，确保与原文内容一致；境外机构出具的证明文件应当经生产国（地区）的公证机构公证和中国驻所在国使领馆确认。

六、变更或者延续保健食品注册和备案应提交的材料

1. 国产保健食品注册变更或者延续应提交的材料

（1）申请变更国产保健食品注册的，除提交保健食品注册变更申请表（包括申请人对申请材料真实性负责的法律责任承诺书）、注册申请人主体登记证明文件复印件、保健食品注册证书及其附件的复印件外，还应当按照下列情形分别提交材料：

①改变注册人名称、地址的变更申请，还应当提供该注册人名称、地址变更的证明材料。

②改变产品名称的变更申请，还应当提供拟变更后的产品通用名与已经注册的药品名称不重名的检索材料。

③增加保健食品功能项目的变更申请，还应当提供所增加功能项目的功能学试验报告。

④改变产品规格、保质期、生产工艺等涉及产品技术要求的变更申请，还应当提供证明变更后产品的安全性、保健功能和质量可控性与原注册内容实质等同的材料、依据及变更后 3 批样品符合产品技术要求的全项目检验报告。

⑤改变产品标签、说明书的变更申请，还应当提供拟变更的保健食品标签、说明书样稿。

（2）申请延续国产保健食品注册的，应当提交下列材料：

①保健食品延续注册申请表，以及申请人对申请材料真实性负责的法律责任承诺书。

②注册申请人主体登记证明文件复印件。

③保健食品注册证书及其附件的复印件。

④经省级食品药品监督管理部门核实的注册证书有效期内保健食品的生产销售情况。

⑤人群食用情况分析报告、生产质量管理体系运行情况的自查报告及符合产品技术要求的检验报告。

2. 进口保健食品注册变更或者延续应提交的材料

申请进口保健食品变更注册或者延续注册的，除分别提交“1.国产保健食品注册变更或者延续应提交的材料”外，还应当提交前文“二、申请首次进口保健食品注册应提交的材料”。

3. 进口保健食品备案变更应提交的材料

申请办理进口保健食品备案变更的，应当提交中文材料，外文材料附后。中文译本应当由境内公证机构进行公证，确保与原文内容一致；境外机构出具的证明文件应当经生产国（地区）的公证机构公证和中国驻所在国使领馆确认。

第四节　保健食品注册和备案的申请与审批

保健食品注册和保健食品备案的申请与审批包含从受理、审评、查验、复核检验的全过程。

一、保健食品注册的申请与审批

1. 受理机构的处理与结论

受理机构收到申请材料后，应当根据下列情况分别作出处理。

（1）申请事项依法不需要取得注册的，应当即时告知注册申请人不受理。

（2）申请事项依法不属于国家市场监督管理总局职权范围的，应当即时作出不予受理的决定，并告知注册申请人向有关行政机关申请。

（3）申请材料存在可以当场更正的错误的，应当允许注册申请人当场更正。

（4）申请材料不齐全或者不符合法定形式的，应当当场或者在5个工作日内一次告知注册申请人需要补正的全部内容，逾期不告知的，自收到申请材料之日起即为受理。

（5）申请事项属于国家市场监督管理总局职权范围，申请材料齐全、符合法定形式，注册申请人按照要求提交全部补正申请材料的，应当受理注册申请。

受理或者不予受理注册申请，应当出具加盖国家市场监督管理总局行政许可受理专用章和注明日期的书面凭证。

受理机构应当在受理后3个工作日内将申请材料一并送交审评机构。

2. 审评机构的初期处理与结论

1）审评机构的工作流程

审评机构接收受理机构转交的申请材料后，应当组织审评专家对申请材料进行审查，并根据实际需要组织查验机构开展现场核查，组织检验机构开展复核检验，在60个工作日内完成审评工作，并向国家市场监督管理总局提交综合审评结论和建议。

特殊情况下需要延长审评时间的，经审评机构负责人同意，可以延长20个工作日，延长决定应当及时书面告知申请人。

2）审评机构的审评内容

审评机构应当组织对申请材料中的下列内容进行审评，并根据科学依据的充足程度明确产品保健功能声称的限定用语：①产品研发报告的完整性、合理性和科学性；②产品配方的科学性，及产品安全性和保健功能；③目录外原料及产品的生产工艺合理性、可行性和质量可控性；④产品技术要求和检验方法的科学性和复现性；⑤标签、说明书样稿主要内容以及产品名称的规范性。

3）审评机构的初步审评结论及建议

（1）审评机构在审评过程中可以调阅原始资料。审评机构认为申请材料不真实、产品存在安全性或者质量可控性问题，或者不具备声称的保健功能的，应当终止审评，提出不予注册的建议。

（2）审评机构认为需要注册申请人补正材料的，应当一次告知需要补正的全部内容。注册申请人应当在3个月内按照补正通知的要求一次提供补充材料；审评机构收到补充材料后，审评时间重新计算。

（3）注册申请人逾期未提交补充材料或者未完成补正，不足以证明产品安全性、保健功能和质量可控性的，审评机构应当终止审评，提出不予注册的建议。

（4）审评机构认为需要开展现场核查的，应当及时通知查验机构按照申请材料中的产品研发报告、配方、生产工艺等技术要求进行现场核查，并对下线产品封样送复核检验机构检验。

3. 查验机构的处理与结论

查验机构应当自接到通知之日起 30 个工作日内完成现场核查，并将核查报告送交审评机构。

核查报告认为申请材料不真实、无法溯源复现或者存在重大缺陷的，审评机构应当终止审评，提出不予注册的建议。

4. 复核检验机构的处理与结论

复核检验机构应当严格按照申请材料中的测定方法及相关说明进行操作，对测定方法的科学性、复现性、适用性进行验证，对产品质量可控性进行复核检验，并应当自接受委托之日起 60 个工作日内完成复核检验，将复核检验报告送交审评机构。

复核检验结论认为测定方法不科学、无法复现、不适用或者产品质量不可控的，审评机构应当终止审评，提出不予注册的建议。

5. 审评机构的综合审评结论及建议

（1）首次进口的保健食品境外现场核查和复核检验时限，根据境外生产厂商的实际情况确定。

（2）保健食品审评涉及的试验和检验工作应当由国家市场监督管理总局选择的符合条件的食品检验机构承担。

（3）审评机构认为申请材料真实，产品科学、安全、具有声称的保健功能，生产工艺合理、可行和质量可控，技术要求和检验方法科学、合理的，应当提出予以注册的建议。

审评机构提出不予注册建议的，应当同时向注册申请人发出拟不予注册的书面通知。注册申请人对通知有异议的，应当自收到通知之日起 20 个工作日内向审评机构提出书面复审申请并说明复审理由。复审的内容仅限于原申请事项及申请材料。

审评机构应当自受理复审申请之日起 30 个工作日内作出复审决定。改变不予注册建议的，应当书面通知注册申请人。

（4）审评机构作出综合审评结论及建议后，应当在 5 个工作日内报送国家市场监督管理总局。

6. 国家市场监督管理总局的处理与结论

（1）国家市场监督管理总局应当自受理之日起 20 个工作日内对审评程序和结论的合法性、规范性及完整性进行审查，并作出准予注册或者不予注册的决定。

现场核查、复核检验、复审所需时间不计算在审评和注册决定的期限内。

（2）国家市场监督管理总局作出准予注册或者不予注册的决定后，应当自作出决定之日起 10 个工作日内，由受理机构向注册申请人发出保健食品注册证书或者不予注册决定。

（3）注册申请人对国家市场监督管理总局作出不予注册的决定有异议的，可以向国家市场监督管理总局提出书面行政复议申请或者向法院提出行政诉讼。

二、保健食品技术转让产品注册的申请与审批

保健食品技术转让产品注册，简称保健食品技术转让，其注册申请是指保健食品批准证书的注册人将该保健食品技术内容及生产销售权等权利转让给保健食品生产企业，并协助保健食品生产企业取得国家市场监督管理总局核发新的保健食品批准证书的行为。

保健食品注册人（转让方）转让技术的，受让方（保健食品生产企业）应当在转让方的指导下重新提出产品注册申请，产品技术要求等应当与原申请材料一致。

审评机构按照相关规定简化审评程序。符合要求的，国家市场监督管理总局应当为受让方核发新的保健食品注册证书，并对转让方保健食品注册证书予以注销。

受让方除提交《保健食品注册与备案管理办法》（2020 年修订版）规定的注册申请材料外，还应当提交经公证的转让合同。

三、保健食品注册变更或延续的申请与审批

1. 保健食品注册变更申请

（1）保健食品注册证书及其附件所载明内容变更的，应当由保健食品注册人申请变更并提交书面变更的理由和依据。

（2）注册人名称变更的，应当由变更后的注册申请人申请变更。

2. 保健食品注册延续申请

（1）已经生产销售的保健食品注册证书有效期届满需要延续的，保健食品注册人应当在有效期届满 6 个月前申请延续。

（2）获得注册的保健食品原料已经列入保健食品原料目录，并符合相关技术要求，保健食品注册人申请变更注册，或者期满申请延续注册的，应当按照备案程序办理。

3. 保健食品注册变更或者延续申请的审批结论

（1）变更申请的理由依据充分合理，不影响产品安全性、保健功能和质量可控性的，予以变更注册；变更申请的理由依据不充分、不合理，或者拟变更事项影响产品安全性、保健功能和质量可控性的，不予变更注册。

（2）申请延续注册的保健食品的安全性、保健功能和质量可控性符合要求的，予以延续注册；申请延续注册的保健食品的安全性、保健功能和质量可控性依据不足或者不再符合要求，在注册证书有效期内未进行生产销售的，以及注册人未在规定时限内提交延续申请的，不予延续注册。

（3）接到保健食品延续注册申请的市场监督管理部门应当在保健食品注册证书有效期届满前作出是否准予延续的决定。逾期未作出决定的，视为准予延续注册。

（4）准予变更注册或者延续注册的，颁发新的保健食品注册证书，同时注销原保健食品注册证书。

（5）保健食品变更注册与延续注册的程序未作规定的，可以适用《保健食品注册与备案管理办法》（2020 年修订版）关于保健食品注册的相关规定。

四、保健食品备案的申请与审批

市场监督管理部门收到备案材料后，备案材料符合要求的，当场备案；不符合要求的，应当一次告知备案人补正相关材料。

第五节 保健食品的监督管理和法律责任

一、保健食品注册证书管理

1. 保健食品注册证书内容

（1）保健食品注册证书应当载明产品名称、注册人名称和地址、注册号、颁发日期及有效期、保健功能、功效/标志性成分及含量、产品规格、保质期、适宜人群、不适宜人群、注意事项。

（2）保健食品注册证书附件应当载明产品标签、说明书主要内容和产品技术要求等。

（3）产品技术要求应当包括产品名称、配方、生产工艺、感官要求、鉴别、理化指标、微生物指标、功效/标志性成分含量及检测方法、装量或者重量差异指标（净含量及允许负偏差指标）、原辅料质量要求等内容。

2. 保健食品注册证书有效期

有效期为5年。变更注册的保健食品注册证书有效期与原保健食品注册证书有效期相同。

3. 保健食品注册号

国产保健食品注册号格式：国食健注 G+4 位年代号+4 位顺序号。进口保健食品注册号格式：国食健注 J+4 位年代号+4 位顺序号。

4. 保健食品注册证书的补发

（1）保健食品注册有效期内，保健食品注册证书遗失或者损坏的，保健食品注册人应当向受理机构提出书面申请并说明理由。因遗失申请补发的，应当在省、自治区、直辖市市场监督管理部门网站上发布遗失声明；因损坏申请补发的，应当交回保健食品注册证书原件。

（2）国家市场监督管理总局应当在受理后 20 个工作日内予以补发。补发的保健食品注册证书应当标注原批准日期，并注明“补发”字样。

二、保健食品备案凭证管理

1. 保健食品备案凭证和备案号

市场监督管理部门应当完成备案信息的存档备查工作，并发放备案号。对备案的保健食品，市场监督管理部门应当按照相关要求的格式制作备案凭证，并将备案信息表中登载的信息在其网站上公布。

国产保健食品备案号格式：食健备 G+4 位年代号+2 位省级行政区域代码+6 位顺序编号。进口保健食品备案号格式：食健备 J+4 位年代号+00+6 位顺序编号。

2. 保健食品备案号变更

已经备案的保健食品，需要变更备案材料的，备案人应当向原备案机关提交变更说明及相关证明文件。备案材料符合要求的，市场监督管理部门应当将变更情况登载于变更信息中，将备案材料存档备查。

3. 保健食品备案信息内容

保健食品备案信息应当包括产品名称、备案人名称和地址、备案登记号、登记日期以及产品标签、说明书和技术要求。

三、保健食品市场监督管理

（1）国家市场监督管理总局应当及时制定并公布保健食品注册申请服务指南和审查细则，方便注册申请人申报。

（2）承担保健食品审评、核查、检验的机构和人员应当对出具的审评意见、核查报告、检验报告负责。保健食品审评、核查、检验机构和人员应当依照有关法律、法规、规章的规定，恪守职业道德，按照食品安全标准、技术规范等对保健食品进行审评、核查和检验，保证相关工作科学、客观和公正。

（3）参与保健食品注册与备案管理工作的单位和个人，应当保守在注册或者备案中获知的商业秘密。属于商业秘密的，注册申请人和备案人在申请注册或者备案时应当在提交的资料中明确相关内容和依据。

（4）市场监督管理部门接到有关单位或者个人举报的保健食品注册受理、审评、核查、检验、审批等工作中的违法违规行为后，应当及时核实处理。

（5）除涉及国家秘密、商业秘密外，市场监督管理部门应当自完成注册或者备案工作之日起 20 个工作日内根据相关职责在网站公布已经注册或者备案的保健食品目录及相关信息。

（6）有下列情形之一的，国家市场监督管理总局根据利害关系人的请求或者依据职权，可以撤销保健食品注册证书。

①行政机关工作人员滥用职权、玩忽职守作出准予注册决定的。

②超越法定职权或者违反法定程序作出准予注册决定的。

③对不具备申请资格或者不符合法定条件的注册申请人准予注册的。

④依法可以撤销保健食品注册证书的其他情形。注册人以欺骗、贿赂等不正当手段取得保健食品注册的，国家市场监督管理总局应当予以撤销。

（7）有下列情形之一的，国家市场监督管理总局应当依法办理保健食品注册注销手续。

①保健食品注册有效期届满，注册人未申请延续或者国家食品药品监管总局不予延续的。

②保健食品注册人申请注销的。

③保健食品注册人依法终止的。

④保健食品注册依法被撤销，或者保健食品注册证书依法被吊销的。

⑤根据科学研究的发展，有证据表明保健食品可能存在安全隐患，依法被撤回的。

⑥法律、法规规定的应当注销保健食品注册的其他情形。

（8）有下列情形之一的，市场监督管理部门取消保健食品备案。

①备案材料虚假的。

②备案产品生产工艺、产品配方等存在安全性问题的。

③保健食品生产企业的生产许可被依法吊销、注销的。

④备案人申请取消备案的。

⑤依法应当取消备案的其他情形。

四、保健食品法律责任

（1）保健食品注册与备案违法行为，食品安全法等法律法规已有规定的，依照其规定。

（2）注册申请人隐瞒真实情况或者提供虚假材料申请注册的，国家市场监督管理总局不予受理或者不予注册，并给予警告；申请人在1年内不得再次申请注册该保健食品；构成犯罪的，依法追究刑事责任。

（3）注册申请人以欺骗、贿赂等不正当手段取得保健食品注册证书的，由国家市场监督管理总局撤销保健食品注册证书，并处1万元以上3万元以下罚款。被许可人在3年内不得再次申请注册；构成犯罪的，依法追究刑事责任。

（4）有下列情形之一的，由县级以上人民政府市场监督管理部门处以1万元以上3万元以下罚款；构成犯罪的，依法追究刑事责任。

①擅自转让保健食品注册证书的。

②伪造、涂改、倒卖、出租、出借保健食品注册证书的。

（5）市场监督管理部门及其工作人员对不符合条件的申请人准予注册，或者超越法定职权准予注册的，依照《食品安全法》第一百四十四条的规定予以处理。

市场监督管理部门及其工作人员在注册审评过程中滥用职权、玩忽职守、徇私舞弊的，依照《食品安全法》第一百四十五条的规定予以处理。

思 考 题

1. 保健食品的注册与备案机构和范围各有哪些？
2. 国产保健食品的注册申请应提交的材料有哪些？
3. 首次进口保健食品的注册申请应提交的材料有哪些？
4. 保健食品技术转让产品的注册申请应提交的材料有哪些？
5. 国产和进口保健食品的备案申请各应提交的材料有哪些？
6. 变更或者延续保健食品注册应提交的材料有哪些？
7. 保健食品受理机构有哪些技术处理和结论？
8. 保健食品审评机构有哪些技术处理和结论？
9. 国家市场监督管理总局有哪些技术处理和结论？
10. 什么是保健食品技术转让产品？如何进行注册申请与审批？

11. 保健食品注册和备案的变更或延续有何规定？
12. 如何进行保健食品注册和备案证书的管理？
13. 如何进行保健食品市场监督管理？
14. 保健食品有哪些法律责任？

主要参考资料

一、主要参考书

陈波. 2017. 保健食品安全与检测[M]. 北京：科学出版社.

陈仁惇. 2011. 营养保健食品[M]. 北京：中国轻工业出版社.

陈昭妃. 2006. 营养免疫学[M]. 北京：中国社会出版社.

迟玉杰. 2016. 保健食品学[M]. 北京：中国轻工业出版社.

范青生. 2006. 保健食品研制与开发技术[M]. 北京：化学工业出版社.

范青生. 2007. 保健食品配方原理与依据[M]. 北京：中国医药科技出版社.

蒋瑜, 熊文珂, 殷俊玲, 等. 2016. 膳食中 ω-3 和 ω-6 多不饱和脂肪酸摄入与心血管健康的研究进展[J]. 粮食与油脂, 29(11)：1-5.

金宗濂. 2005. 功能食品教程[M]. 北京：中国轻工业出版社.

李淑芬, 姜忠义. 2009. 高等制药分离工程[M]. 北京：化学工业出版社.

李朝霞. 2010. 保健食品研发原理与应用[M]. 南京：东南大学出版社.

凌关庭. 2014. 保健食品原料手册[M]. 2 版. 北京：化学工业出版社.

温辉梁. 2002. 保健食品加工技术与配方[M]. 南昌：江西科学技术出版社.

吴梧桐. 2015. 生物制药工艺学[M]. 4 版. 北京：中国医药科技出版社.

二、主要参考网站

国家药品监督管理局官网（https://www.nmpa.gov.cn/）

中华人民共和国国家卫生健康委员会官网（http://www.nhc.gov.cn/）

国家市场监督管理总局官网（http://www.samr.gov.cn/tssps/）